普通高等教育"十三五"规划教材·计算机系列

新编计算机操作与应用基础教程

主 编 刘心声 王迎峰 高 昱

副主编 姚志鸿 张 领 洪 辉 侯中原

参 编 杨 威 杨忠元 刘德山 刘胜珍

U0390604

科学出版社

北 京

内 容 简 介

本书以通俗易懂的语言介绍了计算机基础知识、Windows 7 系统操作基础、中文版 Word 2010 操作及应用基础、中文版 Excel 2010 操作及应用基础、中文版 PowerPoint 2010 操作及应用基础、计算机网络基础、多媒体信息处理技术及应用和医学信息系统及应用。前 7 章均配备有习题,并附有参考答案。

本书可作为各类本科院校、高职高专院校的教材,也适合计算机信息技术基础初学者或已经具有一定基础知识并希望进一步提高的读者阅读。

图书在版编目(CIP)数据

新编计算机操作与应用基础教程/刘心声,王迎峰,高昱主编. —北京:科学出版社,2018.8
(普通高等教育"十三五"规划教材·计算机系列)
ISBN 978-7-03-058055-9

Ⅰ.①新… Ⅱ.①刘… ②王… ③高… Ⅲ.①电子计算机-高等学校-教材 Ⅳ.①TP3

中国版本图书馆 CIP 数据核字(2018)第 133157 号

责任编辑: 宋 丽 袁星星 / 责任校对: 陶丽荣
责任印制: 吕春珉 / 封面设计: 东方人华平面设计部

科学出版社 出版
北京东黄城根北街 16 号
邮政编码: 100717
http://www.sciencep.com

铭浩彩色印装有限公司 印刷

科学出版社发行 各地新华书店经销
*
2018 年 8 月第 一 版 开本:787×1092 1/16
2020 年 10 月第四次印刷 印张:20 3/4
字数:492 000
定价:58.00 元
(如有印装质量问题,我社负责调换〈铭浩〉)
销售部电话 010-62136230 编辑部电话 010-62135120-2047

前　言

　　"计算机操作与应用基础"是高等学校非计算机专业学生的公共必修课，掌握计算机知识和应用是高等学校培养新型人才的一个重要环节。本书是按照国家高等院校计算机基础教育课程体系的要求进行编写的。为满足不同层次学习者的需要，充分体现对学生实践能力的培养，编者在实际教学的基础上，编写了这本理论与实践有机结合、以工作过程为导向的教材。本书以介绍目前社会上应用较广泛的计算机操作基本技能为主，兼顾介绍计算机科学与网络安全相关知识，同时也兼顾了在校学生参加全国计算机等级考试和其他应用证书考试的需要。

　　本书共分 8 章。第 1 章介绍计算机的基础知识，包括计算机的发展、计算机系统的软硬件组成、计算机的数据信息表示方法等。第 2 章以目前使用最广泛的 Windows 7 操作系统为主要讲述对象，讲述 Windows 7 的安装、基本操作、桌面设置、文件与文件夹的管理、控制面板、基本附件的使用以及常用的中英文输入法的使用等。第 3 章主要讲述 Microsoft Office Word 2010 组件的基本知识及常用功能的使用方法，包括 Word 2010 文档的文本编辑、图片编辑、表格编辑以及文本的设计、排版、保存等操作方法。第 4 章主要讲述 Microsoft Office Excel 2010 组件的基本知识与操作方法，包括数据的输入与编辑、工作表格式处理、数据的计算与分析、统计图表、图形编辑以及打印输出的基本操作等。第 5 章主要讲述 Microsoft Office PowerPoint 2010 组件的基本知识与操作方法，包括创建幻灯片、文本处理、图形处理、多媒体的使用、动画功能、幻灯片的放映以及文稿的输出等。第 6 章介绍计算机网络历史及发展，常用的网络设置、网络连接、上网常用操作，以及网络病毒的简介、杀毒软件的使用等。第 7 章主要介绍多媒体信息处理技术及应用。第 8 章主要介绍医学类专业计算机应用的基础知识，电子病历管理系统的简单操作等，可供医学专业的学生选用。

　　本书的编写特点主要体现在以下几方面：①结合实例讲理论，注重学以致用。精选的实例均与现实生活、日常工作紧密相关。②内容深入浅出，图文并茂。书中附有大量素材供学生操作练习用，并附有大量的例题供学生对照学习和练习。③知识量丰富。书中收录大量的实用性案例，为学习者提供方便。④技巧提示。为读者方便、快捷掌握操作技巧提供了便利。⑤能力提高。着重训练读者的动手操作能力和创新能力。

　　本书由刘心声、王迎峰和高昱任主编，姚志鸿、张领、洪辉和侯中原任副主编。另外，参编人员还有杨威、杨忠元、刘德山和刘胜珍。刘德山负责全书的统稿和定稿。在定位、设计、选材和编写上，编者参阅了大量计算机基础知识方面的书籍，从中得到了不少的启发和帮助，在此谨向各位作者深表谢意。

　　由于编者水平所限，错漏之处在所难免。希望各位专家及广大读者不吝批评、指正。

编　者

2018 年 6 月

目　录

第1章　计算机基础知识

本章首先从电子计算机的特点、计算机的组成和工作原理、计算机的产生和发展历史，及其在不同领域中的应用和与社会发展的关系等，对计算机作简要的介绍，力求使读者对计算机有一个概括的了解。在此基础上，进一步介绍信息的二进制表示、计算机的中央处理器、输入输出设备、存储系统、总线和接口、计算机软件的概念和分类、计算机语言、操作系统以及数据库管理、字处理软件和电子表格软件等。一方面使读者对计算机的概念有一个具体的理解，另一方面也为读者使用计算机提供一些必要的基础知识。

1.1　计算机的基本概念

1.1.1　计算机的概念及特点

在人类历史上，计算工具的发明和创造经历了漫长的时期。在原始社会，人们曾使用绳结、垒石或枝条作为计数和计算的工具。我国在春秋战国时期有了筹算法的记载，到了唐朝已经有了至今仍在使用的计算工具——算盘。16世纪欧洲出现了对数计算尺和机械计算机。

在20世纪40年代之前，人工手算一直是主要的计算方法，算盘、对数计算尺、手摇或电动的机械计算机一直是人们使用的主要计算工具。20世纪40年代，一方面由于近代科学技术的发展，人们对计算量、计算精度、计算速度的要求不断提高，原有的计算工具已经满足不了应用的需要；另一方面，计算理论、电子学以及自动控制技术的发展，也为现代电子计算机的出现提供了可能。20世纪40年代中期，第一代电子计算机诞生了。

对于计算机（computer），人们往往从不同角度给出不同描述："计算机是一种可以自动进行信息处理的工具""计算机是一种能够自动地、高速地、精确地进行信息处理的现代化电子设备""计算机是一种能够高速运算、具有内部存储能力、由程序控制其操作过程的电子装置"等。归纳发现，计算机的主要特点是具有高速的、精确的计算、记忆和逻辑判断、自动控制等功能。区别于其他计算工具，计算机具有程序控制、存储的功能。

计算机不同于以往任何计算工具，其主要特点如下：

第一，在处理对象上，它已不再局限于数值信息，而是可以处理包括数字、文字、符号、图形、图像甚至声音等一切可以用数字加以表示的信息。

第二，在处理内容上，它不仅能做数值计算，也能对各种信息做非数值处理，如进行信息检索、图形处理；它不仅可以做加、减、乘、除算术运算，也可以做是非逻辑判断。

第三，在处理方式上，人们只要把处理的对象和处理问题的方法步骤以计算机可以识别和执行的"语言"事先存储到计算机中，它就可以完全自动地对这些数据进行处理。

第四，在处理速度上，它具有高速的处理能力。目前，一般计算机的处理速度都可以达到每秒百万次的运算，巨型机可以达到每秒近千亿次的运算。

第五，它可以存储大量数据。目前，一般微型机都可以存储几十万、几百万、几千万至几十万亿个数据。计算机存储的数据量越大，可以记住的信息量也就越大。需要时，计算机可以从浩如烟海的数据中找到这些信息，这也是计算机能够进行自动处理的原因之一。

第六，多个计算机借助于通信网络互连起来，可以超越地理界限，互发电子邮件，进行网上通信，共享远程信息和资源。

计算机具有超强的记忆能力、高速的处理能力、较高的计算精度和可靠的判断能力。人们进行的任何复杂的脑力劳动，如果可以分解成计算机可以执行的基本操作，并以计算机可以识别的形式表示出来，存放到计算机中，计算机就可以模仿人的一部分思维活动，代替人的部分脑力劳动，按照人们的意愿自动工作，所以也人们又把计算机称为"电脑"，以强调计算机在功能上和人脑有许多相似之处，如人脑的记忆功能、计算功能、判断功能。计算机终究不是人脑，它也不可能完全代替人脑；但是说计算机不能模拟人脑的功能也是不对的。尽管计算机在很多方面远远比不上人脑，但它有其超越人脑的许多性能，人脑与计算机在许多方面是互补的。

1.1.2　计算机的组成和工作原理

1. 计算机的组成

计算机系统由硬件系统和软件系统两部分组成。

（1）计算机硬件

计算机硬件指的是计算机系统中由电子、机械和光电元件组成的各种计算机部件和设备，其基本功能是接受计算机程序的控制来实现数据输入、运算、数据输出等一系列操作。

虽然目前计算机的种类很多，制造技术发生了极大的变化，但计算机在基本的硬件结构方面，一直沿袭着冯·诺依曼的体系结构，从功能上都可以划分为五个基本组成部分，即输入设备、输出设备、存储器、运算器和控制器，如图 1-1 所示。

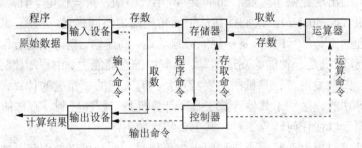

图 1-1　计算机系统基本硬件结构

在图 1-1 中，实线代表数据流，虚线代表控制流，计算机各部件间的联系通过信息流动来实现。原始数据和程序通过输入设备送入存储器，在运算处理过程中，数据从存储器读入运算器进行运算，运算结果存入存储器，必要时再经输出设备输出。指令也以数据形式存于存储器中，运算时指令由存储器送入控制器，由控制器控制各部件的工作。

计算机五大组成部分的功能如下：输入设备的功能是将要加工处理的外部信息转换为计算机能够识别和处理的内部形式，以便于处理；输出设备的功能是将信息从计算机的内部形式转换为使用者所要求的形式，以便能为人们识别或被其他设备所接收；存储器的功能是用来存储以内部形式表示的各种信息；运算器的功能是对数据进行算术运算和逻辑运算；控制器的功能则是产生各种信号，控制计算机各个功能部件协调一致地工作。

运算器和控制器在结构关系上非常密切，它们之间有大量信息频繁地进行交换，且共用一些寄存单元，因此将运算器和控制器合称为中央处理器（CPU），将中央处理器和内存储器合称为主机，将输入设备和输出设备称为外部设备。由于外存储器不能直接与 CPU 交换信息，而它与主机的连接方式和信息交换方式与输出设备和输入设备没有很大差别，因此，一般把它列入外部设备的范畴，外部设备包括输入设备、输出设备和外存储器；但从外整个计算机的功能看，外存储器属于存储系统的一部分，称为外存储器或辅助存储器。

（2）计算机软件

计算机软件指的是为了告诉计算机做些什么和按什么方法、步骤去做，以计算机可以识别和执行的操作表示的处理步骤和有关文档。在计算机术语中，计算机可以识别和执行的操作表示的处理步骤称为程序。计算机软件则是计算机程序和有关文档。

在计算机中，硬件和软件的结合点是计算机的指令系统。计算机的一条指令是计算机硬件可以执行的一步操作。计算机可以执行的指令的全体称为该机的指令系统。任何程序都必须转换成该计算机硬件能够执行的一系列指令。

2. 计算机的工作原理

现代计算机的基本工作原理（由冯·诺依曼提出）如下：

1）计算机的指令和数据均采用二进制表示。

2）由指令组成的程序和要处理的数据一起存放在存储器中。计算机一经启动，控制器就按照程序中指令的逻辑顺序，把指令从存储器中读出来，逐条执行。

3）由输入设备、输出设备、存储器、运算器、控制器五个基本部件组成计算机的硬件系统，在控制器的统一控制下，协调一致地完成由程序所描述的处理工作。

在计算机中，硬件和软件是不可缺少的两个部分。硬件是组成计算机系统的各部件的总称，它是计算机系统快速、可靠、自动工作的物质基础，是计算机系统的执行部分。在这个意义上讲，没有硬件就没有计算机，计算机软件也不会产生任何作用。但是一台计算机之所以能够处理各种问题，具有很大的通用性，能够代替人们进行一定的脑力劳动，是因为人们把要处理这些问题的方法，分解成为计算机可以识别和执行的步骤，并以计算机可以识别的形式存储到了计算机中。也就是说，在计算机中存储了解决这些问题的程序。目前所说的计算机一般都包括硬件和软件两个部分，而把不包括软件的计算机称为"裸机"。计算机软件就是计算机程序及其有关文档。

1.1.3　计算机的发展

电子计算机的发展，像任何新生事物一样，也经历了一个不断完善的过程。1938 年，J. 阿诺索夫首先制成了电子计算机的运算部件。1943 年，英国外交部通讯处制成了"巨人"计算机，专门用于密码分析。

1946 年 2 月，美国宾夕法尼亚大学制成的 ENIAC（electronic numerical integrator and calculator，电子积分计算机）最初也专门用于火炮弹道计算，后经多次改进才成为能进行各种科学计算的通用计算机，这就是人们常常提到的世界上的第一台电子计算机，它标志着第一代电子计算机的诞生。它采用电子管作为计算机的基本元件，由 18 000 多个电子管，1 500 多个继电器，10 000 多只电容器和 7 000 多只电阻构成，占地 170m^2，重量 30 t，每小时耗电 30 万 kW，是一个庞然大物，每秒能进行 5 000 次加法运算。由于它使用电子器件来代替机械齿轮或电动机械进行运算，并且能在运算过程中不断进行判断，做出选择，过去需要 100 多名工程师花费 1 年才能解决的计算问题，它只需要 2 个小时就能给出答案。

但是，这种计算机的程序仍然是外加式的，存储容量也很小，尚未完全具备现代计算机的主要特征。在计算机发展上再一次重大突破是由数学家冯·诺依曼领导的设计小组完成的。他们提出存储程序原理，即程序由指令组成，并和数据一起放在存储器中，机器一经启动，就能按照程序指令的逻辑顺序，把指令从存储器中读出来，逐条执行，自动完成由程序所描述的处理工作，这是计算机发展史上的一个里程碑，也是计算机与一切其他计算工具的根本区别所在。真正实现内存储程序式原理的第一台计算机 EDSAC 于 1949 年 5 月在英国制成。

根据计算机所采用的逻辑元件（电子器件）来划分，一般把电子计算机的发展分成以下几个时代：

1）第一代电子计算机（1946～1957 年）：基本逻辑电路由电子管组成。

2）第二代电子计算机（1958～1964 年）：基本逻辑电路由晶体管电子元件组成。

3）第三代电子计算机（1965～1970 年）：基本逻辑电路由小规模集成电路组成。

4）第四代电子计算机（1970 年以后）：采用中、大规模集成电路构成逻辑电路。

第一代电子计算机采用电子管作为逻辑元件，用阴极射线管或汞延迟线作为主存储器，外存主要使用纸带、卡片等，程序设计主要使用机器指令或符号指令，应用领域主要是科学计算。

第二代电子计算机用晶体管代替了电子管，主存储器均采用磁芯存储器，磁鼓和磁盘开始用作主要的外存储器，程序设计使用了更接近于人类自然语言的高级程序设计语言，计算机的应用领域也从科学计算扩展到了事务处理、工程设计等多个方面。

第三代电子计算机采用中小规模的集成电路块代替了晶体管等分立元件，半导体存储器逐步取代了磁芯存储器的主存储器地位，磁盘成了不可缺少的辅助存储器，计算机也进入了产品标准化、模块化、系列化的发展时期，计算机的管理、使用方式也由手工操作完全改变为自动管理，使计算机的使用效率显著提高。

第四代电子计算机采用大规模和超大规模集成电路。20 世纪 70 年代以后，计算机使用的集成电路迅速从中、小规模发展到大规模、超大规模的水平，大规模、超大规模集成电路应用的一个直接结果就是微处理器和微型计算机的诞生。微处理器是将传统的运算器和控制器集成在一块大规模或超大规模集成电路芯片上，作为中央处理单元（CPU）。以微处理器为核心，再加上存储器和接口等芯片以及输入输出设备便构成了微型计算机。微处理器自 1971 年诞生以来，几乎每隔二至三年就要更新换代，以高档微处理器为核心构成的高档微型计算机系统已达到和超过了传统超级小型计算机水平，其运算速度可以达到每秒数亿次。由于微型计算机体积小、功耗低、成本低，其性能价格比占有很大优势，因而得到了广泛的应用。微处理器和微型计算机的出现不仅深刻地影响着计算机技术本身的发展，同时也使计算机技术渗透到了社会生活的各个方面，极大地推动了计算机的普及。随着微电子、计算机和数字化声像技术的发展，多媒体技术也得到了迅速发展。这里所说的媒体是指表示和传播信息的载体，如文字、声音或图像。在 80 年代以前，人们使用计算机处理的主要是文字信息，80 年代开始才用于处理图形和图像。随着数字化音频和视频技术的突破，逐步形成了集声、文、图、像一体化的多媒体计算机系统。它不仅使计算机应用更接近人类习惯的信息交流方式，而且将开拓许多新的应用领域。计算机与通信技术的结合使计算机应用从单机走向网络，由独立网络走向互联网络。

总之，计算机从第一代发展到第四代（表 1-1），已由仅仅包含硬件的系统发展到包括硬件和软件两大部分的计算机系统。计算机的种类也一再分化，发展成微型计算机、小型计算机、通用计算机（包括巨型、大型、中型计算机）以及各种专用机等。由于技术的更新和应用的推动，计算机一直处在飞速发展之中。依据信息技术发展功能价格比的摩尔定律（Moore Law），计算机芯片的功能每 18 个月翻一番，而价格减一半。该定律的作用从 20 世纪 60 年代以来，已持续了几十年，预计还会持续。集处理文字、图形、图像、声音为一体的多媒体计算机的发展正方兴未艾。各国都在计划建设自己的"信息高速公路"。通过各种通信渠道，包括有线网和无线网，把各种计算机互联起来，已经实现了信息在全球范围内的传递。用计算机来模仿人的智能，包括听觉、视觉和触觉以及自学习和推理能力是当前计算机科学研究的一个重要方向。与此同时，计算机体系结构将会突破传统的冯·诺依曼提出的原理，实现高度的并行处理。为了解决软件发展方面出现的复杂程度高、研制周期长和正确性难以保证的"软件危机"而产生的软件工程也出现新的突破。新一代计算机的发展将与人工智能、知识工程和专家系统等研究紧密相连，并为其发展提供新的基础。

表 1-1　计算机发展阶段示意表

指标＼年代	第一代 1946～1957 年	第二代 1958～1964 年	第三代 1965～1969 年	第四代 1970 年至今
电子器件	电子管	晶体管	中、小规模集成电路	大规模和超大规模集成电路
主存储器	磁芯、磁鼓	磁芯、磁鼓	磁芯、磁鼓、半导体存储器	半导体存储器
外部辅助存储器	磁带、磁鼓	磁带、磁鼓	磁带、磁鼓、磁盘	磁带、磁盘、光盘
处理方式	机器语言 汇编语言	监控程序 连续处理作业 高级语言编译	多道程序 实时处理	实时、分时处理网络操作系统
运算速度	$5 \times 10^3 \sim 3 \times 10^4$/秒	$10^5 \sim 10^6$ 次/秒	$10^6 \sim 10^7$ 次/秒	$10^6 \sim 10^{16}$ 次/秒

当前计算机的发展趋势概括为四化：巨型化、微型化、网络化和智能化。

1. 巨型化

为了满足尖端科学技术、军事、气象等领域的需要，计算机也必须向超高速、大容量、强功能、巨型化的方向发展。巨型机（超级计算机）的发展集中体现了计算机技术的发展水平。

2. 微型化

芯片的集成度越来越高，计算机的元器件越来越小，这使得计算机的计算速度更快、功能更强、体积更小、价格更低。

3．网络化

计算机网络可以实现资源共享。资源包括了硬件资源，如存储介质、打印设备等，还包含软件资源和数据资源，如系统软件、应用软件和各种数据库等。

4．智能化

智能化是未来计算机发展的总趋势。这种计算机除了具备现代计算机的功能之外，还要具有在某种程度上模仿人的推理、联想、学习等思维功能，并具有声音识别、图像识别能力。

我国计算机的技术在不断进步，从 1956 年国家将计算机列为科学技术发展的重要组成部分开始，我国计算机方面的研究在不断前进。1958 年，我国研制出第一台电子管计算机，1965 年又成功研制出第一台晶体管计算机，1970 年研制出集成电路计算机。在发展的过程中与发达国家的计算机发展不断地拉近距离，特别是在巨型机方面，中国的成就已是世界瞩目，2016 年中国的"神威·太湖之光"超级计算机的计算速度全世界排名第一，比第二名中国的"天河二号"超级计算机快近两倍的速度。表 1-2 列举了近几十年我国在巨型机方面的发展历程中的部分成果。

表 1-2　我国巨型机发展的部分成果

型号	时间	每秒运算速度	研制单位
银河	1983 年	1 亿次	国防科技大学
银河 II	1992 年	10 亿次	国防科技大学
银河 III	1997 年	130 亿次	国防科技大学
曙光 2000-II	2000 年	1000 亿次	国家智能计算机研发中心
曙光 4000A	2004 年	10 万亿次	曙光公司
曙光 5000A	2009 年	230 万亿次	曙光公司
天河一号	2009 年	1206 万亿次	国防科技大学
天河二号	2013 年	33.86 千万亿次	国防科技大学
神威·太湖之光	2016 年	9.3 亿亿次	国家并行计算机工程技术研究中心

1.1.4　计算机的分类

1．按信息的表示方式分类（见图 1-2）

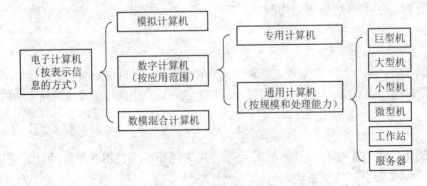

图 1-2　计算机及其分类

（1）模拟计算机

模拟计算机用连续变化的模拟量即电压来表示信息，其基本运算部件是由运算放大器构成的微分器、积分器、通用函数运算器等运算电路组成。模拟计算机解题速度极快，但精度不高、信息不易存储，通用性差。

（2）数字计算机

数字计算机用不连续的数字量即"0"和"1"来表示信息，其基本运算部件是数字逻辑电路。数字计算机的精度高、存储量大、通用性强，能胜任科学计算、信息处理、实时控制、智能模拟等方面的工作。

（3）数模混合计算机

数字模拟混合式电子计算机是综合了数字和模拟两种计算机的长处设计出来的，它既能处理数字量，又能处理模拟量。

2. 按应用范围分类

（1）专用计算机

专用计算机是为解决一个或一类特定问题而设计的计算机。

（2）通用计算机

通用计算机是为能解决各种问题而设计的计算机，具有较强的通用性。

3. 按计算机的规模和处理能力分类

1）巨型机：也称为超级计算机，它是一个相对的概念，是指在一个时期内速度最快、处理能力最强的计算机。目前，其运算速度已达到每秒亿亿次。

2）大型机：也称主机，具有较快的处理速度和较强的处理能力。主要用于大银行、大公司、规模较大的高等学校和科研院所。

3）小型机：结构简单，规模较小，操作简单。

4）微型机：体积小，价格低，功能全，操作方便。

5）工作站：易于联网，有大量内存，配置大屏幕显示器和较强的数据处理能力与高性能的图形功能。

6）服务器：服务器是一种在网络环境中为所有用户提供服务的共享设备。

1.2　计算机中的信息表示

1.2.1　进位计数制

1. 数制的概念

数制是用一组固定的数字和一套统一的规则来表示数目的方法。按进位的原则进行计数，称为进位计数制，简称数制。数制的特点：①逢 N 进一；②位权表示法。计算机中常使用二进制、十进制、八进制、十六进制等。

任何进制都有它生存的原因。人类的屈指计数沿袭至今，由于日常生活中大多采用十进制计数，因此对十进制最习惯。如十二进制，十二的可分解的因子多（12，6，4，3，2，1），商业中不少包装计量单位为"一打"；如十六进制，十六可被平分的次数较多（16，8，4，2，1），即使现代在某些场合如中药、金器的计量单位还在沿用这种计数方法。

进位计数涉及基数与各数位的位权。十进制计数的特点是"逢十进一"，在一个十进制数中，需要用到十个数字符号0～9，其基数为10，即十进制数中的每一位是这十个数字符号之一。在任何进制中，一个数的每个位置都有一个权值。

2. 基数

基数是指该进制中允许选用的基本数码的个数。

每一种进制都有固定数目的计数符号。

十进制：基数为10，10个记数符号为0、1、2、…、9。每一个数码符号根据它在这个数中所在的位置（数位），进数规则为逢十进一，借一当十。

二进制：基数为2，两个记数符号为0和1。每个数码符号根据它在这个数中的数位，进数规则为逢二进一，借一当二。

八进制：基数为8，8个记数符号为0、1、2、…、7。每个数码符号根据它在这个数中的数位，进数规则为逢八进一，借一当八。

十六进制：基数为16，16个记数符号为0、1、2、3、4、5、6、7、8、9、A、B、C、D、E、F，其中数码A、B、C、D、E、F分别代表十进制数中的10、11、12、13、14、15，进数规则为逢十六进一，借一当十六。

3. 位权

一个数码处在不同位置上所代表的值不同，如数字6在十位数位置上表示60，在百位数上表示600，而在小数点后1位表示0.6，可见每个数码所表示的数值等于该数码乘以一个与数码所在位置相关的常数，这个常数叫作位权。位权的大小是以基数为底、数码所在位置的序号为指数的整数次幂。十进制的个位数位置的位权是10^0，十位数位置上的位权为10^1，小数点后1位的位权为10^{-1}。

十进制数 34958.34 的值为：

$(34958.34)_{10} = 3 \times 10^4 + 4 \times 10^3 + 9 \times 10^2 + 5 \times 10^1 + 8 \times 10^0 + 3 \times 10^{-1} + 4 \times 10^{-2}$。

小数点左边：从右向左，每一位对应权值分别为10^0、10^1、10^2、10^3、10^4。

小数点右边：从左向右，每一位对应的权值分别为10^{-1}、10^{-2}。

二进制数$(100101.01)_2 = 1 \times 2^5 + 0 \times 2^4 + 0 \times 2^3 + 1 \times 2^2 + 0 \times 2^1 + 1 \times 2^0 + 0 \times 2^{-1} + 1 \times 2^{-2}$。

小数点左边：从右向左，每一位对应的权值分别为2^0、2^1、2^2、2^3、2^4、2^5。

小数点右边：从左向右，每一位对应的权值分别为2^{-1}、2^{-2}。

不同的进制由于其进位的基数不同权值是不同的。

一般而言，对于任意的R进制数$a_{n-1}a_{n-2}\cdots a_1a_0a_{-1}\cdots a_{-m}$（其中n为整数位数，m为小数位数）可以表示为以下和式：

$a_{n-1} \times R^{n-1} + a_{n-2} \times R^{n-2} + \cdots + a_1 \times R^1 + a_0 \times R^0 + a_{-1} \times R^{-1} + \cdots + a_{-m} \times R^{-m}$（其中R为基数）

1.2.2　二进制代码和二进制数码

1. 二进制的特点

可行性：采用二进制，只有 0 和 1 两个状态，需要表示 0、1 两种状态的电子器件很多，如开关的接通和断开，晶体管的导通和截止、磁元件的正负剩磁、电位电平的低与高等都可表示 0、1 两个数码。使用二进制，电子器件具有实现的可行性。

简易性：二进制数的运算法则少，运算简单，使计算机运算器的硬件结构大大简化（十进制的乘法九九口诀表 55 条公式，而二进制乘法只有 4 条规则）。

逻辑性：由于二进制 0 和 1 正好和逻辑代数的假（false）和真（true）相对应，有逻辑代数的理论基础，用二进制表示二值逻辑很自然。

2. 二进制代码和二进制数码

我们从二进制代码和二进制数码开始讲述计算机基础知识，是因为二进制代码和二进制数码是计算机信息表示和信息处理的基础。

代码是事先约定好的信息表示的形式。二进制代码是把 0 和 1 两个符号按不同顺序排列起来的一串符号。

二进制数码具有两个基本特征：

1）用 0、1 两个不同的符号组成的符号串表示数量。

2）相邻两个符号之间遵循"逢 2 进 1"的原则，即左边的一位所代表的数目是右边紧邻同一符号所代表的数目的 2 倍。

二进制代码和二进制数码是既有联系又有区别的两个概念：凡是用 0 和 1 两种符号表示信息的代码统称为二进制代码（或二值代码）；用 0 和 1 两种符号表示数量并且整个符号串各位均符合"逢 2 进 1"原则的二进制代码，称为二进制数码。

目前的计算机在内部几乎毫无例外地使用二进制代码或二进制数码来表示信息，这是由于以二进制代码为基础设计制造计算机，可以做到速度快、元件少，既经济又可靠。虽然计算机从使用者看来处理的是十进制数，但在计算机内部仍然是以二进制数码为操作的对象的处理，理解它的内部形式是必要的。

在计算机中数据的最小单位是 1 位二进制代码，简称为位（bit）。8 个连续的位称为 1 字节（B）。

3. 数的二进制表示和二进制运算

（1）数的二进制表示

客观世界中，事物的数量是客观存在的，但表示的方法可以多种多样。例如 345 用十进制数码可以表示为 $(345)_{10}=3\times10^2+4\times10^1+5\times10^0$。

这里每个固定位置上的计数单位称为位权。十进制计数中个位上的计数单位为 $10^0=1$，从个位向左，依次为 10^1，10^2，10^3，…；向右依次为 10^{-1}，10^{-2}，…。

用二进制数码可以表示为：

$(101011001)_2=1\times2^8+0\times2^7+1\times2^6+0\times2^5+1\times2^4+1\times2^3+0\times2^2+0\times2^1+1\times2^0=256+0+64+0+16+8+0+0+1=(345)_{10}$

二进制计数中个位上的计数单位也是 1，即 $2^0=1$，个位向左依次为 2^1，2^2，2^3，…；向右依次为 2^{-1}，2^{-2}，…。

（2）计算机中的算术运算

二进制数的算术运算与十进制的算术运算类似，但其运算规则更为简单，其规则见表 1-3。

表 1-3　二进制数的运算规则

加法	乘法	减法	除法
0+0=0	0×0=0	0-0=0	0÷0=0
0+1=1	0×1=0	1-0=1	0÷1=0
1+0=1	1×0=0	1-1=0	1÷0=（没有意义）
1+1=10（逢二进一）	1×1=1	0-1=1（借一当二）	1÷1=1

二进制数的加法运算：

【例1】二进制数 1001 与 1011 相加。

算式：被加数　　(1001)₂ …… (9)₁₀
　　　加数　　　(1011)₂ …… (11)₁₀
　　　进位　　　＋)111
　　　和数　　　(10100)₂

结果：$(1001)_2+(1011)_2=(10100)_2$

由算式可以看出，两个二进制数相加时，每一位最多有 3 个数（本位被加数、加数和来自低位的进位）相加，按二进制数的加法运算法则得到本位相加的和及向高位的进位。

二进制数的减法运算：

【例2】二进制数 11000001 与 00101101 相减。

算式：被减数　　(11000001)₂ …… (193)₁₀
　　　减数　　　(00101101)₂ …… (45)₁₀
　　　借位　　　-)1111
　　　差数　　　(10010100)₂ …… (148)₁₀

结果：$(11000001)_2-(00101101)_2=(10010100)_2$

由算式可以看出，两个二进制数相减时，每一位最多有 3 个数（本位被减数、减数和向高位的借位）相减，按二进制数的减法运算法则得到本位相减的差数和向高位的借位。

（3）计算机中的逻辑运算

计算机中的逻辑关系是一种二值逻辑，逻辑运算的结果只有"真"或"假"两个值。二值逻辑很容易用二进制的"0"和"1"来表示，一般用"1"表示真，用"0"表示假。逻辑值的每一位表示一个逻辑值，逻辑运算是按对应位进行的，每位之间相互独立，不存在进位和借位关系，运算结果也是逻辑值。

逻辑运算有"或""与""非"三种。其他复杂的逻辑关系都可以由这三个基本逻辑关系组合而成。

1）逻辑"或"。用于表示逻辑"或"关系的运算,"或"运算符可用＋,OR,∪或∨表示。

逻辑"或"的运算规则如下:

$$0+0=0 \qquad 0+1=1 \qquad 1+0=1 \qquad 1+1=1$$

即两个逻辑位进行"或"运算,只要有一个为"真",逻辑运算的结果为"真"。

【例3】如果 A＝1001111,B＝1011101,求 A＋B。

步骤如下:
$$
\begin{array}{r}
1001111 \\
+\,1011101 \\
\hline
1011111
\end{array}
$$

结果:A＋B＝1001111＋1011101＝1011111

2）逻辑"与"。用于表示逻辑与关系的运算,称为"与"运算,"与"运算符可用 AND,·,×,∩或∧表示。

逻辑"与"的运算规则如下:

$$0\times0=0 \qquad 0\times1=0 \qquad 1\times0=0 \qquad 1\times1=1$$

即两个逻辑位进行"与"运算,只要有一个为"假",逻辑运算的结果为"假"。

【例4】如果 A＝1001111,B＝(1011101),求 A×B。

步骤如下:
$$
\begin{array}{r}
1001111 \\
\times\,1011101 \\
\hline
1001101
\end{array}
$$

结果:A×B＝1001111×101101＝1001101

3）逻辑"非"。用于表示逻辑非关系的运算,该运算常在逻辑变量上加一横线表示。

逻辑"非"的运算规则:$\overline{1}=0$,$\overline{0}=1$,即对逻辑位求反。

1.2.3　不同数制间的转换

不同数制间的转换采用基数乘除法。

假设将十进制数转换为 R 进制数:整数部分和小数部分应分别遵守不同的转换规则:

对整数部分:除以 R 取余法,即整数部分不断除以 R 取余数,直到商为 0 为止,最先得到的余数为最低位,最后得到的余数为最高位。

对小数部分:乘 R 取整法,即小数部分不断乘以 R 取整数,直到小数为 0 或达到有效精度为止,最先得到的整数为最高位(最靠近小数点),最后得到的整数为最低位。

1.　十进制数转换为二进制数

十进制转换数成二进制数,基数为 2,故对整数部分,除 2 取余,对小数部分乘 2 取整。为了将一个既有整数部分又有小数部分的十进制数转换成二进制数,可以将其整数部分和小数部分分别转换,然后再组合。

【例5】将$(35.6875)_{10}$转换为二进制数。

① 用除2取余法将整数部分$(35)_{10}$转换为二进制整数：

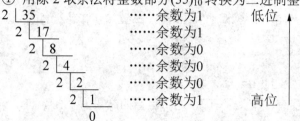

故：$(35)_{10} = (100011)_2$

验证：$1 \times 2^5 + 0 \times 2^4 + 0 \times 2^3 + 0 \times 2^2 + 1 \times 2^1 + 1 \times 2^0 = 32 + 2 + 1 = 35$。

② 用乘2取整法将小数部分$(0.6875)_{10}$转换为二进制形式：

```
    0.6875
 ×     2
    1.3750    …… 整数为 1      高位
    0.3750
 ×     2
    0.7500    …… 整数为 0
    0.7500
 ×     2
    1.5000    …… 整数为 1
    0.5000
 ×     2
    1.0000    …… 整数为 1      低位
```

即：$(0.6875)_{10} = (0.1011)_2$

③ 整数部分与小数部分合并，可得：$(35.6875)_{10} = (100011.1011)_2$。

注意：一个十进制小数不一定能完全准确地转换成二进制小数，这时可以根据精度要求只转换到小数点后某一位为止即可。将其整数部分和小数部分分别转换，然后组合在一起。

2. 十进制数转换为八进制数

八进制数码的基本特征是：用8个不同符号0，1，2，3，4，5，6，7组成的符号串表示数量，相邻两个符号之间遵循"逢8进1"原则，也就是说各位上的位权是基数8的若干次幂。

【例6】将十进制数$(1725.32)_{10}$转换成八进制数（转换结果取3位小数）。

十进制转换数成八进制数，基数为8，故对整数部分除8取余，对小数部分乘8取整。为了将一个既有整数部分又有小数部分的十进制数转换成八进制数，可以将其整数部分和小数部分分别转换，然后再组合。

整数部分：

```
8 | 1725        取余数   低
  8 | 215        5
    8 | 26       7
      8 | 3      2
          0      3       高
```

小数部分:

0.32	取整数	高
× 8		
2.56	2	
× 8		
4.48	4	
× 8		
3.84	3	低

得$(1725.32)_{10} = (3275.243)_8$。

3. 十进制数转换为十六进制数

十六进制数码的基本特征是:用 16 个不同符号 0~9 和 A,B,C,D,E,F 组成的符号串表示数量,相邻两个符号之间遵循"逢 16 进 1"的原则,也就是各位上的位权是基数 16 的若干次幂。

用基数乘除法,此处基数为 16。将十进制整数转换成十六进制整数可以采用"除 16 取余"法;将十进制小数转换成十六进制小数可以采用"乘 16 取整"法。如果十进制数既含有整数部分又含有小数部分则应分别转换后再组合起来。

【例 7】将$(237.45)_{10}$转换成十六进制数(取 3 位小数)。

整数部分:

16	237	取余数	低
16	14	13	
	0	14	高

小数部分:

0.45	取整数	高
× 16		
7.20	7	
× 16		
3.20	3	
× 16		
3.20	3	低

得$(237.45)_{10} = (ED.733)_{16}$

4. 二进制数转换为八、十六进制数

8 和 16 都是 2 的整数次幂,即 $8=2^3$,$16=2^4$,因此 3 位二进制数相当于 1 位八进制数,4 位二进制数相当于 1 位十六进制数(见表 1-4),它们之间的转换关系也相当简单。由于二进制数表示数值的位数较长,因此常需用八、十六进制数来表示二进制数。

表 1-4　十进制数、二进制数、八进制数和十六进制数的对应关系表

十进制	二进制	八进制	十六进制	十进制	二进制	八进制	十六进制
0	0	0	0	3	11	3	3
1	1	1	1	4	100	4	4
2	10	2	2	5	101	5	5

十进制	二进制	八进制	十六进制	十进制	二进制	八进制	十六进制
6	110	6	6	12	1100	14	C
7	111	7	7	13	1101	15	D
8	1000	10	8	14	1110	16	E
9	1001	11	9	15	1111	17	F
10	1010	12	A	16	10000	20	10
11	1011	13	B	17	10001	21	11

将二进制数以小数点为中心分别向两边分组，转换成八（或十六）进制数每3（或4）位为一组，整数部分向左分组，不足位数左边补0。小数部分向右分组，不足部分右边加0补足，然后将每组二进制数转化成八（或十六）进制数即可。

【例8】将二进制数$(11101110.00101011)_2$转换成八、十六进制数。

$(\quad 011 \quad 101 \quad 110 \quad .001 \quad 010 \quad 110)_2 = (356.126)_8$

$\qquad 3 \qquad 5 \qquad 6 \quad .1 \quad 2 \quad 6$

$(\quad 1110 \quad 1110 \quad .0010 \quad 1011)_2 = (EE.3B)_{16}$

$\qquad E \qquad E \quad .2 \qquad B$

5. 八、十六进制数转换为二进制数

将每位八（或十六）进制数展开为3（或4）位二进制数。

【例9】$(714.431)_8 = (111 \quad 001 \quad 100 \quad . \quad 100 \quad 011 \quad 001)_2$

$\qquad\qquad\qquad\qquad 7 \quad 1 \quad 4 \quad . \quad 4 \quad 3 \quad 1$

$(43B.E5)_{16} = (0100 \quad 0011 \quad 1011 .1110 \quad 0101)_2$

$\qquad\qquad\qquad\qquad 4 \quad 3 \quad B . E \quad 5$

整数前的高位零和小数后的低位零可取消。

1.2.4　计算机中数据表示方法

1. 数据的基本概念

数据（data）是表征客观事物的、可以被记录的、能够被识别的各种符号，包括字符、符号、表格、声音和图形、图像等。简而言之，一切可以被计算机加工、处理的对象都可以被称之为数据。数据可在物理介质上记录或传输，并通过外围设备被计算机接收，经过处理而得到结果。

数据能被送入计算机加以处理，包括存储、传送、排序、归并、计算、转换、检索、制表和模拟等操作，以得到满足人们需要的结果。数据经过解释并赋予一定的意义后，便成为信息。这里说的数据指的是广义的数据，可以用来表示事物的数量（如产量、资金、职工人数和物品数量等）、事物的名称或代号（例如厂名、车间名、学校名和职工名等）、事物抽象的性质（如人体的健康状况、文化程度、政治面貌和工作能力等）。

数据有两种形式。一种形式为人类可读形式的数据，简称人读数据。因为数据首先是由人类进行收集、整理、组织和使用的，这就形成了人类独有的语言、文字以及图像。例如，图书资料、音像制品等都是特定的人群才能理解的数据。

　　另一种形式称为机器可读形式的数据，简称机读数据。如印刷在物品上的条形码，录制在磁带、磁盘、光盘上的数码，穿在纸带和卡片上的各种孔等，都是通过特制的输入设备将这些信息传输给计算机处理，它们都属于机读数据。显然，机读数据使用了二进制数据的形式。

　　2. 数据存储的组织形式

　　计算机中数据的常用单位有位（b）、字节（B）和字（word）。

　　（1）位

　　计算机采用二进制，运算器运算的是二进制数，控制器发出的各种指令也表示成二进制数，存储器中存放的数据和程序也是二进制数，在网络上进行数据通信时发送和接收的还是二进制数。显然，在计算机内部到处都是由 0 和 1 组成的数据流。

　　计算机中最小的数据单位是二进制的一个数位，其值为"0"或"1"，其英文名为"bit"（读音为比特）。简称为位，常用"b"表示。计算机中最直接、最基本的操作就是对二进制位的操作。

　　（2）字节

　　字节是计算机存储容量的基本单位，计算机存储容量的大小是用字节的多少来衡量的。其英文名为"Byte"，通常用"B"表示，需要 7 位或 8 位二进制数。因此，人们采用 8 位为 1 字节，1 字节由 8 个二进制数位组成。

　　字节是计算机中用来表示存储空间大小的基本容量单位。例如，计算机内存的存储容量、磁盘的存储容量等都是以字节为单位表示的。除用字节为单位表示存储容量外，字节经常使用的单位还有 KB（千字节）、MB（兆字节）和 GB（吉字节）等，它们与字节的关系如下：

　　1B＝8b

　　1KB＝1024B＝2^{10}B　　　　　　　　　1KB＝1024 字节，"K"的意思是"千"。

　　1MB＝1024KB＝2^{10}KB＝2^{20}B　　　1MB＝1024KB 字节，"M"读"兆"。

　　1GB＝1024MB＝2^{10}MB＝2^{30}B　　　1GB＝1024MB 字节，"G"读"吉"。

　　1TB＝1024GB＝2^{10}GB＝2^{40}B　　　1TB＝1024GB 字节，"T"读"太"。

　　要注意位与字节的区别：位是计算机中最小数据单位，字节是计算机中基本信息单位。

　　（3）字

　　字是计算机内部作为一个整体参与运算、处理和传送的一串二进制数，其英文名为"word"。每个字中二进制位数的长度，称为字长。一个字由若干个字节组成，不同的计算机系统的字长是不同的，常见的有 8 位、16 位、32 位、64 位、128 位等，字长越长，计算机一次处理的信息位就越多，精度就越高，字长是计算机性能的一个重要指标。目前，主流微机都是 32 位机。

　　（4）存储单元

　　若干个字节构成一个存储单元，每一个存储单元都有一个唯一的编号，称为"地址"。

　　3. 数据编码

　　信息是包含在数据里面，数据要以规定好的二进制形式表示才能被计算机加以处理，这些规定的形式就是数据的编码。数据的类型有很多，数字和文字是最简单的类型，表格、声音、图形和图像则是复杂的类型，编码时要考虑数据的特性和便于计算机的存储和处理，所以数据编码也是一件非常重要的工作。下面介绍几种常用的数据编码。

（1）BCD 码

因为二进制数不直观，于是在计算机的输入和输出时通常还是用十进制数。但是计算机只能使用二进制数编码，所以另外规定了一种用二进制编码表示十进制数的方式，即每 1 位十进制数数字对应 4 位二进制编码，称 BCD 码（Binary Coded Decimal，二进制编码的十进制数），又称 8421 码。表 1-5 是十进制数 0 到 9 与其 BCD 码的对应关系。

表 1-5　BCD 编码表

十进制数	BCD 码	十进制数	BCD 码
0	0000	5	0101
1	0001	6	0110
2	0010	7	0111
3	0011	8	1000
4	0100	9	1001

（2）ASCII 编码

字符是计算机中较多的信息形式之一，是人与计算机进行通信、交互的重要媒介。在计算机中，要为每个字符指定一个确定的编码，作为识别与使用这些字符的依据。

各种字母和符号也必须按规定好的二进制码表示，计算机才能处理。在西文领域，目前普遍采用的是 ASCII 码（American Standard Code for Information Interchange，美国标准信息交换码），ASCII 码虽然是美国国家标准，但它已被国际标准化组织（ISO）认定为国际标准。ASCII 码已为世界公认，并在世界范围内通用。

标准的 ASCII 码是 7 位码，用一个字节表示，最高位总是 0，可以表示 128 个字符。前 32 个码和最后一个码通常是计算机系统专用的，代表一个不可见的控制字符。数字字符 0 到 9 的 ASCII 码是连续的，从 30H 到 39H（H 表示十六进制数）；大写英文字母 A 到 Z 和小写英文字母 a 到 z 的 ASCII 码也是连续的，分别从 41H 到 54H 和从 61H 到 74H。因此，在知道一个字母或数字的编码后，很容易推算出其他字母和数字的编码。

【例 10】大写字母 A，其 ASCII 码为 1000001，即 ASC(A)＝65；

小写字母 a，其 ASCII 码为 1100001，即 ASC(a)＝97。

扩展的 ASCII 码是 8 位码，也是用一个字节表示，其前 128 个码与标准的 ASCII 码是一样的，后 128 个码（最高位为 1）则有不同的标准，并且与汉字的编码有冲突。为了查阅方便，表 1-6 列出了 ASCII 码字符编码。

（3）汉字编码

计算机处理汉字信息时，由于汉字具有特殊性，因此汉字的输入、存储、处理及输出过程中所使用的汉字代码不相同。主要有用于汉字输入的输入码，用于机内存储和处理的机内码，用于输出显示和打印的字模点阵码（或称字形码）。

1）《信息交换用汉字编码字符集·基本集》。《信息交换用汉字编码字符集·基本集》是我国于 1980 年制定的国家标准 GB 2312—1980，代号为国标码，是国家规定的用于汉字信息处理使用的代码的依据。GB 2312—1980 中规定了信息交换用的 6763 个汉字和 682 个非汉字图形符号（包括几种外文字母、数字和符号）的代码。6763 个汉字又按其使用频度、组词能力以及用途大小分成一级常用汉字 3755 个，二级常用汉字 3008 个。

表 1-6　7 位 ASCII 码表

b4	b3	b2	b1	行＼列	0	1	2	3	4	5	6	7
				b7	0	0	0	0	1	1	1	1
				b6	0	0	1	1	0	0	1	1
				b5	0	1	0	1	0	1	0	1
0	0	0	0	0	NUL	DLE	SP	0	@	P	`	p
0	0	0	1	1	SOH	DC1	!	1	A	Q	a	q
0	0	1	0	2	STX	DC2	"	2	B	R	b	r
0	0	1	1	3	ETX	DC3	#	3	C	S	c	s
0	1	0	0	4	EOF	DC4	$	4	D	T	d	t
0	1	0	1	5	ENQ	NAK	%	5	E	U	e	u
0	1	1	0	6	ACK	SYN	&	6	F	V	f	v
0	1	1	1	7	BEL	ETB	,	7	G	W	g	w
1	0	0	0	8	BS	CAN	(	8	H	X	h	x
1	0	0	1	9	HT	EM	)	9	I	Y	i	y
1	0	1	0	10	LF	SUB	*	:	J	Z	j	z
1	0	1	1	11	CR	ESC	+	;	K	[	k	{
1	1	0	0	12	VT	IS4	,	<	L	\	l	|
1	1	0	1	13	CR	IS3	-	=	M	]	m	}
1	1	1	0	14	SO	IS2	.	>	N	^	n	~
1	1	1	1	15	SI	IS1	/	?	O	_	o	DEL

在此标准中，每个汉字（图形符号）采用 2 字节表示，每个字节只用低 7 位。由于低 7 位中有 34 种状态是用于控制字符，因此，只用 94（128-34=94）种状态可用于汉字编码。这样，双字节的低 7 位只能表示 94×94＝8836 种状态。

此标准的汉字编码表有 94 行、94 列。其行号称为区号，列号称为位号。双字节中，用高字节表示区号，低字节表示位号。非汉字图形符号置于第 1～11 区，3755 个一级汉字置于第 16～55 区，3008 个二级汉字置于第 56～87 区。

2）汉字的机内码。汉字的机内码是供计算机系统内部进行存储、加工处理、传输统一使用的代码，又称为汉字内部码或汉字内码。不同的系统使用的汉字机内码有可能不同。目前，使用最广泛的一种为两个字节的机内码，俗称变形的国标码。这种格式的机内码是将国标 GB 2312—1980 交换码的两个字节的最高位分别置为 1 而得到的。其最大优点是机内码表示简单，且与交换码之间有明显的对应关系，同时也解决了中西文机内码存在二义性的问题。例如，"中"的国标码为十六进制 5650（01010110 01010000），其对应的机内码为十六进制 D6D0（1101011011010000），同样，"国"字的国标码为 397A，其对应的机内码为 B9FA。

3）汉字的输入码（外码）。汉字输入码是为了利用现有的计算机键盘，将形态各异的汉字输入计算机而编制的代码。目前在我国推出的汉字输入编码方案很多，其表示形式大多用字母、数字或符号。编码方案大致可以分为：以汉字发音进行编码的音码，如全拼码、简拼码、双拼码等；按汉字书写的形式进行编码的形码，如五笔字型码。也有音形结合的编码，如自然码。

4）汉字的字形码。汉字字形码是汉字字库中存储的汉字字形的数字化信息，用于汉字的显示和打印。目前，汉字字形的产生方式大多是数字式，即以点阵方式形成汉字。因此，汉字字形码主要是指汉字字形点阵的代码。

汉字字形点阵有 16×16 点阵、24×24 点阵、32×32 点阵、64×64 点阵、96×96 点阵、128×128 点阵、256×256 点阵等。一个汉字方块中行数、列数分得越多，描绘的汉字也就越细微，但占用的存储空间也就越多。汉字字形点阵中每个点的信息要用一位二进制码来表示。对 16×16 点阵的字表码，需要用 32 字节（16×16÷8＝32）表示；24×24 点阵的字形码需要用 72 字节（24×24÷8＝72）表示。

汉字字库是汉字字形数字化后，以二进制文件形式存储在存储器中而形成的汉字字模库。汉字字模库亦称汉字字形库，简称汉字字库。

注意：国标码用 2 字节表示 1 个汉字，每个字节只用后 7 位。计算机处理汉字时，不能直接使用国标码，而要将最高位置成 1，变换成汉字机内码，其原因是为了区别汉字码和 ASCII 码，当最高位是 0 时，表示为 ASCII 码，当最高位是 1 时，表示为汉字码。

1.2.5　计算机中数的表示

1．计算机中数据的表示

在计算机中，只能用数字化信息来表示数的正或负，人们规定用"0"表示正号，用"1"表示负号。例如，在机器中用 8 位二进制表示一个数＋90，其格式为：

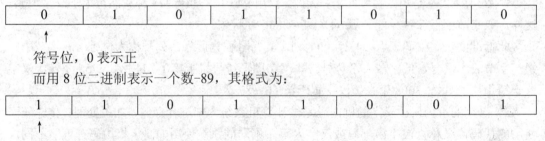

0	1	0	1	1	0	1	0

↑
符号位，0 表示正
而用 8 位二进制表示一个数-89，其格式为：

1	1	0	1	1	0	0	1

↑
符号位，1 表示负

在计算机内部，数字和符号都用二进制码表示，两者合在一起构成数的机内表示形式，称为机器数，而它真正表示的数值称为这个机器数的真值。

2. 定点数和浮点数

（1）机器数表示的数的范围受设备限制

在计算机中，一般用若干个二进制位表示一个数或一条指令，把它们作为一个整体来处理、存储和传送。这种作为一个整体来处理的二进制位串，称为字。表示数据的字称为数据字，表示指令的字称为指令字。

计算机是以字为单位进行处理、存储和传送的，所以运算器中的加法器、累加器以及其他一些寄存器，都选择与字长相同的位数。字长一定，则计算机数据字所能表示的数的范围也就确定了。

例如，使用 8 位字长计算机，它可表示无符号整数的最大值是$(255)_{10}=(11111111)_2$。运算时，若数值超出机器数所能表示的范围，就会停止运算和处理，这种现象称为溢出。

（2）定点数

计算机中运算的数，有整数，也有小数，如何确定小数点的位置呢？通常有两种约定：一种是规定小数点的位置固定不变，这时机器数称为定点数；另一种是小数点的位置可以浮动的，这时的机器数称为浮点数。微型机多选用定点数。

数的定点表示是指数据字中的小数点的位置是固定不变的。小数点位置可以固定在符号位之后，这时，数据字就表示一个纯小数。假定机器字长为 16 位，符号位占 1 位，数值部分占 15 位，故下列机器数其等效的十进制数为：-2^{-15}。

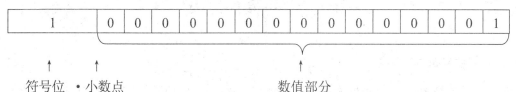

如果把小数点位置固定在数据字的最后，这时，数据字就表示一个纯整数。假设机器字长为 16 位，符号占一位，数值部分占 15 位，故下面机器数其等效的十进制数为＋32767。

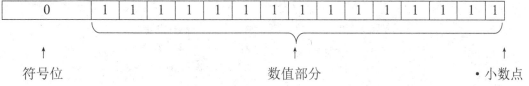

定点表示法所能表示的数值范围很有限，为了扩大定点数的表示范围，可以通过编程技术，采用多字节来表示一个定点数，例如采用 4 字节或 8 字节等。

（3）浮点数

浮点表示法就是小数点在数中的位置是浮动的。在以数值计算为主要任务的计算机中，由于定点表示法所能表示的数的范围太窄，不能满足计算的需求，因此就要采用浮点表示法。在同样字长的情况下，浮点表示法能表示的数的范围扩大了。

计算机中的浮点表示法包括两个部分：一部分是阶码（表示指数，记作 E）；另一部分是尾数（表示有效数字，记作 M）。设任意一数 N 可以表示为：

$$N=\pm 2^E M$$

其中，2 为基数，E 为阶码，M 为尾数。浮点数在机器中的表示方法如下：

阶符	阶码 E	数符	尾数 M

由尾数部分隐含的小数点位置可知，尾数总是小于 1 的数字，它给出该浮点数的有效数字，而数符位确定该浮点数的正负。阶码给出的总是整数，它确定小数点浮动的位数，若阶符为正，则向右移动；若阶符为负，则向左移动。

假设机器字长为 32 位，阶码 8 位，尾数 24 位：

阶符	E	数符	M
↑	↑	↑	↑
1 位	7 位	1 位	23 位

其中左边 1 位表示阶码的符号，符号位后的 7 位表示阶码的大小。后 24 位中，有一位表示尾数的符号，其余 23 位表示尾数的大小。浮点数表示法对尾数有如下规定：

$1/2 \leq M < 1$，即要求尾数中第 1 位数不为零，这样的浮点数称为规格化数。

当浮点数的尾数为零或者阶码为最小值时，机器通常规定把该数看作零，称为"机器零"。在浮点数表示和运算中，当一个数的阶码大于机器所能表示的最大码时，产生"上溢"。上溢时机器一般不再继续运算而转入"溢出"处理。当一个数的阶码小于机器所能代表的最小阶码时产生"下溢"，下溢时一般当作机器零来处理。

1.3　计算机硬件组成

1.3.1　微型计算机基本结构

微型计算机系统（简称微机系统）与传统的计算机系统一样，也是由硬件系统和软件系统两大部分组成的，如图 1-3 所示。

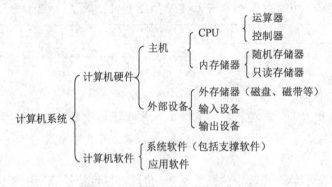

图 1-3　微型计算机系统的组成

硬件是组成计算机系统的各部件的总称，它是计算机系统快速、可靠、自动工作的物质基础，是计算机系统的执行部分。硬件系统一般指用电子器件和机电装置组成的计算机实体。组成微型计算机的主要电子部件都由集成度很高的大规模集成电路及超大规模集成电路构成，"微"的含义是指微型计算机的体积小。微型化的中央处理器称为微处理器，它是微机系统的核心。微处理器送出三组总线：地址总线 AB、数据总线 DB 和控制总线 CB。

其他电路（常称为芯片）都可连接到这三组总线上。由微处理器和内存储器构成微型计算机的主机。此外，还有外存储器、输入设备和输出设备，它们统称为外部设备。

计算机硬件的基本功能是接收计算机程序的控制来实现数据输入、运算、数据输出等一系列根本性的操作。虽然计算机的制造技术从计算机出现到今天已经发生了极大的变化，但在基本的硬件结构方面，一直沿袭着冯·诺依曼的传统框架，即计算机硬件系统由控制器、运算器、存储器、输入设备、输出设备五大基本部件构成。原始数据的程序通过输入设备送入存储器，在运算处理过程中，数据从存储器读入运算器进行运算，运算的结果存入存储器，必要时再经输出设备输出。指令也以数据形式存于存储器中，运算时指令由存储器送入控制器，由控制器控制各部件的工作，如图 1-4 所示。

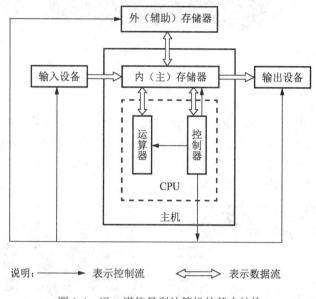

图 1-4 冯·诺依曼型计算机的基本结构

由此可见，输入设备负责把用户的信息（包括程序和数据）输入到计算机中；输出设备负责将计算机中的信息（包括程序和数据）传送到外部媒介，供用户查看或保存；存储器分为内存（储器）和外存（储器），主要负责存储数据和程序，并根据控制命令提供这些数据和程序；运算器负责对数据进行算术运算和逻辑运算（即对数据进行加工处理）；控制器负责对程序所规定的指令进行分析，控制并协调输入、输出操作或对内存的访问。

不管是最早的 PC 机还是现在的 Pentium III 机，它们的基本构成都是由显示器、键盘和主机构成。主机安装在主机箱内。主机箱有卧式和立式机箱两种。在主机箱内有主板（系统板、母板，见图 1-5）、硬盘驱动器、CD-ROM 驱动器、软盘驱动器、电源、显示适配器（显示卡）等。系统板上集成了软盘接口、两个 IDE 硬盘接口、一个并行接口、两个串行接口、两个 USB（universal serial bus，通用串行总线）接口、AGP（accelerated graphics port，加速图形接口）总线、PCI 总线、ISA 总线和键盘接口等。

软件系统一般是指为计算机运行工作服务的全部技术和各种程序。软件系统由系统软件和应用软件两大部分组成。系统软件包括操作系统、语言处理程序、数据库管理系统、网络通信管理程序等部分。应用软件包括的范围非常广，它包括用户利用系统软件提供的系统功能、工具软件和其他实用软件开发的各种应用软件。

图 1-5　系统主板

1.3.2　中央处理器

中央处理器（central processing unit）简称 CPU，主要包括运算器和控制器两个部件，它是计算机系统的核心。CPU 的主要功能是按照程序给出的指令序列分析指令、执行指令，完成对数据的加工处理。计算机所发生的全部动作都受 CPU 的控制。常见的处理器主要由 AMD 公司和 Intel 公司生产，如图 1-6 所示。

图 1-6　Intel 的处理器

控制器是整个计算机的神经中枢，用来协调和指挥整个计算机系统的操作，它本身不具有运算功能，而是通过读取各种指令，并对其进行翻译、分析，而后对各部件做出相应的控制。它主要由指令寄存器、译码器、程序计数器、时序电路等组成。

运算器主要完成各种算术运算和逻辑运算，是加工和处理信息的部件，它主要由算术逻辑部件和寄存器组组成。算术逻辑部件主要完成对二进制数的加、减、乘、除等算术运算和或、与、非等逻辑运算以及各种移位操作；寄存器组一般包括累加器、数据寄存器等，主要用来保存参加运算的操作数和运算结果，状态寄存器则用来记录每次运算结果的状态，如结果是零还是非零、是正还是负等。

中央处理器是计算机的心脏，CPU 品质的高低直接决定了计算机系统的档次。能够处理的数据位数是 CPU 的一个重要的品质标志。人们通常所说的 8 位机、16 位机、32 位机，即指 CPU 可同时处理 8 位、16 位、32 位的二进制数。8 位机是最早的计算机产品，后来的 IBM PC/XT、IBM PC/AT 及 286 机均是 16 位机，386 机和 486 机是 32 位机，奔腾 586 机也是 32 位机。其中，IBM PC/XT 机的 CPU 芯片为 Intel8088、Intel 8086，IBM PC/AT 的 CPU 芯片为 Intel 80286，而 386 机、486 机、586 机的 CPU 芯片分别为 Intel 80386、80486、Pentium。

目前，大多数计算机会使用 Intel 公司生产的 CPU。美国 Intel 公司成立于 1968 年，从 1971 年始推出 4 位微处理器至今，Intel 公司已生产出各种类型的 CPU 多达上百种，目前市场上出现的运行速度最高的 CPU 是 Intel 生产的 Intel 酷睿 i7 系列。

中国在 CPU 技术上一直处于落后状态，我们国家一直鼓励具有自主知识产权的科学技术的发展，经过多年的努力，中国已经可以生产出自己的 CPU 并通过测试，目前我国生产的最先进的 CPU 是由龙芯中科技术有限公司生产的"龙芯 3B2000"处理器，在该领域上已经有了突破性的发展。虽然还不能满足市场需求，但经过多年的努力创新，我们国家的处理器技术一定会迎头赶上，在我国市场上占有一定分量，最终打破由 Intel、IBM 等美国企业造成的垄断。

1.3.3　输入/输出设备

计算机处理的用户信息通常是以数字、文字、符号、图形、图像、声音乃至表示各种物理、化学现象的信息等各种各样的形式表示出来的，可是计算机所能存储加工的只能是以二进制代码表示的信息，因此要处理这些外部信息就必须把它们转换成二进制代码的表示形式。如果这些转换工作由人工去完成，计算机的应用就会受到极大的限制，而且有些转换工作人工也很难完成。计算机的输入设备和输出设备（简称为 I/O 设备），就是完成这种转换的工具。

输入设备将要加工处理的外部信息转换成计算机能够识别和处理的内部表示形式，即二进制代码，输送到计算机中。在微型计算机系统中，最常用的输入设备是鼠标和键盘。

目前，微型机所配置的标准键盘有 101（或 104）个按键，101 键盘的布局如图 1-7 所示，主要包括数字键、字母键、符号键、控制键和功能键等。

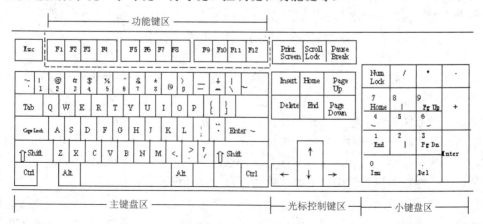

图 1-7　计算机键盘布局

键盘的分区：标准键盘的布局分三个区域，即主键盘区、副键盘区和功能键区。主键盘区共有 59 个键，包括数字、符号键（22 个）、字母键（26 个）、控制键（11 个）。副键盘区共用 30 个键，包括光标移动键（4 个）、光标控制键（4 个）、算术运算符键（4 个）、数字键（10 个）、编辑键（4 个）、数字锁定键、打印屏幕键等。功能键共有 12 个，包括 F1～F12。在功能键中，前 6 个键的功能是由系统锁定的，后面的 6 个功能键其功能可根据软件的需要由用户自己定义。副键盘的设置对文字录入、文本编辑和光标的移动进行控制，其功能的设置和使用为用户的操作提供了极大的方便。

键盘的常用键（表 1-7）：在 101 个键中，有 4 个"双态键"，它们是：Ins 键（包括"插入状态"和"覆盖状态"）、Caps Lock 键（包括大写字母状态和锁定状态）、Num Lock 键（包含数字状态和自锁状态）和 Scroll Lock 键（包括滚屏状态和锁定状态）。它们都有状态转换开关，当计算机刚刚启动时，四个双态键都处于第一种状态，所有字母键均固定为小写字母键，再按 Caps Lock 键，指示灯亮，则为大写键；再按该键时，指示灯灭，则恢复为小写字母键。

表 1-7　常用键的功能

键位	功能
Back space，退格键	每按一次此键，将删除光标左边的一个字符，主要用来清除当前行输错的字符
Shift，换挡键	也称换挡键，要键入大写字母或"双符"键上部的符号时按此键
Ctrl，控制键	Ctrl 键常用符号"^"表示。此键与其他键合用，可以完成相应的功能
Esc，强行退出键	按此键后屏幕上显示"\"且光标下移一行，原来一行的错误命令作废，在新行中键入正确命令
Tab，制表定位键	每按一次 Tab 键，光标将向右移动一个制表位（一般 8 个字符）的位置，主要用于制表时的光标移动
Enter，回车键	按此键后光标移至下一行行首
空格键	也称 Space 键，每按一次空格键即输入一个空格字符
Alt，交替换挡键	它与其他键组合成特殊功能键或复合控制键
PrintScreen，打印屏幕键	用于把屏幕当前显示的内容全部打印出来

鼠标器（mouse）是另一种常见的输入设备。它与显示器相配合，可以方便、准确地移动显示器上的光标，并通过按击，选取光标所指的内容。鼠标器按其按钮个数可以分为两键鼠标（PC 鼠标）和三键鼠标（MS 鼠标）；按感应位移变化的方式可以分为机械鼠标、光学鼠标和光学机械鼠标。

另外还有扫描仪，是目前刚开始普及的输入设备，它的功能是将图像、图形和文字表格输入计算机。常见的有手持式扫描仪（超市收款台使用）、台式扫描仪（办公、家用）等。手写笔是一种方便的汉字输入工具，使用它可以直接在计算机上写字。

输出设备则将计算机内部以二进制代码形式表示的信息转换为用户所需要并能识别的形式，如十进制数字、文字、符号、图形、图像、声音，或者其他系统所能接受的信息形式，输出来。在微型机系统中，主要的输出系统是显示器、打印机等。

显示器是一种输出设备，其作用是将电信号表示的二进制代码信息转换为直接可以看到的字符、图形或图像。显示器的类型很多，按显示的内容可以分为只能显示 ASCII 码字符的字符显示器和能显示字符与图形的图形显示器；按显示的颜色可以分为单色显示器和彩色显示器；目前，显示器主要是彩色显示器。影响显示器的主要指标有分辨率、刷新率等。分辨率越高，图像越细腻、逼真；刷新率越高，图像越稳定，越不容易损伤视力。一般要求好的显示器要达到1024*768@85Hz（即在 1024×768 的分辨率下达到 85Hz 的刷新率）。同时，显示器对人体的辐射越小越好，为此国际上制定了 MPR 标准和严格的 TCO 92、TCO 95、TCO 99 认证，以确保显示器的健康标准。

打印机主要有针式打印机、喷墨打印机、激光打印机等。针式打印机速度慢，噪声大。但在专用场合很有优势，如票据打印、多联打印等，并且它的耗材便宜。喷墨打印机价格便宜、体积小、噪声低、打印质量高，但对纸张要求高、墨水消耗量大，适于家庭购买。激光打印机是激光技术和电子照相技术的复合物，它将计算机输出的信号转换成静电磁信号，磁信号使磁粉吸附在纸上形成有色字体。激光打印机印字质量高，字符光滑美观，打印速度快，噪声小，但价格稍高一些。

打印机的技术指标主要有打印速度、印字质量、打印噪声等。

1.3.4　计算机的存储器

存储器是计算机的记忆和存储部件，用来存放信息。对存储器而言，容量越大，存取速度越快越好。计算机中的操作，大多是与存储器之间进行交换信息，存储器的工作速度相对于 CPU 的运算速度要低得多，因此存储器的工作速度是制约计算机运算速度的主要因素之一。早期的计算机系统只有一个存储器用来存放程序和数据，随着计算机的发展和应用领域的扩大，人们对存储器提出了更高的要求，即希望在尽可能低的成本价格下有尽可能快的存取速度和尽可能大的存储容量。为了解决这个矛盾，目前计算机的存储系统是由各种不同的存储器组成的。通常至少有两级存储器：一个是包含在计算机中的内存储器，它直接和运算器、控制器联系，容量小，但存取速度快，用于存放那些急需处理的数据或正在运行的程序；另一个是外存储器，它间接和运算器、控制器联系，存取速度慢，但存取容量大，价格低廉，用来存放暂时不用的数据。

1. 内存储器

内存又称为主存，一般称为内存条，它和 CPU 一起构成了计算机的主机部分。内存由半导体存储器组成，存取速度较快，由于价格上的原因，一般容量较小。内存中含有很多的存储单元，每个单元可以存放 1 个 8 位的二进制数，即 1 字节。通常一个字节可以存放 0 到 255 之间的 1 个无符号整数或 1 个字符的代码，而对于其他大部分数据可以用若干个连续字节按一定规则进行存放。内存中的每个字节各有一个固定的编号，这个编号称为地址。CPU 在存储器中存取数据时按地址进行。所谓存储器容量即指存储器中所包含的字节数，通常用 KB 或 MB 作为存储器容量的单位。

内存储器按其工作方式的不同，可以分为随机存储 RAM 和只读存储器 ROM 两种。RAM 是一种读写存储器，其内容可以随时根据需要读出，也可以随时重新写入新的信息。这种存储器可以分为静态 RAM 和动态 RAM 两种。静态 RAM 的特点是只要存储单元上加有工作电压，它上面存储的信息就会保持。动态 RAM 由于是利用 MOS 管极间电容保存信息的，因此随着电容的漏电，信息会逐渐丢失，为了补偿信息的丢失，要每隔一定时间对存储单元的信息进行刷新。不论是静态 RAM 还是动态 RAM，当去掉电源电压时，RAM 中保存的信息都将会丢失。RAM 在计算机中主要用来存放正在执行的程序和临时数据。由于静态存储器成本较高，通常在存储器较小的存储系统中采用，以省去刷新电路。在存储量较大的存储系统中宜采用动态存储器，以降低成本。

ROM 是一种内容只能读出而不能写入和修改的存储器，其存储的信息是在制作该存储器时就被写入的。在计算机运行过程中，ROM 中的信息只能被读出，而不能写入新的内容。计算机断电后，ROM 中的信息不会丢失，计算机重新加电后，其中保存的信息依然是断电前的信息，仍可被读出。ROM 常用来存放一些固定的程序、数据和系统软件等，如检测程序、ROM BIOS 等。只读存储器除了 ROM 外，还有 PROM、EPROM 等类型。PROM 是可编程只读存储器，但只可编写一次。与 PROM 器件相比，EPROM 器件可以反复多次擦除原来写入的内容，重新写入新的内容。EPROM 与 ROM 不同，虽然其内容可以多次擦除而多次更新，但只要更新固化好以后，就只能读出，而不像 RAM 那样可以随机读出和写入信息。不论哪种 ROM，其中存储的信息不受断电的影响，具有永久保存信息的特点。

由于 CPU 存取速度比内存快，目前，在计算机中还普遍采用了一种比主存储器存取速度更快的超高速缓冲存储器，即 Cache，置于 CPU 与主存之间，以满足 CPU 对内存高速访问的要求。有了 Cache 以后，CPU 每次读操作都先查找 Cache，如果找到，可以直接从 Cache 中高速读出；如果不在 Cache 中再由主存中读出。

衡量内存的常用指标有容量与速度。计算机内存的速度是指读或写一次内存所需的时间，数量级以纳秒（ns）衡量。目前，计算机内存速度主要是 10ns、8ns、7ns 等。在系统板上的随机存储器 RAM，也称主存，内存条的容量有 1GB 、2GB、4GB、8GB 等，Pentium 以上的计算机都是用 72 线或 168 线的内存条。

2．外存储器

内存由于技术及价格上的原因，容量有限，不可能容纳所有的系统软件及各种用户程序，因此，计算机系统都要配置外存储器。外存储器又称为辅助存储器，它的容量一般都比较大，而且大部分可以移动，以便于不同计算机之间进行信息交流。

在微型计算机中，常用的外存有磁盘、光盘和磁带，磁盘又可分为硬盘和软盘。

软磁盘是一种磁介质形式的大容量存储器。它的磁盘片被装在一个保护套内，保护套保护磁面上的磁层不被损伤，也防止盘片旋转时产生静电引起数据丢失。在软盘套上开有若干个孔，其中有主轴孔、磁头读写孔和索引孔等。软盘驱动器的主轴通过主轴孔将软盘卡紧，驱动软盘旋转。软盘驱动器的读/写磁头通过磁头读/写孔与磁盘接触，将信息读出或写入。索引孔为磁盘上每个磁道起始位置的标志。除此之外，在保护套上还有写保护口，对磁盘中的数据进行保护，磁盘写保护时，磁盘上的信息只能被读出，不能写入。在软盘上存有重要数据且不再改动时，最好对软盘写保护，以保护该软盘上的信息，同时也可防止感染计算机病毒。微型计算机上常用的软盘按尺寸划分有 5.25 英寸盘和 3.5 英寸盘。如果按盘片的存储面数和存储信息密度又可将软盘分为：单面单密度（SS，SD）、单面双密度（SS，DD）、双面单密度（DS，SD）、双面双密度（DS，DD）、单面高密度（SS，HD）

和双面高密度（DS，HD），这些信息可以从软盘的标签上反映出来。

　　软盘的每一面包含许多同心圆，称为磁道。磁道由外向内顺序编号，最外面的为 0 磁道，最里面的为末磁道。磁道被从圆心放射出的若干条线分割为若干个扇区。软盘上的信息就是按照磁道和扇区存放的。扇区是软盘的基本存放单位，每当读或写时，总是读写一个完整的扇区，不论其中数据多少。软盘在使用前必须格式化，其作用就是划分磁道和扇区，指明扇区的位置、大小，并写入地址标志。磁道和扇区的数量视各类计算机的规定而有所不同。目前已经有大容量的软盘，称为"ZIP"，一张盘片存储容量在 100～300MB 左右。

　　由于时代的发展，软磁盘已经逐步退出了计算机的舞台，逐步被 U 盘替代。U 盘，全称 USB 闪存盘，英文名"USB flash disk"。它是一种使用 USB 接口且不需要物理驱动器的微型高容量移动存储产品，通过 USB 接口与计算机连接，实现即插即用。U 盘主要由外壳和机芯组成。①机芯：机芯包括一块 PCB＋USB 主控芯片＋晶振＋贴片电阻、电容＋USB 接口＋贴片 LED（不是所有的 U 盘都有）＋FLASH（闪存）芯片；②外壳：按材料分类，有 ABS 塑料、竹木、金属、皮套、硅胶、PVC 软件等；按风格分类，有卡片、笔型、迷你、卡通、商务、仿真等；按功能分类，有加密、杀毒、防水、智能等。其内部构造如图 1-8 所示。

　　硬磁盘是由若干个硬盘片组成的盘片组，一般被固定在计算机箱内。硬盘的存储格式与软盘类似，但硬盘的容量要大得多，存取信息的速度也快得多。目前，一般微型计算机上所配置的硬盘容量通常是 250GB、500GB 甚至 1TB。硬盘在第一次使用时，也必须首先格式化。常见的硬盘如图 1-9 所示。

　　衡量硬盘的常用指标有容量、转速、硬盘自带 Cache（高速缓存）的容量等。容量越大，存储信息量越多；转速越高，存取信息速度越快；Cache 大，计算机整体速度越快。

　　目前，计算机常用硬盘容量在 128GB 以上，普通硬盘转速 5400r/min，高速硬盘 7200r/min，普通硬盘有 256KB 的 Cache，而高速硬盘有 2MB 以上 Cache。

图 1-8　U 盘内芯

图 1-9　硬盘的外形图和内部构造图

　　光盘的存储介质不同于磁盘，它属于另一类存储器。由于光盘具有容量大、存取速度快、不易受干扰等特点，光盘的应用越来越广泛。光盘根据其制造材料和记录信息的方式的不同一般分为三类：只读光盘、一次性写入光盘和可擦写光盘。

只读光盘也称 CD-ROM（compact disk-read only memory），是生产厂家在制造时根据用户要求将信息写入到盘上，用户不能抹掉，也不能写入，只能通过光盘驱动器读出盘中信息。计算机上用的 CD-ROM 有一个数据传输速率指标，称为倍速。一倍速的数据传输速率是 150Kb/s，24 倍速 CD-ROM 的数据传输速率是 24×150Kb/s＝3.6Mb/s。由于这种光盘具有 ROM 性质，因此又称为 CD-ROM。

一次性写入型光盘也称 CD-R（compact disk-recordable），可以由用户写入信息，但只能写一次，不能抹除和改写（像 PROM 芯片一样）。这种光盘的信息可多次读出，读出信息时使用只读光盘用的驱动器即可。一次写入型光盘的存储容量一般为 650MB。

可擦写光盘用户可自己写入信息，也可对已记录的信息进行抹除和改写，就像使用磁盘一样可反复使用。可擦写光盘需插入特制的光盘驱动器进行读写操作，它的存储容量一般在几百 MB 至几个 GB 之间。

DVD-ROM 是 CD-ROM 的后继产品，DVD-ROM 盘片的尺寸与 CD-ROM 盘片完全一致。不同之处在于其采用较短的激光波长，为 650nm，能读目前的音频 CD 和 CD-ROM。

1.3.5　总线

所谓总线，是指微型计算机各部件之间传送信息的通道。CPU 内部的总线为内部总线，连接微型计算机系统各部件的总线称为外部总线，如图 1-10 所示。

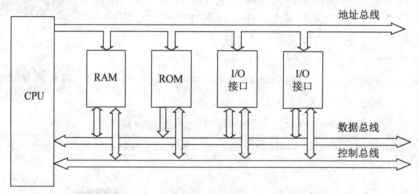

图 1-10　总线结构图

微型计算机的系统总线从功能上可分为地址总线、数据总线和控制总线。

1. 地址总线

地址总线是单向的。地址总线的位数决定了 CPU 的寻址能力，也决定了微型计算机的最大内存容量。

2. 数据总线

数据总线用于传输数据。数据总线的传输方向是双向的，是 CPU 与存储器、CPU 与 I/O 接口之间的双向传输。

3. 控制总线

控制总线是 CPU 对外围芯片和 I/O 接口的控制以及这些接口芯片对 CPU 的应答、请求等信号组成的总线。

1.3.6　微型计算机的性能指标与硬件

微型计算机的种类很多，根据计算机处理的字长的不同有 8 位机、16 位机、32 位机和 64 位机，在选购计算机之前，我们需要了解其各项性能指标。不同用途的计算机，其侧重面也不同。下文将列出计算机的主要性能指标。

1. 字长

字长是指 CPU 能够直接处理二进制的位数。它标志着计算机处理数据的精度，字长越长，精度越高。同时字长与指令长度有一个对应关系，因而指令系统功能的强弱程度与字长有关。目前，一般的大型主机字长在 128～256 位之间，小型机字长在 32～128 位之间，微型计算机字长在 16～64 位之间。随着计算机技术的发展，各型计算机的字长有所加长。

2. 内存容量

任何程序和数据的存取都要通过内存，内存容量的大小反映了存储程序和数据的能力，从而反映了信息处理能力的强弱。存储容量越大，所运行的软件越丰富。目前，在计算机上流行的 Windows 系列软件，一般都需要较大的内存容量。

3. 主频

主频是指计算机的时钟频率，它在很大程度上决定了计算机的运算速度。一般时钟频率越高，运算速度就越快。主频的单位是 MHz。如微处理器 Pentium/100 的主频为 100MHz。但也不能把 CPU 的时钟频率简单地等同于计算机的运算速度。

4. 外设配置

外设是指计算机的输入/输出设备以及外存储器，如键盘、显示器、打印机、磁盘驱动器、鼠标等。其中，键盘的质量反映在每一个按键的反应灵敏与手感是否舒适；显示器有单色与彩色之分，也有高、中、低三种分辨率；磁盘有软盘与硬盘之分，软盘有高密度与低密度之分。

5. 软件配置

软件配置包括操作系统、计算机语言、数据库管理系统、网络通信软件、汉字软件及其他各种应用软件等。由于目前微型计算机的种类很多，特别是各类兼容机种类繁多，因此，在选购微型计算机时，应以软件兼容性好为主。一般微型计算机之间的兼容性主要包括软盘格式、接口、硬件总线、键盘形式、操作系统和 I/O 规范等方面。

以上只是一些主要的性能指标。对于微型计算机的优劣不能根据一两项指标来评定，而是需要综合考虑。应综合考虑经济合理、使用效率及性能价格比等多方面因素，以满足不同的应用需求。

1.4　多媒体计算机简介

1.4.1　多媒体的概念

现实世界中，信息的表现形式是丰富多彩的，我们将信息的表现形式称为媒体。所谓媒体（media）是指承载信息的载体，它包括信息的表现和传播载体。例如，人们日常生活中使用的数字、文字、声音、图形、图像、幻灯片、视频、交通信号灯等都可称之为媒体，所谓"多媒体"（multimedia）从字面上理解就是"多种媒体的集合"。目前，对多媒体的定义还没有一个权威性的定义，但这并没有妨碍多媒体技术的发展和应用。

从应用的角度来看，我们可以将多媒体定义为：多媒体是指把文本、声音、图形、图像、视频等多种媒体的信息通过计算机进行数字化加工处理，集成为一个具有交互性系统的一种技术。注意，这个定义中体现出了多媒体的两个关键的特性：媒体的数字化及交互性。这也正是我们并不将彩色画报、电视等称为"多媒体"的缘由。

1.4.2　多媒体计算机

在一台普通计算机上添加一些多媒体卡件，如光驱、声卡、视频卡等就可以组成一个多媒体计算机（multimedia personal computer，MPC）。多媒体计算机能够编辑和播放声音、视频片断、录像、动画、图像或文本，它还能够控制诸如光驱、MIDI 合成器、录像机、摄像机等外围设备。

目前，市面上主流计算机产品的 CPU 主频大多超过了 300MHz。2GB 的内存、64GB以上的硬盘、24 倍速光驱已经成为基本的硬件配置，而且都预装了可以满足当今多媒体技术需求的 Windows XP 或 Windows 7 操作系统。因此，只需配置适当的多媒体硬件就可以将一台计算机改造成多媒体计算机。

1.　显示系统

PC 机的显示系统由显示器和图形适配器（graphics adapter，也称为图形卡或显卡）组成。它们共同决定了图像输出的质量。

（1）显示器的主要技术指标

分辨率：目前的许多显卡能够支持 2560×1600 以上像素的分辨率。它的含义是在显示器水平方向每条扫描线共有 2560 个像素点，在垂直方向共有 1600 条扫描线。显示器像素点越多，分辨率越高，图像就越清晰。

点距：指两个像素点间的距离，点距越小，图像越清晰。通常显示器的点距有 0.28mm、0.31mm 或 0.39mm 等。需要注意的是，多媒体计算机的显示器一定要选择点距为 0.28mm或 0.28mm 以下的显示器。

（2）图形卡的视频随机存储器（Video RAM）

图形卡上有其自己的存储区，也称为显存或 VRAM。VRAM 用于存储当前正在显示的数据，以及此后将要显示的数据。VRAM 的大小决定着显示器最大分辨率下所能显示的颜色数和显示的速度。需要注意的是，要想获得高质量的图像和视频输出，VRAM 至少应有 2MB，否则当以全屏幕方式播放 VCD 时，画面将会出现抖动。一般图形卡上都留有扩充 VRAM 的插槽，允许用户扩充 VRAM 以提高图像和视频输出的质量。

2. 光盘驱动器

光盘驱动器（CD-ROM　Drive）是读取光盘的设备。CD-ROM 的全称是 Compact Disk-Read Only Memory，即只读式紧凑光盘，简称为只读光盘。它的容量为 650MB 左右，可用于存放图像、音频、视频、动画和文字等信息。一张 CD-ROM 盘就可存放中国大百科全书（共 74 卷，约 12 568 万字，图表 49 765 幅）。可读写的 DVD 刻录光盘可以存储 4.7GB 左右的数据。

光驱的一个主要技术指标是数据传输速率，最初的光驱传输速率为 150KB/s。目前，描述光驱的传输速率采用的单位是倍速，这个倍速的基数就是 150KB/s。例如，我们在光驱的面板和手册中经常会看到 4X 或 24X 的字样，4X 就是指 4 倍速光驱，其数据的传输速率为 600KB/s。

一般的光驱都带有一个耳机插孔，将光驱的音频电缆与声卡相连，利用 Windows 系统的"CD 播放器"就可以播放音乐 CD。这样用户就可以通过耳机边听音乐边工作，而且还可以随心所欲地控制播放、停止、快进、快退和循环播放等功能。

3. 声卡

声卡又称音频卡（audio　card），它用于处理音频媒体信息的输入或输出，是一个重要的多媒体组件，与声卡相配套的硬件还有麦克风和音箱。一般声卡都具有如下功能：

（1）录音

通过麦克风和相应的软件，如 Windows 系统的"录音机"可以将声音录制到硬盘上，生成一个数字化的声音文件。用户也可以将多个不同的声音文件合成为一个文件，甚至可以完成一部立体声电影的配音工作。

（2）播放声音

声音的播放与录音正好相反，它是将数字化的音频信号转换成模拟信号，经放大后从音箱中播出。

（3）乐器数字接口 MIDI

MIDI 是 musical instrument digital interface 的缩写，是一种将电子乐器与计算机连接的标准，MIDI 接口可以连接 32 种不同的乐器，利用 MIDI 音序软件，用户就拥有了一个交响乐团，可以创作自己的交响乐，同时也可将演奏的乐曲录制下来，通过 Windows 系统的"媒体播放机"来播放它。

4. 扫描仪

扫描仪（scanner）是一个典型的图像输入设备，如图 1-11 所示。它可以将照片、图片、

图 1-11　扫描仪

图形输入到计算机中，并转换成图像文件存储于硬盘。扫描仪主要有两类：手持式和平板式。平板式扫描仪的性能要优于手持式扫描仪。扫描仪的主要技术参数是分辨率，用每英寸的检测点数表示，其单位是 DPI。一般的扫描仪的分辨率为 600DPI。注意：最好选择两倍于打印机分辨率的扫描仪，这样才能获得最佳的图像效果。

摄影机和数码照相机也可以作为图像的输入设备。另外，用户也可以从精彩的影视资料截取图像。如果没有这些硬件设备，那么用户可购买艺术图片和照片库光盘，这些光盘中有成千上万种符号、地图、旗帜、卡通画、肖像和图片，可以直接将它们插入到自己的作品中，但在使用图像资料时，用户一定要认真阅读版权说明和付费方式，以免引起法律纠纷。另外，因特网的新闻组 alt.binaries. clipart 和 comp.graphics 组中也有许多精美的图片，这也是获取图片的一个很好的来源。

5. 视频捕获卡

视频捕获卡是视频媒体信息的输入设备，它可以将电视、摄影机和录像的视频信号输入到计算机中，用户可以将视频片断录制到硬盘上。视频片断一般以 AVI（audio video interleaved）格式的文件存放。在购买视频捕获卡时一般提供视频编辑软件，但也可以单独购买更专业化的视频编辑软件，利用它即可进行剪辑帧，改变播放顺序或添加特殊效果。用 Windows 系统的"媒体播放机"，不需要任何特殊的硬件就可以播放视频片断。

如果没有视频捕获卡，利用 Windows 系统的"媒体播放机"可以从 VCD 或已有的视频片断中剪辑所需要的视频片断。

制作和播放视频片断是多媒体应用的最高目标。如果用户已将视频片断保存为 AVI 格式的文件，就可以将它插入到演讲报告或幻灯片中进行播放，使枯燥沉闷的内容活跃起来，增强作品的感染力。

1.5　计算机软件简介

1.5.1　软件的概念与分类

软件概念：计算机软件是指计算机程序及其有关文档。

计算机程序：为了告诉计算机做些什么，按什么方法、步骤去做，人们必须把有关的处理步骤告诉计算机。以计算机可以识别和执行的操作表示的处理步骤称为程序。我国颁布的"计算机软件保护条例"对程序的概念给出了更为精确的描述："计算机程序是指为了得到某种结果而可以由计算机等具有信息处理能力的装置执行的代码化指令序列，或者可被自动地转换成代码化指令序列的符号化序列，或者符号化语句序列。"这就是说，程序要有目的性和可执行性。程序就其表现形式而言，可以是机器能够直接执行的代码化的指令序列，也可以是机器虽然不能直接执行但是可以转化为机器可以直接执行的符号化指令序列或符号化语句序列。

文档：文档是指用自然语言或者形式化语言所编写的用来描述程序的内容、组成、设计、功能规格、开发情况、测试结构和使用方法的文字资料和图表，如程序设计说明书、流程图、用户手册等。

文档不同于程序，程序是为了装入机器以控制计算机硬件的动作，实现某种过程，得到某种结果而编制的；而文档是供有关人员阅读的，通过文档人们可以清楚地了解程序的功能、结构、运行环境、使用方法，使人们更方便地使用软件、维护软件。因此在软件概念中，程序和文档是一个软件不可分割的两个方面。

在计算机软件发展初期，人们对文档并不重视。随着计算机软件的发展，特别是从大型复杂程序的编写、使用、维护实践中，人们逐步认识到文档的重要性。在软件自动生成技术日益发展的情况下，虽然程序和文档的界限正在变得模糊起来，但从本质上看并没有降低文档在软件中的重要地位。在计算机软件已经商品化的今天，计算机的使用人员甚至更关心的是软件的文档，它像是商品的"说明书"，用户读懂了说明书，就可以了解一项软件能够做些什么，在什么条件下才能运行和其使用、操作方法，而不需要了解有关的程序。在计算机发展初期，如果说要学会使用计算机就必须先学会编写程序还有一定道理的话，在软件已经商品化的今天，就不一定完全正确了。

从第一台计算机上第一个程序出现到现在，计算机软件已经发展成为一个庞大的系统。从应用的观点看，软件可以分为三类，即系统软件、支撑软件和应用软件，软件系统结构示意图详见图 1-12。下文主要介绍系统软件和应用软件。

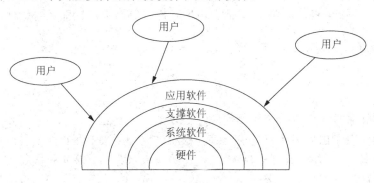

图 1-12　软件系统结构示意图

1．系统软件

系统软件是计算机系统中最靠近硬件的软件，是管理、监控、维护计算机资源（包括硬件与软件）的软件。它与具体的应用无关，其他软件一般都是通过系统软件发挥作用的。系统软件的功能主要是对计算机硬件和软件进行管理，以充分发挥这些设备的效力，方便用户的使用。操作系统是系统软件的典型代表，其主要包括以下四部分：

1）操作系统。

2）程序设计语言。

3）各种程序设计语言的处理程序。

4）工具软件。

2. 应用软件

应用软件是为计算机在特定领域中的应用而开发的专用软件，如各种管理信息系统、飞机订票系统、地理信息系统、CAD 系统等。应用软件包括的范围极其广泛，可以这样说，哪里有计算机应用，哪里就有应用软件。应用软件不同于系统软件，系统软件是利用计算机本身的逻辑功能，合理地组织用户使用计算机的硬、软件资源，以充分利用计算机的资源，最大限度地发挥计算机效率，便于用户使用、管理为目的；而应用软件是用户利用计算机和它所提供的系统软件，为解决自身的、特定的实际问题而编制的程序和文档。

在应用软件发展初期，应用软件主要是由用户自己各自开发的各种应用程序。随着应用程序数量的增加和人们对应用程序认识的深入，一些人组织起来把具有一定功能、满足某类应用要求、可以解决某类应用领域中各种典型问题的应用程序，经过标准化、模块化之后，组合在一起，构成某种应用软件包。应用软件包的出现不只是减少了在编制应用软件中的重复性工作，而且一般都是以商品形式出现的，有着很好的用户界面，只要它所提供的功能能够满足使用的要求，用户无须再自己动手编写程序，而可以直接使用。Excel就是这种软件包的典型代表。而在数据管理中形成的有关数据管理的软件已经从一般的应用软件中分化出来形成了一个新的分支，特别是数据库管理系统，目前人们已不把它当成一般的应用软件，而是视作一种新的系统软件。

应当指出，软件的分类并不是绝对的，而是相互交叉和变化的。例如系统软件和支撑软件之间就没有绝对的界限，所以习惯上也把软件分为两大类，即系统软件和应用软件。

1.5.2　程序设计语言和语言处理程序

1. 程序设计语言

为了告诉计算机应当做什么和如何做，必须把处理问题的方法、步骤以计算机可以识别和执行的操作表示出来，也就是说要编制程序。这种用于书写计算机程序所使用的语言称为程序设计语言。程序设计语言是人工设计的语言，它的好坏不仅关系到书写程序的便捷程度，而且还影响程序的质量。

程序设计语言按语言级别有低级语言与高级语言之分，可分为机器语言、汇编语言、高级语言三类。低级语言包括机器语言和汇编语言。

（1）机器语言

机器语言是以二进制代码形式表示的机器基本指令的集合，是计算机硬件唯一可以直接识别和执行的语言。它的特点是运算速度快，每条指令都是 0 和 1 的代码串，指令代码包括操作码与地址码，且不同计算机其机器语言不同，难阅读，难修改。

（2）汇编语言

机器语言和汇编语言都是面向机器的低级语言，其特点是与特定的机器有关，工作效率高，但与人们思考问题和描述问题的方法相距太远，使用烦琐、费时，易出差错，对使用者要求高，必须熟悉计算机的内部细节，非专业的普通用户很难使用。

汇编语言是为了解决机器语言难于理解和记忆，用易于理解和记忆的名称和符号表示的机器指令。汇编语言虽比机器语言直观，但基本上还是一条指令对应一种基本操作，对同一问题编写的程序在不同类型的机器上仍然是互不通用。

（3）高级语言

高级语言是人们为了解决低级语言的不足而设计的程序设计语言。它是由一些接近于自然语言和数学语言的语句组成。因此，更接近于要解决的问题的表示方法，并在一定程度上与机器无关，用高级语言编写程序，接近于自然语言与数学语言，易学、易用、易维护。但是由于机器硬件不能直接识别高级语言中的语句，因此必须经过"翻译程序"，将高级语言编写的程序翻译成机器语言的程序，才能执行。一般说来，用高级语言的编程效率高，执行速度没有低级语言的高。

高级语言的设计是很复杂的。因为它必须满足两种不同的需要，一方面它要满足程序设计人员的需要，用它可以方便自然地描述现实世界中的问题；另一方面还要能够构造出高效率的翻译程序，能够把语言中的所有内容翻译成高效的机器指令。从 20 世纪 50 年代中期第一实用的高级语言诞生以来，人们曾设计出几百种高级语言，但今天实际使用的通用高级语言也不过数十种。下面主要介绍几种目前最常用的高级语言。

1）FORTRAN 语言：它是使用最早的高级语言。从 20 世纪 50 年代中期到现在，经过几十年的实践检验，广泛用于科学计算程序的编制。

2）COBOL 语言：它创始于 20 世纪 50 年代末期，使用了十分接近于自然语言英语的语句，很容易理解，在事务处理中有着广泛的应用。

3）BASIC 语言：20 世纪 60 年代初为适应分时系统而研制的一种交互式语言。由于它简单易懂，具有交互功能，成为计算机上配置最广泛的高级语言。

4）PASCAL 语言：1970 年研制成功，是第一个系统地体现了结构程序设计概念的高级语言。其最初目标是用作结构程序设计的教学工具，近年来在科学计算、数据处理和软件开发中也得到了应用。

5）C 语言：于 1973 年由美国贝尔实验室研制成功。由于它表达简捷，控制结构和数据结构完备，具有丰富的运算符和数据类型，移植力强，编译质量高，得到了广泛的使用。

6）ADA 语言：是在美国国防部直接领导下于 1975 年开始开发的一种现代模块化语言，便于实现嵌入式应用，已为许多国家选定为军用标准语言。

7）PROLOG 语言：它是 1972 年诞生于法国，后来在英国得到完善和发展的一种逻辑程序设计语言，广泛应用于人工智能领域。

近几年来，随着面向对象和可视化技术的发展，出现了像 Smalltalk、C＋＋、Java 等面向对象程序设计语言和 Visual Basic、Visual C＋＋、Delphi 等开发环境。

2. 语言处理程序

对于用某种程序设计语言编写的程序，通常要经过编辑处理、语言处理、装配连接处理后，才能够在计算机上运行。

编辑处理是指计算机通过编辑程序将人们编写的源程序送入计算机。编辑程序可以使用户方便地修改源程序，包括添加、删除、修改等，直到用户满意为止。

语言处理程序是把用一种程序设计语言表示的程序转换为与之等价的另一种程序设计语言表示的程序的程序。

在计算机软件中经常用到的语言处理程序是把汇编语言或高级语言"翻译"成机器语

言的翻译程序。被翻译的程序称为源程序或源代码，经过翻译程序"翻译"出来的结果程序称为目标程序。

翻译程序有两种典型的实现途径，分别称为解释过程与编译过程，其具体过程如图 1-13 和图 1-14 所示。

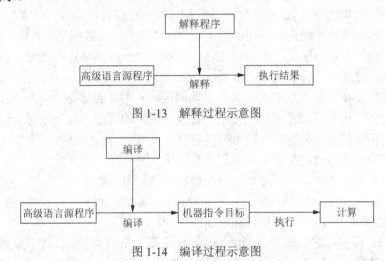

图 1-13　解释过程示意图

图 1-14　编译过程示意图

解释过程：解释过程是按照源程序中语句的执行顺序，逐句翻译并立即予以执行。即由事先放入计算机中的解释程序对高级语言源程序逐条语句翻译成机器指令，翻译一句执行一句，直到程序全部翻译执行完。解释方法类似于不同语言的口译工作。翻译员（解释程序）拿着外文版的说明书（源程序）在车间现场对操作员作现场指导。对说明书上的语句，翻译员逐条译给操作员听；操作员根据听到的话（他能懂的语言）进行操作。翻译员每翻译一句，操作员就执行该句规定的操作。翻译员翻译完全部说明书，操作员也执行完所需的全部操作。由于未保留翻译的结果，若需再次操作，仍要由翻译员翻译，操作员操作。

编译过程：先由翻译程序把源程序静态地翻译成目标程序，然后再由计算机执行目标程序。这种实现途径可以划分为两个明显的阶段：前一阶段称为生成阶段；后一阶段称为运行阶段。采用这种途径实现的翻译程序，如果源语言是一种高级语言，目标语言是某一计算机的机器语言或汇编语言，则这种翻译程序特称为编译程序。如果源语言是计算机的汇编语言，目标语言是相应计算机的机器语言，则这种翻译程序特称为汇编程序。

编译过程类似于不同语言的笔译工作。例如，某国发表了某个剧本（源程序），我们计划在国内上演。首先需由懂得该国语言的翻译（编译程序）把该剧本笔译成中文本（目的程序）。翻译工作结束，得到了中文本后，才能交给演出单位（计算机）去演（执行）这个中文本（目的程序）。在后面的演出（执行）阶段，并不需要原来的外文剧本（源程序），也不需要翻译（编译程序）。

正如只懂中文的人与只懂英语的人交谈需要英语翻译，要与只懂日语的人交谈就需要日语翻译一样，对不同的高级语言也需要不同的翻译程序。如果使用 BASIC 语言，需要在计算机系统中装有 BASIC 语言的解释程序或编译程序；如果使用 C 语言，就需要在计算机内装有 C 编译程序。如果机器内没有装上汇编语言或高级语言的翻译程序，计算机是绝不能够理解相应语言编写的程序的。相比较，对于同样一篇外文文章，逐句翻译比整篇翻译的效率低，但一种语言的翻译程序类型不是由使用者来决定，而是由系统软件的生产者决定的。

1.5.3　操作系统的概念和功能

计算机是一个高速运转的复杂系统：它有 CPU、内存储器、外存储器、各种各样的输入/输出设备，通常称之为硬件资源；它可能有多个用户同时运行他们各自的程序，共享着大量数据，通常称之为软件资源。如果没有一个对这些资源进行统一管理的软件，计算机不可能协调一致、高效率地完成用户交给它的任务。

从资源管理的角度，操作系统是为了合理、方便地利用计算机系统，而对其硬件资源和软件资源进行管理的软件。它是系统软件中最基本的一种软件，也是每个使用计算机的人员必须学会的一种软件。

1.　操作系统的功能

操作系统具有五大管理功能，即作业管理、存储管理、信息管理、设备管理和处理机管理。这些管理工作是由一套规模庞大复杂的程序来完成的。

作业管理解决的是允许谁来使用计算机和怎样使用计算机的问题。在操作系统中，把用户请求计算机完成一项完整的工作任务称为一个作业。当有多个用户同时要求使用计算机时，允许哪些作业进入，不允许哪些进入，对于已经进入的作业应当怎样安排它的执行顺序，这些都是作业管理的任务。

存储管理解决的是内存的分配、保护和扩充的问题。计算机要运行程序就必须要有一定的内存空间。当多个程序都在运行时，如何分配内存空间才能最大限度地利用有限的内存空间为多个程序服务；当内存不够用时，如何利用外存将暂时用不到的程序和数据"滚出"到外存上去，而将急需使用的程序和数据"滚入"到内存中来，这些都是存储管理所要解决的问题。

信息管理解决的是如何管理好存储在磁盘、磁带等外存上的数据。由于计算机处理的信息量很大而内存十分有限，绝大部分数据都是保存在外存上。如果要用户自己去管理就要了解如何将数据存放到外存的物理细节，编写大量程序。在多个用户使用同一台计算机的情况下，既要保证各个用户的信息在外存上存放的位置不会发生冲突，又要防止对外存空间占而不用；既要保证任一用户的信息不会被其他用户窃取、破坏，又要允许在一定条件下多个用户共享，这些都是靠信息管理解决的。信息管理有时也称为文件管理，这是因为在操作系统中通常是以"文件"作为管理的单位。操作系统中的文件与日常生活中的文件的概念不同，在操作系统中，文件是存储在外存上的信息的集合，它可以是源程序、目标程序、一组命令、图形、图像或其他数据。

设备管理主要是对计算机系统中的输入或输出等各种设备的分配、回收、调度和控制，以及输入输出等操作。

处理机管理主要解决的是如何将 CPU 分配给各个程序，使各个程序都能够得到合理的运行安排。

从资源管理的角度来看，可以把操作系统看作是控制和管理计算机资源的一组程序；从用户的角度看，操作系统是用户和计算机之间的界面。用户看到的是操作系统向用户提供的一组操作命令，用户可以通过这些命令来使用和操作计算机。因此，学会正确使用这些命令就成为学会使用计算机的第一步。

2. 操作系统的基本类型

计算机上使用的操作系统种类很多，但其基本类型可以划分为三类，即批处理操作系统、分时操作系统和实时操作系统。

批处理操作系统的设计目标是为了最大限度地发挥计算机资源的效率；在这种操作系统环境下，用户要把程序、数据和作业说明一次提交给系统操作员，输入计算机，在处理过程中与外部不再交互。分时操作系统的设计目标是使多个用户可以通过各自的终端互不干扰地同时使用同一台计算机交互进行操作，就好像各个用户自己独占了该台计算机一样。实时操作系统则要求系统能够对输入计算机的请求，在规定的时间内做出响应，一般说这个时间是很短的，如果不能响应其后果往往是很严重的。随着计算机网络的出现而为计算机网络配置的网络操作系统，其主要功能则是把网络中各台计算机配置的各自的操作系统有机地联合起来，提供网络内各台计算机之间的通信和网络资源共享。而在微型机上使用的单用户操作系统的主要功能是设备管理和文件管理，一次只能支持运行一个用户程序，独占系统全部资源；多用户操作系统则可以支持多个用户分时使用。

由于计算机的硬件和软件资源都是在操作系统统一管理、控制下运行的，因而一个计算机系统的性能和操作系统的质量及运行效率有很大关系；从应用的角度看，操作系统和编译程序质量及运行效率甚至比硬件更为重要。在应用中选择怎样的操作系统与应用的要求有很大关系。当前使用比较多的操作系统主要有 UNIX、Linux，MS-DOS 和 Windows 操作系统。

UNIX 是 1969 年由美国电话电报公司（AT&T）的贝尔实验室推出的一种多用户操作系统，它可运行在不同厂商制造的各种型号的微型机或大型机上。MS-DOS 是美国微软公司开发的一种用于个人计算机的操作系统，MVS 是运行在 IBM 大中型计算机上的一个操作系统，可支持 400 个用户同时使用。Windows 是美国微软公司推出的具有多窗口和图形化界面的系统。

1.5.4 字处理、表处理和数据库管理软件的概念和功能

高级语言的出现打破了编写程序的神秘性，使程序设计成为一般人都可以从事的工作。操作系统的使用，使得一般人都可以方便地操作计算机系统。但是编写程序仍然是一种十分费力的工作。为了解决这个问题，人们采取的一条途径是对各个领域进行领域分析，尽可能地开发出一些标准化、模块化的"软件块"，使用户可以根据需要，用这些"软件块"构成适合需要的应用系统。另一种途径是开发解决某类典型问题的软件包，用户只要选择得当，无须编程就可以直接使用。本节主要介绍的数据库管理、字处理和表处理软件都具有软件包的性质。

1. 字处理软件

在现代社会中，文字处理工作越来越多。教师编写教材，记者、作家编写新闻、书稿，企事业单位办公人员起草文件、签订合同协议，都离不开文字处理。字处理软件是为了使人们能够方便地使用计算机进行文字处理工作而编制的软件。它像数据管理软件一样，从内部看虽然比较复杂，是一组组程序，但对用户来说，它提供的是一组使用简单方便的命令。

在文字处理软件中，屏幕相当于传统文书工作中的稿纸，屏幕上的光标指示了当前要操作的文字的位置，键盘相当于起草文稿使用的笔。因而要用好字处理软件，首先应习惯于键盘与屏幕的协同动作，练习好键盘的输入方法，为使用字处理软件打下良好的基础。

一个字处理软件，一般应具有下列功能：

1）根据所用纸张尺寸，安排每页行数和每行字数，并能调整左、右页边空白。

2）自动编排页号。

3）规定文本行间距离。

4）编辑文件。

5）打印文本前，在屏幕上显示文本最后的布局格式。

6）从磁盘文件或数据库中调入一些标准段落，插入正在编辑的文本。

目前，流行的字处理软件有 WPS、PE、Word 等，我们将在第 3 章介绍中文版 Microsoft Word 2010 的使用。

2. 表处理软件

在日常工作中，无论是企事业单位还是教学、科研机构，经常会遇到编制各种会计或统计报表，对数据进行一些加工分析，这类工作往往烦琐费时。表处理软件是为了减轻这些人员的负担，提高工作效率和质量而编制的辅助进行这类工作的软件。使用电子表处理软件时，人们只需准备好数据，根据制表要求，正确选择电子表处理软件提供的命令，就可以快速、准确地完成制表工作。

表处理软件也称作电子表格（数据处理）软件。它不只是在功能上能够完成通常人工制表工作中所包括的工作，而且在表现形式上也充分考虑了人们手工制表的习惯，将表格形式直接显示在屏幕上，使用户操作起来就像在纸质表格上一样方便。

目前，常用的表处理软件是 Excel。为了能够看到表格的各个部分，表处理软件设置了专门的命令，使用户可在屏幕上开设多个"窗口"，通过移动窗口来看到表格的全貌。Excel除了具有通常表处理软件的功能外，还具备部分数据管理功能和图形处理功能。它与常用的单一的电子表处理软件相比，具有表格大、功能强等特点，可用于财政预算、成本估算、决算、销售计划、市场预测以及实验数据的处理等，有着广阔的应用领域，我们将在第 4 章介绍 Microsoft Excel 2010。

3. 数据库管理软件

计算机处理的对象是数据，因而如何管理好数据就是一个重要的问题。在 20 世纪 50 年代中期以前没有专门用于数据管理的软件。操作系统出现以后，可以通过操作系统管理数据。用户可以通过操作系统对文件进行打开、读、写和关闭，但要对文件内容进行查询、修改，仍然要编写专门的程序，不能由用户直接查询、修改；文件结构的修改将导致应用程序的修改，这使应用程序的维护工作量很大；文件之间没有联系，很难解决重复存储和不一致的问题；由于缺少统一管理，在数据的结构、编码、表示格式等方面也不易做到规范化和标准化。为了解决这些问题，20 世纪 60 年代末提出了数据库的概念。

不同于文件，数据库是存储在一起的相互有联系的数据的集合。它能为多个用户、多种应用所共享，又具有最小的冗余度；数据之间联系密切，又与应用程序没有联系，具有较高的数据独立性。数据库管理系统就是对这样一种数据库中的数据进行管理、控制的软件。从外部来看，它为用户提供了一套数据描述和操作语言，用户只需使用这些语言，就可以方便地建立数据库，并对数据进行存储、修改、增加、删除或查找。

数据库管理中一个重要概念是数据模型。数据模型是用来描述数据的一组概念和定义，它包括两个方面：一是数据的静态特征，如数据的基本结构、数据间的联系和约束；另一方面是可以对数据进行的操作。在数据库中，数据模型是用户和数据库之间相互交流的工具。用户要把数据存入数据库，只要按照数据库所提供的数据模型，使用相关的数据描述和操作语言即可，而无须过问计算机管理这些数据的细节；用户想要从数据库中找出有关数据，只要知道数据模型，就可以使用有关语言查找到相应的数据。

目前，在数据库管理软件中常用的数据模型有三种，即关系模型、层次模型和网状模型。而在微型计算机上最常用的数据库管理软件都是支持关系模型的关系数据库系统。其中 ORACLE、SYBASE、INFORMIX 是目前世界上较流行的，它们都用 SQL 作为数据描述、操作、查询的工具。

习题 1

一、填空题

1. 世界上公认的第一台电子计算机于_____年在_____诞生，它的名字叫_____。
2. 1MB 的存储空间最多能存储_____个汉字。
3. 衡量计算机的主要技术指标有_____。
4. 计算机的基本配置包括主机、显示器和_____。
5. 常用的 3.5 英寸高密度软盘的容量是_____。
6. 汉字的编码按用途不同分为三种，分别是输入码、机内码和_____码。
7. 常用操作系统有_____操作系统、_____操作系统、_____操作系统和_____操作系统。
8. 操作系统对计算机的管理大致可分为_____、_____、_____、_____、和_____五个方面。
9. 数据库系统采用的数据库模型有三种：_____、_____和_____。
10. 编译型语言源程序需经_____翻译成目标程序。可重定位的目标程序需再经_____链接才能生成可执行的程序。
11. 多个用户共享 CPU 的操作系统是_____操作系统。
12. 计算机能直接执行的程序是_____。在机器内部是以_____编码形式表示的。

13．将下列十进制数转换成相应的二进制数。

$(68)_{10} = ($ 　　　　　$)_2$

$(347)_{10} = ($ 　　　　　$)_2$

$(57.687)_{10} = ($ 　　　　　$)_2$

14．将下列二进制数转换成相应的十进制数、八进制数、十六进制数。

$(101101)_2 = ($ 　　　$)_{10} = ($ 　　　$)_8 = ($ 　　　　$)_{16}$

$(11110010)_2 = ($ 　　　$)_{10} = ($ 　　　$)_8 = ($ 　　　　$)_{16}$

$(10100.1011)_2 = ($ 　　　$)_{10} = ($ 　　　$)_8 = ($ 　　　　$)_{16}$

二、选择题

1．最先实现的存储程序的计算机是（　　　）。

    A．ENIAC　　　　B．EDSAC　　　　C．EDVAC　　　　D．UNIVAC

2．"存储程序"的核心概念是（　　　）。

    A．事先编好程序　　　　　　　　　B．把程序存储在计算机内存中

    C．事后编好程序　　　　　　　　　D．将程序从存储位置自动取出并逐条执行

3．在计算机中，所有信息的存放与处理采用（　　　）。

    A．ASCII 码　　B．二进制　　　　C．十六进制　　　D．十进制

4．在汉字国标码字符集中，汉字和图形符号的总个数为（　　　）。

    A．3755　　　　B．3008　　　　　C．7445　　　　　D．6763

5．在计算机内部，数据是以（　　　）形式加工、处理和传送的。

    A．二进制　　　B．八进制　　　　C．十六进制　　　D．十进制

6．在计算机的性能指标中，内存储器容量通常是指（　　　）。

    A．ROM 的容量　　　　　　　　　B．RAM 的容量

    C．ROM 和 RAM 的总和　　　　　D．CD-ROM 的容量

7．关于微型计算机知识的叙述中，正确的是（　　　）。

    A．外存储器中的信息不能直接进入 CPU 进行处理

    B．只有在一台计算机上将软盘格式化以后，它才可在各种计算机上使用

    C．软盘驱动器和软盘属于外部设备

    D．如果将软磁盘的索引孔用不透光的胶带纸盖住，磁盘上的信息将只能读，不能写

8．关于微型计算机的知识，正确的叙述是（　　　）。

    A．键盘是输入设备，打印机是输出设备，它们都是计算机的外部设备

    B．当显示器显示键盘输入的字符时，它属于输入设备；当显示器显示程序的运行结果时，它属于输出设备

    C．通常的彩色显示器都有 7 种颜色

    D．打印机只能打印字符和表格，不能打印图形

9．通常将微型计算机的运算器、控制器及内存储器称为（　　　）。

    A．CPU　　　　B．微处理器　　　C．主机　　　　　D．微型计算机系统

10. 通常说 16 位主存储器容量为 640KB，表示主存储器的存储空间有（　　）。

　　A．16×1024B　　B．160×1024B　　C．640×1024B　　D．1024×1024B

11. 存储器用来存放的信息是（　　）。

　　A．十进制　　　　B．二进制　　　　C．八进制　　　　D．十六进制

12. 显示器的（　　）越高，显示的图像越清晰。

　　A．对比度　　　　B．亮度　　　　C．对比度和亮度　　D．分辨率

13. 电子计算机直接执行的指令一般都包含①（　　）两个部分，它们在机器内部是以②（　　）表示的。由这种指令构成的语言也叫作③（　　）。

　　① A．数字和文字　　　　　　　B．操作码和操作对象

　　　　C．数字和运算符号　　　　　D．源操作数和目标操作数

　　② A．二进制代码的形式　　　　B．ASCII 码的形式

　　　　C．八进制代码的形式　　　　D．汇编符号的形式

　　③ A．汇编语言　　　　　　　　B．高级语言

　　　　C．机器语言　　　　　　　　D．自然语言

14. 计算机能直接识别的程序是（　　）。

　　A．源程序　　　　　　　　　　B．机器语言程序

　　C．汇编语言程序　　　　　　　D．低级语言程序

15. 一个完整的计算机体系包括（　　）。

　　A．主机、键盘和显示器　　　　B．计算机与外部设备

　　C．硬件系统和软件系统　　　　D．系统软件与应用软件

三、简答题

1. 计算机系统包括哪些部分？

2. 什么是计算机硬件？什么是计算机软件？

3. 什么是指令？什么是程序？

4. 简述计算机在现代社会中的地位与作用。

5. 主存储器（内存）与辅助存储器（外存）的区别是什么？计算机上常用的辅助存储器有哪些？

6. 什么是程序设计语言？常用的程序设计语言有哪些？

第2章 Windows 7 系统操作基础

Microsoft 公司从 1985 年推出 Microsoft-DOS 操作系统以来，经过多年的发展，陆续推出了适合时代发展的一系列操作系统，系统版本从最初的 Windows 1.0 到大家熟知的 Windows 95、Windows 98、Windows ME、Windows 2000、Windows 2003、Windows XP、Windows Vista、Windows 7、Windows 8、Windows 8.1、Windows 10（预览版）和 Windows Server服务器企业级操作系统，从架构的 16 位、32 位再升到 64 位，甚至 128 位。

Windows 7 采用的是 Windows NT 的核心技术，它具有运行可靠、稳定而且速度快的特点，这将为用户的计算机安全正常高效的运行提供了保障。它不但使用更加成熟的技术，而且外观设计也焕然一新，桌面风格清新明快、优雅大方，用鲜艳的色彩取代以往版本的灰色基调，使用户有良好的视觉享受。Windows 7 可供家庭及商业工作环境、笔记本电脑、平板电脑、多媒体中心等使用。Windows 7 可供选择的版本主要有：简易版（Starter）、普通家庭版（Home Basic）、高级家庭版（Home Premium）、专业版（Professional）、企业版（Enterprise）（非零售）和旗舰版（Ultimate）。

2.1 Windows 7 系统的安装

2.1.1 安装要求

Windows 7 比以前的各个的 Windows 版本对于系统的要求更高，如果 CPU、内存、磁盘空间和显卡没有达到 Windows 7 的最低要求，则无法运行。

Windows 7 的最低运行要求如下：

1）CPU：2GHz 及以上的处理器。

2）内存：4GB 及以上（64 位），2～4GB（32 位）。

3）硬盘：25GB 以上可用空间。

4）显示：有 WDDM1.0 驱动的支持 DirectX 9，且 256MB 显存以上级别的独立显卡和支持 800×600 分辨率的显示器。

5）光驱：CD-ROM 或者 DVD 驱动器。

6）其他配件：键盘、鼠标、光驱、软驱、打印机等。

2.1.2 安装方式

目前，Windows 7 系统常见的安装方式有两种：升级安装和全新安装。

1. 升级安装

如果用户已经安装了比 Windows 7 版本较低的操作系统，如 Windows Vista，可以在原有系统下，插入 Windows 7 的安装光盘或 U 盘，打开光盘目录，单击 "setup"，即可安装。它会将原有系统升级到 Windows 7 系统。注意需要微软公司给定的序列号。

　　2. 全新安装

　　在主板设置中，修改第一启动盘为光盘（CD-ROM），保存，然后重新启动，计算机会自动从光盘中安装系统（可以是 Windows 7 系统光盘，也可以是镜像安装），用户按照出现的安装指示操作即可。

2.2　Windows 7 的启动与退出

　　当用户要结束对计算机的操作时，一定要先退出中文版 Windows 7 系统，然后再关闭显示器，否则会丢失文件或破坏程序，如果用户在没有退出 Windows 系统的情况下就关机，系统将认为是非法关机，当下次再开机时，系统会自动执行自检程序。

　　1. Windows 7 的启动

　　开机后，系统会自动启动，根据用户设置的不同，有时会要求用户输入密码。如果系统出现故障，可以在启动时按键盘上的 F8 键，打开具有安全模式的启动界面，即高级启动选项界面，选择修复计算机，可以对系统进行修复。也可以选择其他选项进入系统，如图 2-1 所示。

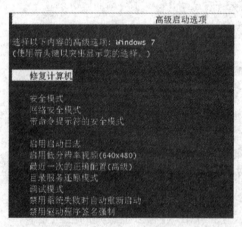

图 2-1　Windows 7 高级启动选项

　　2. Windows 7 的关闭

　　由于中文版 Windows 7 是一个支持多用户的操作系统，当登录系统时，只需要在登录界面上单击用户名前的图标，即可实现多用户登录，各个用户可以进行个性化设置而互不影响。

　　为了便于不同的用户快速登录来使用计算机，中文版 Windows 7 提供了注销的功能，应用注销功能，用户不必重新启动计算机就可以实现多用户登录，这样既快捷方便，又减少了对硬件的损耗。

　　中文版 Windows 7 的注销，可执行下列操作：

　　1）当用户需要注销时，单击左下角的 "开始" 按钮，在打开的窗口中单击 "关机" 按钮右侧的箭头，可以看到 "注销" 选项，如图 2-2 所示。单击 "注销"，系统会提示关闭保存所有打开的程序与文件，之后会自动注销。如果单击 "强制注销" 可直接注销，单击 "取消"，解除注销。也可以使用 Alt＋F4 组合快捷键直接关闭计算机，在关闭时可以在弹出的对话框中选择 "注销" 等选项，如图 2-3 所示。

　　2）用户还可以不注销而切换用户，用户单击 "切换用户" 选项后，会出现其他用户图标的登录界面，单击所需要切换的用户图标即可进入该用户的运行桌面，如图 2-2 和图 2-3 所示。

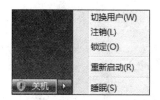

图 2-2　"注销"选项 1　　　　　　　　　　　　图 2-3　"注销"选项 2

3. 关闭计算机

在左下角的"开始"按钮![]，在打开的窗口中单击"关机"按钮，便可以直接关机，关机前系统会提示关闭保存所有打开的程序与文件，之后会自动关机，如果用户不进行保存等操作，系统会强制关机，如果单击"取消"，可以解除关机。也可以使用 Alt＋F4 组合快捷键直接关闭计算机，在关闭时可以在弹出的对话框中选择"关机"等选项，如图 2-3 所示。

其他选项还有"重新启动""睡眠""安装更新并关机"等。其中，"睡眠"状态时系统会自动切断除内存外其他配件的电源，工作状态的各种程序和文件将保存在内存中，需要唤醒时，只需要按一下电源按钮、在键盘上按 Enter 键（或 Esc 键）或者晃动一下鼠标就可以快速唤醒计算机恢复睡眠前的状态。需要注意的是，如果计算机在睡眠状态时断电，没保存的信息就会丢失。如果用户需要短时间离开计算机可以使用睡眠功能，既可以节电又可以快速恢复工作。

2.3　Windows 7 基本操作

2.3.1　Windows 7 桌面

1. 桌面上的图标说明

Windows 7 的初始桌面显示的内容较少，看起来干净整洁，在桌面上主要显示"计算机""回收站""浏览器""我的文档"等图标。在桌面的最下方是任务栏，如图 2-4 所示。

图标是指在桌面上排列的小图像，它包含图形、说明文字两部分，如果用户把鼠标放在图标上停留片刻，桌面上会出现该图标表示内容的说明或者是文件存放的路径，双击图标就可以打开相应的内容。

"计算机"图标：通过该图标，用户可以实现对计算机硬盘驱动器、文件夹和文件的管理，在其中用户可以访问连接到计算机的硬盘驱动器、照相机、扫描仪和其他硬件以及有关信息。

"我的文档"图标：用于管理"我的文档"下的文件和文件夹，可以保存各类文档，其保存位置可以用系统默认的位置，也可以用户自己设置保存位置。

"计算机"图标

"回收站"图标

"浏览器"图标

"我的文档"图标

"开始"按钮　　　任务栏按钮　　　任务栏　　　通知区域

图 2-4　Windows 7 桌面

"回收站"图标：回收站中暂时存放着用户已经删除的文件或文件夹等信息，当用户还没有清空回收站时，可以从中还原删除的文件或文件夹。

"浏览器"图标：用于浏览互联网上的信息，双击该图标即可访问网络资源。

2. 图标的排列

当用户在桌面上创建了多个图标时，如果不进行排列，桌面会显得非常凌乱，不利于用户选择所需要的项目，而且影响视觉效果。使用排列图标命令，可以使用户的桌面显得整洁而富有条理。

用户需要对桌面上的图标进行位置调整时，可在桌面上的空白处右击，在弹出的快捷菜单中选择"排序方式"命令，在子菜单项中包含了多种排列方式，如图 2-5 所示。

- 名称：按图标名称开头的字母或拼音顺序排列。
- 大小：按图标所代表文件的大小的顺序来排列。
- 项目类型：按图标所代表的文件的类型来排列。
- 修改日期：按图标所代表文件的最后一次修改时间来排列。

当用户选择"排列图标"子菜单其中几项后，在其旁边出现"●"标志，说明该选项被选中。

在"查看"选项中，用户还选择查看图标的大小和"自动排列图标"命令等，如图 2-6 所示。如果用户选择"显示桌面图标"命令，可以显示桌面上所有图标，如果去除前面的"√"，可以取消显示桌面图标，可以使得整个桌面上的图标全部隐藏，从而使桌面变得干净整洁。而当选择了"将图标与网格对齐"命令后，当调整图标的位置时，它们总是成行成列地排列，也不能移动到桌面上任意位置。

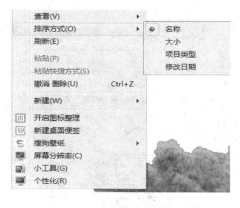

图 2-5　"排序方式"命令

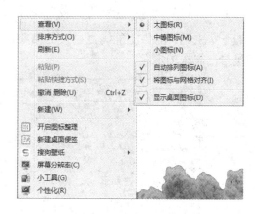

图 2-6　"查看"命令

3. 图标的重命名与删除

对于一些常用图标，用户可以给图标重新命名，以方便使用，可通过执行下列操作完成重命名图标：

1）在该图标上右击。

2）在弹出的快捷菜单中选择"重命名"命令，输入新名称。

删除图标，可通过执行下列操作完成：在所需要删除的图标上右击，在弹出的快捷菜单中选择"删除"命令。用户也可以在桌面上选中该图标，然后在键盘上按下 Delete 键即可直接删除。

2.3.2　桌面显示管理

不同的用户总是希望自己所看到的界面清晰明了，可以通过设置屏幕分辨率来修改显示的清晰程度。屏幕分辨率是指确定计算机屏幕上显示多少信息的设置，以水平和垂直像素来衡量。屏幕分辨率低时，在屏幕上显示的项目少，但尺寸比较大。屏幕分辨率高时，在屏幕上显示的项目多，但尺寸比较小。分辨率越高，显示效果就越精细和细腻。

在桌面上右击，在弹出的指示框中可以看到"屏幕分辨率"命令，如图 2-5 所示，单击打开可以调整屏幕的分辨率，如图 2-7 所示。在打开的对话框中，用户可以看到显示器的型号、分辨率和显示方向等。调整分辨率可以单击"分辨率"选项的下拉箭头，用鼠标上下拉动来调整屏幕的分辨率。"高级设置"中可以查看显卡和显示的一些硬件信息，单击"监视器"选项卡，在"颜色"中可以设置显示的颜色。单击"放大或缩小文本和其他项目"用户可以在打开的对话框中选择文本的大小，以满足显示清晰的需要，如图 2-8所示。

如图 2-5 所示，单击"个性化"，用户可以选择更改计算机上的视觉效果和声音，使自己的计算机更加个性化，如可以选择不同的"主题""桌面

图 2-7　更改显示器外观界面

背景""窗口颜色""声音""屏幕保护程序"等，如图 2-9 所示。用户看到的一般是系统自带的一些主题，如果不能满足用户的需要，可以选择"联机获取更多主题"，通过网络获取满足自己需求的主题。

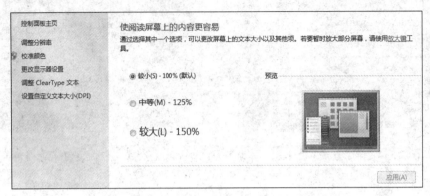

图 2-8　调整显示文本大小

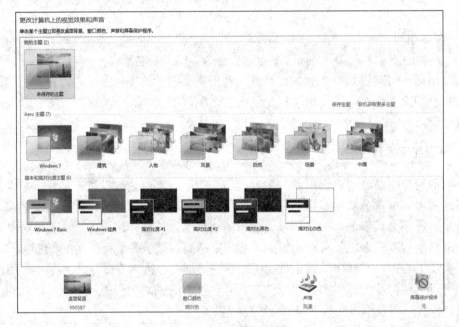

图 2-9　个性化主题设置

2.3.3　了解任务栏

任务栏是位于桌面最下方的一个小长条，它显示了系统正在运行的程序和打开的窗口、当前时间等内容，通过任务栏用户可以完成许多操作，而且也可以对它进行一系列的设置。

1．任务栏的组成

任务栏可分为"开始"菜单按钮、显示已经打开的程序和文件以及通知区域等三部分，如图 2-10 所示。

图 2-10　任务栏

•"开始"菜单按钮：单击此按钮可以打开"开始"菜单，用户可以看到常用的一些程序，对于不常用的程序，可以单击"所有程序"就可以看到系统上安装的所有应用程序。用它可以打开大多数的应用程序。

•中间部分：中间部分用于显示已经打开的程序和文件，用户可以方便地切换程序，还可以将打开的文件和程序缩小。如果需要将所有程序缩小，在任务栏中间用鼠标右键点击可以选择"显示桌面"，此时所有打开的程序和文件都会缩小只显示桌面信息。一些常用程序用户可以将其添加到任务栏中以便使用。方法是鼠标右键选择"锁定到任务栏"就可以使该程序在任务栏中显示。也可以在任务栏中解锁使其从任务栏中删除。

•通知区域：在"通知区域"选项组中，单击"自定义"选项，用户可以对通知区域上的各种图标和通知进行设置。主要包含语言栏、工具显示栏、音量控制和日期与时间信息等。

语言栏：在通知区域部分有语言栏选项，用户可以选择各种语言输入法，单击 ⌨ 按钮，在弹出的菜单中可以切换各种输入法，也可用 Ctrl＋Shift 快捷键来切换输入法。

隐藏和显示按钮：按钮 ▲ 的作用是隐藏不活动的图标或显示隐藏的图标。

音量控制器：即桌面上小喇叭形状的按钮，单击此按钮后会出现一个音量控制对话框。如图 2-11 所示。单击"合成器"，可以对"扬声器"和"系统声音"进行设置，如图 2-12 所示。

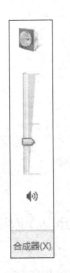

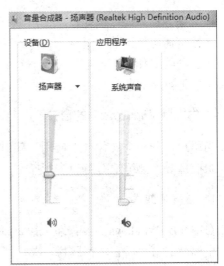

图 2-11　音量按钮器　　　　　　　　　　　图 2-12　"音量控制"窗口

日期指示器：在任务栏的最右侧，显示了当前的时间，把鼠标在上面停留片刻，会出现当前的日期，单击后打开日期和时间显示的对话框，用户即可直接在该对话框上修改年月日等日期，单击该对话框下方的"更改日期和时间设置"，在打开的选项卡中，用户可以完成时间和日期的设置，在"更改时区"选项卡中，用户可以进行时区的设置，而使用"Internet时间"可以使本机上的时间与互联网上的时间保持一致，如图 2-13 所示。

2. 自定义任务栏

系统默认的任务栏位于桌面的最下方，用户可以根据自己的需要把它拖到桌面的任何边缘处及改变任务栏的宽度。通过改变任务栏的属性，还可以让它自动隐藏。

用户在任务栏上的非按钮区域右击，在弹出的快捷菜单中选择"属性"命令，即可打开"任务栏和「开始」菜单属性"对话框，如图 2-14 所示。

图 2-13　日期和时间设置窗口

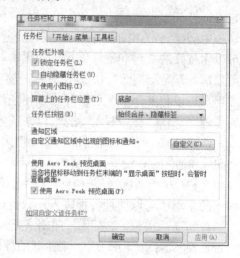

图 2-14　"任务栏和「开始」菜单属性"对话框

在"任务栏外观"选项组中，用户可以通过对复选框的选择来设置任务栏的外观。

· 锁定任务栏：当锁定后，任务栏不能被随意移动或改变大小。

· 自动隐藏任务栏：当用户不对任务栏进行操作时，它将自动消失，当用户需要使用时，可以把鼠标放在任务栏位置，它会自动出现。

2.3.4　中文版 Windows 7 的窗口

当用户打开一个文件或者应用程序时，都会出现一个窗口，窗口是用户进行操作时的重要组成部分，熟练地对窗口进行操作，会提高用户的工作效率。

1. 窗口的组成

在中文版 Windows 7 中有许多种窗口，其中大部分包括了相同的组件，如图 2-15 所示是一个标准的窗口，它由标题栏、菜单栏、工具栏等几部分组成。

标题栏：位于窗口的最上部，它标明了当前窗口的名称以及搜索栏，左侧有控制菜单按钮，右上角有最小、最大化或还原以及关闭按钮。

菜单栏：位于标题栏的下面，它提供了用户在操作过程中要用到的各种访问途径。

工具栏：在其中包括了一些常用的功能按钮，用户在使用时可以直接从上面选择各种工具。

状态栏：它在窗口的最下方，标明了当前有关操作对象的一些基本情况。

工作区域：它在窗口中所占的比例最大，显示了应用程序界面或文件中的全部内容。

图 2-15　示例窗口

2. 窗口的操作

窗口操作在 Windows 系统中是很重要的，不但可以通过鼠标使用窗口上的各种命令来操作，而且可以通过键盘使用快捷键来操作。基本的操作包括打开、缩放、移动和关闭等。

当需要打开一个窗口时，可以通过以下两种方式来实现：

① 选中要打开的窗口图标，然后双击打开。

② 在选中的图标上右击，在其快捷菜单中选择"打开"命令，如图 2-16 所示。

3. 最大化、最小化窗口

用户在对窗口进行操作的过程中，可以根据自己的需要，把窗口最小化、最大化等。

最小化按钮▭：暂时不需要对窗口操作时，用户可把它最小化以节省桌面空间，用户直接在标题栏上单击此按钮，窗口会以按钮的形式缩小到任务栏。

最大化按钮▭：窗口最大化时铺满整个桌面，这时不能再移动或者是缩放窗口。用户在标题栏上单击此按钮即可使窗口最大化。

还原按钮▭：当把窗口最大化后想恢复至原来打开时的初始状态，单击此按钮即可实现对窗口的还原。

用户在标题栏上双击可以进行最大化与还原两种状态的切换。

当用户打开多个窗口时，需要在各个窗口之间进行切换，下面是几种切换的方式：

当窗口处于最小化状态时，用户在任务栏上选择所要操作窗口的按钮，然后单击即可完成切换。当窗口处于非最小化状态时，可以在所选窗口的任意位置单击，当标题栏的颜色变深时，表明完成对窗口的切换。

用 Alt＋Tab 组合键来完成切换，用户可以在键盘上同时按下 Alt 和 Tab 两个键，屏幕上会出现切换任务栏，在其中列出了当前正在运行的窗口，用户这时可以按住 Alt 键，然后在键盘上按 Tab 键从"切换任务栏"中选择所要打开的窗口，选中后再松开两个键，选择的窗口即可成为当前窗口，如图 2-17 所示。

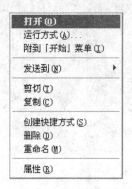

图 2-16　快捷菜单

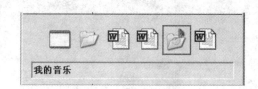

图 2-17　切换任务栏

4. 关闭窗口

若要关闭窗口，用户可以直接在标题栏上单击"关闭"按钮☒，或者通过键盘操作，使用 Alt＋F4 组合键即可关闭窗口。

2.3.5　窗口的排列

在任务栏上的非按钮区右击，弹出一个快捷菜单——任务栏快捷菜单，用户可以对窗口的排列进行设置，如图 2-18 所示。

窗口排列的方式有层叠窗口、堆叠显示窗口、并排显示窗口，如图 2-19～图 2-21 所示。

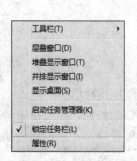

图 2-18　任务栏快捷菜单

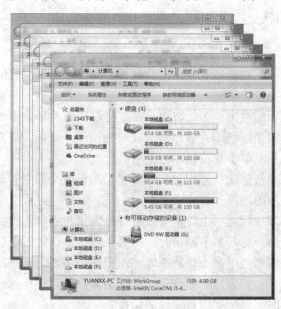

图 2-19　层叠窗口

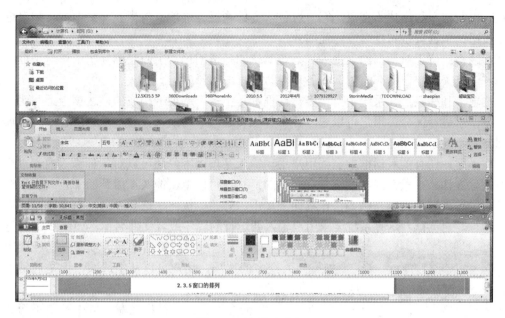

图 2-20　堆叠显示窗口

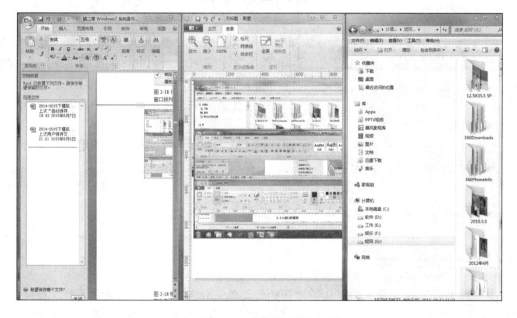

图 2-21　并排显示窗口

　　在选择了某项排列方式后，在任务栏快捷菜单中会出现相应的撤销该选项的命令。例如，用户执行了"层叠窗口"命令后，任务栏的快捷菜单会增加一项"撤销层叠"命令，当用户执行此命令后，窗口恢复原状。

2.3.6　使用对话框

　　对话框的组成和窗口有相似之处，如它们都有标题栏，但对话框要比窗口更简洁、更直观、更侧重于与用户的交流，它一般包含有标题栏、选项卡与标签、文本框、列表框、命令按钮、单选按钮和复选框等几部分。

标题栏：位于对话框的最上方，系统默认的是透明色，上面左侧标明了该对话框的名称，右侧有关闭按钮，有的对话框还有帮助按钮。

选项卡和标签：在系统中有很多对话框都是由多个选项卡构成的，选项卡上写明了标签，以便于进行区分。用户可以通过各个选项卡之间的切换来查看不同的内容，在选项卡中通常有不同的选项组。

文本框：在有的对话框中需要用户手动输入某项内容，还可以对各种输入内容进行修改和删除操作。一般在其右侧会带有向下的箭头，可以单击箭头在展开的下拉列表中查看最近曾经输入过的内容。例如，在桌面上单击"开始"按钮，选择"运行"命令，可以打开"运行"对话框，这时系统要求用户输入要运行的程序或者文件名称，如图2-22所示。

图 2-22　"运行"对话框

列表框：有的对话框在选项组下已经列出了众多的选项，用户可以从中选取，但是通常不能更改。

命令按钮：它是指在对话框中圆角矩形并且带有文字的按钮，常用的有"确定""应用""取消"等。

单选按钮：它通常是一个小圆形，其后面有相关的文字说明，当选中后，在圆形中间会出现一个绿色的小圆点，在对话框中通常是一个选项组中包含多个单选按钮，当选中其中一个后，别的选项是不可以选的。

复选框：它通常是一个小正方形，在其后面也有相关的文字说明，当用户选择后，在正方形中间会出现一个绿色的"√"标志，它是可以任意选择的。

2.4　"开始"菜单

2.4.1　使用"开始"菜单

中文版 Windows 7 系统中默认的"开始"菜单充分考虑到用户的视觉需要，设计风格清新、明朗，"开始"按钮由原来的灰色改为鲜艳的绿色，打开后的显示区域比以往更大，而且布局结构也更利于用户使用。通过"开始"菜单，用户可以方便地访问 Internet、收发电子邮件和启动常用的程序，如图2-23所示。

在任务栏上的空白处或者在"开始"按钮上右击，在弹出的快捷菜单中选择"属性"命令，这时会打开"任务栏和「开始」菜单属性"对话框，在"「开始」菜单"选项卡中选择相关选项可以对"「开始」菜单"进行设置。

图 2-23　"开始"菜单

2.4.2　启动应用程序

当用户启动应用程序时，可单击"开始"按钮，在打开的"开始"菜单中把鼠标指向"所有程序"菜单项，这时会出现"所有程序"的二级联菜单，单击该程序名，即可启动此应用程序。有些程序在相应文件夹里面，单击文件夹找到需要打开的程序即可。

下文以启动 Microsoft Office Excel 2010 这个程序来说明此项操作的步骤：

1）在桌面上单击"开始"按钮，把鼠标指向"所有程序"选项。

2）在"所有程序"选项下的二级联菜单中找到 Microsoft Office 文件夹，单击该文件夹可以看到下一级的程序选项，单击 Microsoft Office Excel 2010，即可打开该程序的界面，如图 2-24 所示。

图 2-24　启动应用程序

2.4.3　查找内容

当用户需要进行内容查找时，可以在桌面上单击"开始"按钮，在打开的"开始"菜单中有"搜索程序和文件"的输入框，输入需要查找的文件信息（可以是部分的信息），系统会自动开始搜索，并显示部分最近的搜索信息，如输入"*.doc"即为搜索所有后缀为.doc（Word 文档）的文件，如图 2-25 所示。如果需要更加详细的信息可以选择单击"查看更多结果"可以看到更多更全的结果。

如果用户想通过文件的"大小""修改日期""类型""名称"等信息进行搜索以便精确找到所需文件，可以在"开始"中打开计算机，出现计算机对话窗口，在右上角有一条"搜索框"，鼠标在搜索框内点击，输入部分信息，即可出现搜索的一些选项，单击所需选项可进行分类搜索，系统会自动展开搜索并显示结果，如图 2-26 所示。如果需要在某一位置（磁盘、库等确定位置）下搜索，在计算机对话框中单击该位置，并在新打开的对话框中进行搜索即可，搜索方法和前面所述的一样。

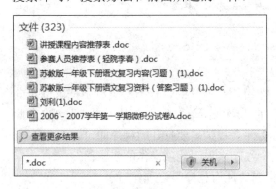

图 2-25　打开搜索窗口

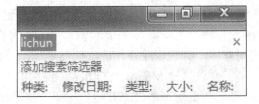

图 2-26　搜索窗口

2.4.4　运行命令

在"开始"菜单中选择"运行"命令，可以打开"运行"对话框，利用这个对话框用户能打开程序、文件夹、文档或者是网站，使用时需要在"打开"文本框中输入完整的程序或文件路径以及相应的网站地址，当用户不清楚程序或文件路径时，也可以单击"浏览"按钮，在打开的"浏览"窗口中选择要运行的可执行程序文件，然后单击"确定"按钮，即可打开相应的窗口。"运行"是用户对注册表的修改进行查看所使用的对话框。

2.4.5　帮助和支持

当用户在"开始"菜单中选择"帮助和支持"命令后，即可打开"Windows 帮助和支持"窗口，通过这个窗口可为用户提供帮助、疑难解答和其他支持服务。用户可以通过"搜索"输入框查找自己需要的内容，也可以单击"浏览帮助"打开帮助菜单。如果用户不能找到解决问题的方案，也可以选择"联机帮助"。

2.5　文　件　管　理

2.5.1　文件和文件夹

"资源管理器"和"计算机"是 Windows 7 提供的用于管理文件和文件夹的两个应用程序，其功能相同，利用这两个应用程序可以显示文件夹的结构和文件的详细信息、启动程序、打开文件、查找文件、复制文件以及直接访问 Internet，用户可以根据自身的习惯和要求选择使用这两个应用程序。

1. 文件和文件夹的基本概念

文件是一组相关信息的集合，任何程序和数据都是以文件的形式存放在计算机的外存储器上，通常存放在磁盘上。在计算机中，文本文档、电子表格、数字图片，视频等都属于文件。任何一个文件都必须具有文件名，文件名是存取文件的依据，也就是说计算机的文件是按名存取的。

文件夹是在磁盘上组织程序和文档的一种手段，它既可包含文件，也可包含其他文件夹。文件夹中包含的文件夹通常称为"子文件夹"。

文件名由主文件名和扩展名组成，Windows 7 支持的长文件名最多为 255 个字符。

2. Windows 7 文件和文件夹命名规则

1）在文件或文件夹名中，最多可用 255 个字符，其中包含驱动器名、路径名、主文件名和扩展名四个部分。

2）通常，每个文件都有三个字符的文件扩展名，用以标识文件的类型，常用文件扩展名见表 2-1。

表 2-1　常用文件扩展名

扩展名	文件类型	扩展名	文件类型
.exe	二进制码可执行文件	.bmp	位图文件
.txt	文本文件	.tif	TIF 格式图形文件
.sys	系统文件	.html	超文本多媒体语言文件
.bat	批处理文件	.zip	ZIP 格式压缩文件
.ini	Windows 配置文件	.arj	ARJ 格式压缩文件
.wri	写字板文件	.wav	声音文件
.doc	Word 文档文件	.au	声音文件
.bin	二进制码文件	.dat	VCD 播放文件
.cpp	C++语言源程序文件	.mpg	MPG 格式压缩移动图形文件

文件名或文件夹名中不能出现以下字符：

\ / : * ? " < > |

3. 文件和文件夹图标

计算机使用图标表示文件、文件夹。通过图标可看出文件的种类。要打开文件或程序，双击该图标即可。

如图 2-27 所示分别是驱动器图标、文件夹图标、系统文件图标、应用程序图标、Word 文档图标和快捷方式图标。

图 2-27　图标示例

2.5.2　系统文件夹

所谓系统目录是指操作系统的主要文件存放的目录，是系统把每个文件的文件名及其相关信息，如文件长度、文件建立时间和日期等集中起来所形成的一张表格。文件目录存放在目录区，文件的内容另外存放在数据区，每一个文件的目录都有一项用来指向此文件的数据在数据区的位置。这样，在文件目录中查找文件比在整个磁盘上查找速度快得多。目录中的文件直接影响到系统是否正常工作，了解这些目录的功能，对使用系统会有很大的帮助。

系统文件是计算机上运行 Windows 所必需的任意文件。系统文件通常位于"Windows"文件夹或"Program Files"文件夹中。默认情况下，系统文件是隐藏的，并且用户不应通过重命名、移动或删除系统文件来更改系统文件，因为这样做会使计算机无法正常工作。隐藏系统文件可以保护好系统必需的这些文件以免用户误删。如果用户需要查看这些系统文件，可以通过文件夹所在的对话框中选择"工具"菜单，从中选择"文件夹选项"可以显示隐藏的文件。如果硬盘上有不需要的系统文件，可以使用磁盘清理将这些文件安全地删除。

如果需要更改系统，则应使用专为更改系统而设计的工具。例如，若要从计算机删除程序，请使用控制面板中的"程序和功能"进行程序的删除。下面介绍 Windows 7 系统中系统盘 C 下常见的主要系统文件。

1）Users 文件夹：用户文件夹，里面包括了各个用户系统缺省登录时的桌面文件和开始菜单的内容，主要有每个用户对应一个目录，包括开始菜单、桌面、收藏夹、我的文档等。如在 Users 文件夹下的 Administrator 文件夹，展开后可以看到管理员用户的一些文件。

2）Program Files 文件夹：系统程序和用户自己安装的应用程序文件夹。所有安装到 C 盘的系统程序默认形成的文件夹，用户安装的程序默认安装的该文件夹中，但用户可以更改自己安装程序的文件夹。

3）Windows 文件夹：系统文件夹，操作系统所有基本程序和文件都在系统文件夹中。如在 Windows 文件夹下的 Fonts 文件夹是字体文件夹。在这个目录中可以添加删除字体文件，也可以删除一些不必要的文件而减少系统占用硬盘的空间。Help 文件夹，即帮助文件的文件夹，Windows 有个好处就是有详细的帮助文件，这个目录里面就包括很多帮助文件，遇到问题多看看帮助文件，对用户会有很大的帮助。System 文件夹，即系统文件夹，用来存放系统虚拟设备文件，系统中的重要文件都放在这个目录下，同时在安装新软件时也会向这个目录中拷贝文件。由于这里面很多文件是多个软件公用的，在删除软件时提示要删除这个目录中的文件最好选择不要删除 System32 文件夹。存放 Windows 的系统文件和硬件驱动程序，同样也是很重要的，在对里面的文件进行删减时也要特别注意。

2.5.3　设置文件和文件夹

文件是用户赋予了名字并存储在磁盘上的信息的集合，它可以是用户创建的文档，也可以是可执行的应用程序或一张图片、一段声音等。文件夹是系统组织和管理文件的一种形式，是为方便用户查找、维护和存储而设置的，用户可以将文件分门别类地存放在不同的文件夹中。

1. 创建新文件夹

用户可以创建新的文件夹来存放具有相同类型或相近形式的文件，创建新文件夹可通过下列操作步骤完成：

1）双击"计算机"图标，打开"计算机"窗格。

2）在其左侧选择需要创建新建文件夹的磁盘，打开该磁盘或库。

3）选择"文件"｜"新建"｜"文件夹"命令，或单击右键，在弹出的快捷菜单中选择"新建"｜"文件夹"命令即可新建一个文件夹，如图 2-28 所示。

4）在新建的文件夹名称文本框中输入文件夹的名称，单击 Enter 键即可。

2. 移动和复制文件或文件夹

移动和复制文件或文件夹的操作步骤如下：

1）选择要进行移动或复制的文件或文件夹。

2）选择"编辑"｜"剪切"｜"复制"命令，或右击，在弹出的快捷菜单中选择"剪切"｜"复制"命令。

3）选择目标位置。

4）选择"编辑"｜"粘贴"命令，或右击，在弹出的快捷菜单中选择"粘贴"命令即可。

5）若需将文件移动至移动磁盘，右击文件在出现的快捷菜单中选择"发送到"命令，选择"新加卷（H:）"即可，如图 2-29 所示。

图 2-28　新建文件夹

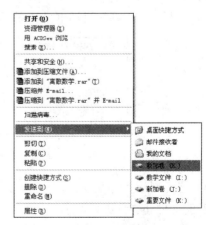

图 2-29　移动文件夹

3. 重命名文件或文件夹

重命名文件或文件夹的具体操作步骤如下：

1）选择要重命名的文件或文件夹。

2）选择"文件"｜"重命名"命令，或右击，在弹出的快捷菜单中选择"重命名"命令。

3）这时文件或文件夹的名称将处于可编辑状态（蓝色反白显示），用户可直接键入新的名称进行重命名操作。

4. 删除文件或文件夹

删除文件或文件夹的操作如下：

1）选定要删除的文件或文件夹。若要选定多个相邻的文件或文件夹，可按 Shift 键进行选择或直接用鼠标拉动选择；若要选定多个不相邻的文件或文件夹，可按 Ctrl 键逐一进行选择。

2）选择"文件"｜"删除"命令，或右击，在弹出的快捷菜单中选择"删除"命令，用户也可以选中文件夹在键盘上单击 Delete 键进行删除，此种的删除方式只是将文件夹或文件放入到桌面上的"回收站"中，仍然占用磁盘空间，如果要永久删除可以使用 Shift ＋ Delete 组合键进行删除。

3）进行删除的操作后，会弹出"确认文件删除"或"确认文件夹删除"对话框。

4）若确认要删除该文件或文件夹，可单击"是"按钮；若不删除该文件或文件夹，可单击"否"按钮。

5. 删除或还原"回收站"中的文件或文件夹

"回收站"为用户提供了一个安全的删除文件或文件夹的解决方案，用户从硬盘中删除文件或文件夹时，Windows 7 会将其自动放入"回收站"中，直到用户将其清空或还原到原位置。删除或还原"回收站"中文件或文件夹的操作步骤如下：

1）双击桌面上的"回收站"图标。

2）打开"回收站"对话框，如图 2-30 所示。

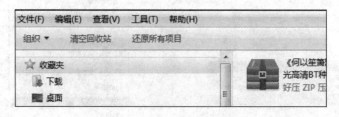

图 2-30　"回收站"对话框

3）若要删除"回收站"中所有的文件和文件夹，可单击"清空回收站"命令；若要还原所有的文件和文件夹，可选中全部文件，单击"文件"选项中的"还原"命令。如果在"回收站"中选择删除文件将会永久删除该文件。

6. 更改文件或文件夹属性

如果用户想把自己的文件隐藏起来，可以修改文件的属性。文件或文件夹包含两种属性：只读和隐藏。

更改文件或文件夹属性的操作步骤如下：

1）选中要更改属性的文件或文件夹。

2）选择"文件"｜"属性"命令，或右击，在弹出的快捷菜单中选择"属性"命令，打开"属性"对话框。

3）选择"常规"选项卡，如图 2-31 所示。

4）在该选项卡的"属性"选项组中选定需要的属性复选框。

5）单击"确定"按钮，将弹出"确认属性更改"对话框，如图 2-32 所示。

6）在该对话框中可选择"仅将更改应用于该文件夹"或"将更改应用于该文件夹、子文件夹和文件"选项，单击"确定"按钮即可关闭该对话框。

7）在"常规"选项卡中，单击"确定"按钮即可应用该属性。

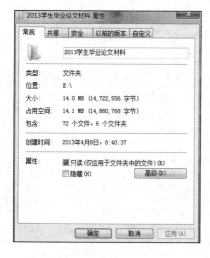

图 2-31　"常规"选项卡

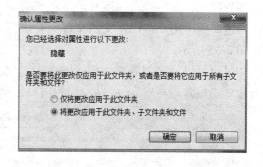

图 2-32　"确认属性更改"对话框

7. 设置共享文件夹

在局域网中，用户可以分享其他用户的文件，也可以让其他用户分享自己的文件，只需要对文件进行共享设置即可。设置用户共享文件夹的操作如下：

1）选定要设置共享的文件夹。

2）在对话框的左上角有"共享"选项，或右击，在弹出的快捷菜单中选择"共享"命令。也可以在下拉菜单中选择相应的命令，其中"家庭组（读取/写入）"可以使家庭组其他用户读取并修改用户共享的文件夹，如图 2-33 所示。

8. 认识"文件夹选项"对话框

打开"文件夹选项"对话框的步骤如下：

1）单击"开始"按钮，选择"计算机"命令。

2）打开"计算机"对话框，在对话框的左上方的"工具"选项中可以看到"文件夹选项"，单击打开，如图 2-34 所示。

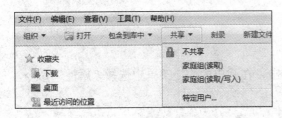

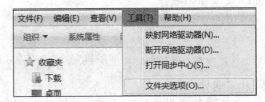

图 2-33　设置共享文件夹　　　　　　图 2-34　"计算机"对话框中的"工具"选项

3）打开"文件夹选项"对话框，可以对文件夹进行设置，如隐藏文件夹，可以在打开的"文件夹选项"对话框中选择第二个项目"查看"，下列菜单可以看到"隐藏文件和文件夹"命令，通过选择隐藏或显示来设置文件夹。

9. "库"管理

Windows 7 系统中的"库"，全名叫"程序库（library）"，可以收集不同位置的文件，并将其显示为一个集合，而无须从其存储位置移动这些文件，其优点是按类型查找文件非常方便。新装 Windows 7 系统后，默认四个库（文档、音乐、图片和视频），当用户安装了一些程序后，某些视频、图片或下载工具会被系统发现而添加到库中，当然用户还可以自己新建库用于用户自己定义的文件集合。打开计算机，就可以看到在对话框左侧的"库"，如图 2-35 所示。

用户可以将文件添加到相应的库中以便查看，方法是鼠标右键单击选择的文件夹，单击命令"包含到库中"，可以添加到用户想添加的库中，如图 2-36 所示。如果要删除库中

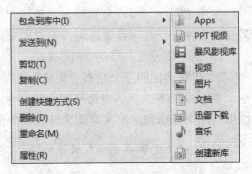

图 2-35　"库"管理界面　　　　　　　　图 2-36　文件添加到库

的项目，在该项目上右键单击找到"删除"命令，删除即可。在库中的每一种类型文件，用户可以按文件夹、日期和其他属性排列项目。库收集包含的文件夹或"库位置"中的内容默认保存位置确定将项目复制、移动或保存到库时的存储位置。

2.5.4　通配符

通配符是一类键盘字符，有星号（*）和问号（?）。

当查找文件夹时，可以使用它来代替一个或多个真正字符；当不知道真正字符或者不想输入完整名称时，常常使用通配符代替一个或多个真正字符。

1. 星号（*）

可以使用星号代替 0 个或多个字符。如果正在查找以 AEW 开头的一个文件，但不记得文件名其余部分，可以输入"AEW*"，查找以 AEW 开头的所有文件类型的文件，如 AEWT.txt、AEWU.EXE、AEWI.dll 等。要缩小范围可以输入"AEW*.txt"，查找以 AEW 开头的所有文件类型并以.txt 为扩展名的文件，如 AEWIP.txt、AEWDF.txt。如在计算机中搜索所有的 pdf 文档，单击"开始"，在"搜索"框中输入"*.pdf"，就可以查找计算机中所有的 pdf 格式文件，如图 2-37 所示。

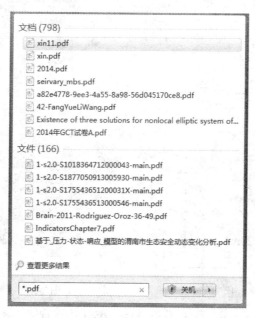

图 2-37　查找 pdf 文件

2. 问号（?）

可以使用问号代替一个字符。如果输入"love?"，查找以 love 开头的一个字符结尾文件类型的文件，如 lovey、lovei 等。要缩小范围可以输入"love?.doc"，查找以 love 开头的一个字符结尾文件类型并以.doc 为扩展名的文件，如 lovey.doc、loveh.doc。

通配符包括星号"*"和问号"?"：星号表示匹配的数量不受限制，而后者的匹配字

符数则受到限制。这个技巧主要用于英文搜索中，如输入"computer*"，就可以找到
"computer、computers、computerised、computerized"等单词，而输入"comp?ter"，则只能
找到"computer、compater、competer"等单词。

2.6 管理磁盘

2.6.1 格式化磁盘

对于新装的计算机或中过病毒的计算机，有时需要用户在使用前对硬盘格式化以还原
硬盘的本来属性，同时完全删除各种文件，特别是移动磁盘在使用前一定要进行格式化以
匹配当前使用的计算机系统。进行格式化磁盘的具体操作如下：

1）单击"计算机"图标，打开"计算机"对话框。

2）选择要进行格式化操作的磁盘，右击，在弹出的快捷菜单中选择"格式化"命令，
如图 2-38 所示。

3）打开"格式化"对话框，如图 2-39 所示。

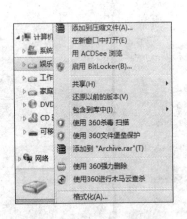

图 2-38　选择"格式化"命令

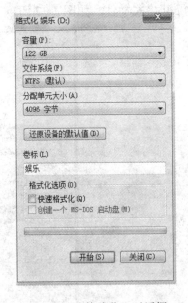

图 2-39　"格式化"对话框

4）若格式化的是硬盘，在"文件系统"下拉列表中可选择 NTFS 或 FAT32，在 Windows 7
系统中一般选择 NTFS 格式即可，在"分配单元大小"下拉列表中可选择要分配的单元大
小。若需要快速格式化，可选中"快速格式化"复选框。

5）单击"开始"按钮，弹出"格式化警告"对话框，若确认要进行格式化，单击"确
定"按钮即可开始进行格式化操作。

6）此时在"格式化"对话框中的"进程"框中可看到格式化的进程。

7）格式化完毕后，将出现"格式化完毕"对话框，单击"确定"按钮即可。

2.6.2 清理磁盘

使用磁盘清理程序可以帮助用户释放硬盘驱动器空间，删除临时文件、Internet 缓存文件和可以安全删除不需要的文件，腾出它们占用的系统资源，以提高系统性能。

执行磁盘清理程序的具体操作如下：

1）单击"开始"按钮，选择"所有程序"|"附件"|"系统工具"|"磁盘清理"命令。

2）打开"选择驱动器"对话框，如图 2-40 所示。

3）在该对话框中可选择要进行清理的驱动器。然后单击"确定"按钮可弹出该驱动器的"磁盘清理"对话框，选择"磁盘清理"选项卡，如图 2-41 所示。

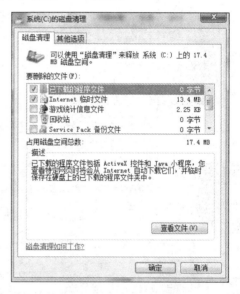

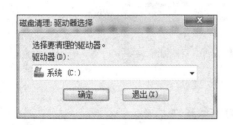

图 2-40 "选择驱动器"对话框   图 2-41 "磁盘清理"选项卡

4）单击"确定"按钮，将弹出"磁盘清理"确认删除对话框，单击"删除文件"按钮，弹出"磁盘清理"对话框。清理完毕后，该对话框将自动消失。

2.6.3 整理磁盘碎片

使用磁盘碎片整理程序可以重新安排文件在磁盘中的存储位置，将文件的存储位置整理到一起，同时合并可用空间，实现提高运行速度的目的。

运行磁盘碎片整理程序的具体操作如下：

1）单击"开始"按钮，选择"所有程序"|"附件"|"系统工具"|"磁盘碎片整理程序"命令，打开"磁盘碎片整理程序"对话框。

2）选择一个磁盘，单击"分析"按钮，系统即可分析该磁盘是否需要进行磁盘整理，并弹出是否需要进行磁盘碎片整理的"磁盘碎片整理程序"对话框，如图 2-42 所示。用户可以自己配置碎片整理计划，设定某一时间对磁盘进行整理，一般情况下，每周整理一次磁盘有助于提高硬盘的运行速度。

3）该对话框中显示了磁盘的卷标信息及最零碎的文件信息。单击"碎片整理"按钮，即可开始磁盘碎片整理程序，系统会以不同的颜色条来显示文件的零碎程度及碎片整理的进度。

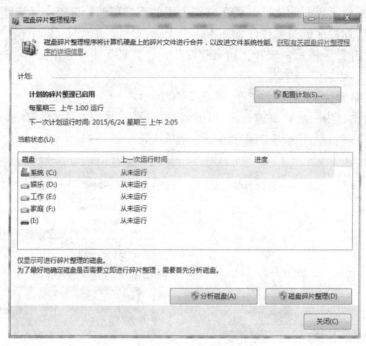

图 2-42　　"磁盘碎片整理程序"对话框

4）单击"确定"按钮，即可结束"磁盘碎片整理程序"。

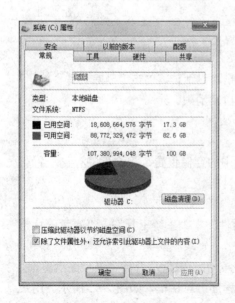

图 2-43　"常规"选项卡

2.6.4　查看磁盘属性

磁盘的常规属性包括磁盘的类型、文件系统、空间大小、卷标信息等，查看磁盘的常规属性可通过以下操作完成：

1）双击"计算机"图标，打开"计算机"对话框。

2）右击要查看属性的磁盘图标，在弹出的快捷菜单中选择"属性"命令。

3）打开"磁盘属性"对话框，选择"常规"选项卡，如图 2-43 所示。

磁盘的属性包括"常规""工具""硬件""共享""安全""以前的版本""配额"等选项，其中"工具"选项可以对磁盘进行"查错""磁盘整理""备份"等功能，磁盘的属性功能相比于以前的操作系统版本更加全面。

2.7　附　件　工　具

在 Windows 7 系统中有丰富的附件工具，以便用户处理一些简单的问题，本节将介绍用户经常用到的一些附件工具。

2.7.1　画图

"画图"程序是一个位图编辑器，可以对各种位图格式的图画进行编辑，用户可以自己绘制图画，也可以对扫描的图片进行编辑修改，在编辑完成后，可以以 BMP、JPEG、GIF、PNG 等格式存档，用户还可以发送到桌面和其他文本文档中。

1. 认识"画图"界面

当用户要使用画图工具时，可单击"开始"按钮，单击"所有程序"|"附件"|"画图"，这时用户可以进入"画图"界面，如图 2-44 所示为程序默认状态。

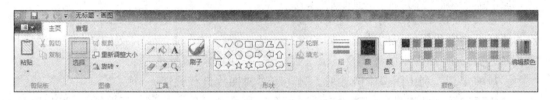

图 2-44　"画图"界面

"画图"程序界面主要包括以下几部分：

· 标题栏：标题栏标明了用户正在使用的程序和正在编辑的文件。主要包含有文件、主页、查看等菜单，其工作界面和 Word 2010 相似。

· 文件（图标■▼）：此区域提供了用户在操作时要用到的各种命令。在"文件"菜单中，用户可以选择"新建""打开""保存""另存为""打印""属性"等操作命令，如"另存为"命令，在完成画图后，用户可以按照某一种格式保存自己的作品。

· 主页：它包含了常用的绘图工具、颜色和图像选择框等，为用户提供多种选择。

· 状态栏：它的内容随光标的移动而改变，标明了当前鼠标所处位置的信息，主要显示像素、显示比例等信息。

· 绘图区：处于整个界面的中间，为用户提供画布。

2. 页面设置

在用户使用画图程序之前，首先要根据自己的实际需要进行画布的选择，也就是要进行页面设置，确定所要绘制的图画大小以及各种具体的格式。用户可以通过选择"文件"（单击文件图标■▼）菜单中的"打印"|"页面设置"命令来实现，如图 2-45 所示。

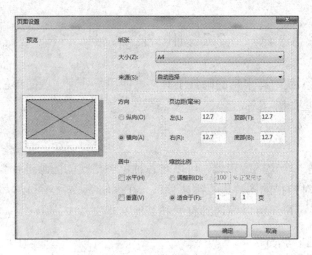

图 2-45　　"画图"页面设置

3. 使用主页

　　在主页中的"工具"为用户提供了多种常用的工具，当每选择一种工具时，在下面的辅助选择框中会出现相应的信息，如当选择"放大镜"工具时会显示放大的比例，当选择"刷子"工具时会出现刷子大小及显示方式的选项，用户可自行选择。

　　·裁剪工具：利用图像中的裁剪工具，可以对图片进行裁切。

　　·选择工具：此工具用于选中对象，使用时单击此按钮，拖动鼠标左键，可以拉出一个矩形选区对所要操作的对象进行选择，用户可对选中范围内的对象进行复制、移动、剪切等操作。选择的形状可以是默认的矩形框，也可以是用户自己随意设置的形状。

　　·橡皮工具：用于擦除绘图中不需要的部分，用户可根据要擦除的对象范围大小，来选择合适的橡皮擦，橡皮工具根据后背景而变化，当用户改变其背景色时，橡皮会转换为绘图工具，类似于刷子的功能。

　　·填充工具：运用此工具可在一个选区内进行颜色的填充，来达到不同的表现效果。用户可以从颜料盒中进行颜色的选择，选定某种颜色后，单击改变前景色，右击改变背景色。在填充时，一定要在封闭的范围内进行，否则整个画布的颜色会发生改变，达不到预想的效果，在填充对象上单击填充前景色，右击填充背景色。

　　·取色工具：此工具的功能等同于在颜料盒中进行颜色的选择。运用此工具时可单击该工具按钮，在要操作的对象上单击，颜料盒中的前景色随之改变；若对其右击，则背景色会发生相应的改变；当用户需要对两个对象进行相同颜色填充，而此时前、背景色的颜色已经调乱时，可采用此工具，能保证其颜色的绝对相同。

　　·放大镜工具：当用户需要对某一区域进行详细观察时，可以使用放大镜进行放大，选择此工具按钮，绘图区会出现一个矩形选区，选择所要观察的对象，单击即可放大，再次单击回到原来的状态，用户可以在辅助选框中选择放大的比例。

　　·铅笔工具：此工具用于不规则线条的绘制，直接选择该工具按钮即可使用，线条的颜色依前景色而改变，可通过改变前景色来改变线条的颜色。

　　·刷子工具：使用此工具可绘制不规则的图形，使用时单击该工具按钮，在绘图区按下左键拖动即可绘制显示前景色的图画，按下右键拖动可绘制显示背景色的图画。用户可以根据需要选择不同的笔刷粗细及形状。

- 喷枪工具：使用喷枪工具能产生喷绘的效果，选择好颜色后，单击此按钮，即可进行喷绘，在喷绘点上停留的时间越久，其浓度越大，反之，浓度越小。

- 文字工具：用户可采用文字工具在图画中加入文字，单击此按钮，出现一个文本框，单击文本框会出现"文本工具"菜单，用户在文字输入框内输完文字并且选择后，可以设置文字的字体、字号，给文字加粗、倾斜、加下划线、设置颜色、改变文字的显示方向等，如图 2-46 所示。

- 直线工具 ＼：在主页下的"形状"选项中，此工具用于直线线条的绘制，先选择所需要的颜色以及在辅助选择框中选择合适的宽度，单击直线工具按钮，拖动鼠标至所需要的位置再松开，即可得到直线，在拖动的过程中同时按 Shift 键，可起到约束的作用，这样可以画出水平线、垂直线或与水平线成 45° 的线条。

- 曲线工具 ⟨：在主页下的"形状"选项中，此工具用于曲线线条的绘制，先选择好线条的颜色及宽度，然后单击曲线按钮，拖动鼠标至所需要的位置再松开，然后在线条上选择一点，移动鼠标则线条会随之变化，调整至合适的弧度即可。

- 矩形工具 ▭、椭圆工具 ⬭、圆角矩形工具 ▢：在主页下的"形状"选项中，这三种工具的应用基本相同。当单击工具按钮后，在绘图区直接拖动即可拉出相应的图形，在其辅助选择框中有三种选项，包括以前景色为边框的图形、以前景色为边框背景色填充的图形、以前景色填充没有边框的图形，在拉动鼠标的同时按 Shift 键，可以分别得到正方形、正圆、正圆角矩形工具。

- 多边形工具 ◿：在主页下的"形状"选项中，利用此工具用户可以绘制多边形，选定颜色后，单击工具按钮，在绘图区拖动鼠标左键，当需要弯曲时松开手，如此反复，到最后时双击鼠标，即可得到相应的多边形。

4. 图像的编辑

在画图工具栏的"主页"菜单中，用户可对图像进行简单的编辑，如对图片进行旋转、设置颜色等。

1）在主页中的"图像"选项中，选择"旋转"，打开对话框，会出现 5 种旋转方式，用户可以根据自己的需要进行选择，如图 2-47 所示。

图 2-46　文本工具

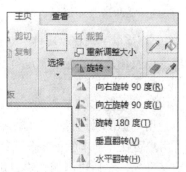

图 2-47　"翻转和旋转"对话框

2）在主页中的"图像"选项中，选择"重新调整大小"，打开"调整大小和扭曲"对话框，用户可以选择水平和垂直方向拉伸的比例和扭曲的角度，如图 2-48 所示。

3）图像的反色是编辑图像的一种常用工具。在画图界面中的画布上，鼠标右键单击图片，会出现画图的快捷菜单，选择"反色"命令，图形即可呈反色显示，如图 2-49 所示。图 2-50 和图 2-51 是执行"反色"命令前后的两幅对比图。

图 2-48 "调整大小和扭曲"对话框

图 2-49 编辑命令

图 2-50 "反色"前

图 2-51 "反色"后

4）在文件菜单下选择"属性"对话框，显示保存过的文件属性，包括保存的时间、大小、分辨率以及图片的高度、宽度等，用户可在"单位"选项组下选用不同的单位进行查看，如图 2-52 所示。

生活中的颜色是多种多样的，颜料盒提供的色彩也许远远不能满足用户的需要，"颜色"菜单为用户提供了选择的空间，执行"颜色"|"编辑颜色"命令，弹出"编辑颜色"对话框，用户可在"基本颜色"选项组中进行色彩的选择，也可以单击"规定自定义颜色"按钮自定义颜色，然后再添加到"自定义颜色"选项组中，如图 2-53 所示。

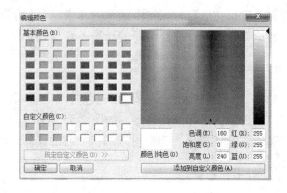

图 2-52　"属性"对话框　　　　　　　图 2-53　"颜色编辑"对话框

2.7.2　记事本

记事本用于纯文本文档的编辑，适于编写一些篇幅短小的文件，由于它使用方便、快捷，应用也较多，如一些程序的 READ ME 文件以及网页的源代码文件通常是以记事本的形式打开的。

启动记事本时，用户可通过以下步骤来操作：

单击"开始"按钮，选择"所有程序"|"附件"|"记事本"命令，即可启动记事本，如图 2-54 所示。在记事本中，用户可以对文字进行删除和添加，在"格式"选项中用户还可以对文字的大小、字体等进行设置，在"编辑"选项中可以对文字进行查找和替换等操作。

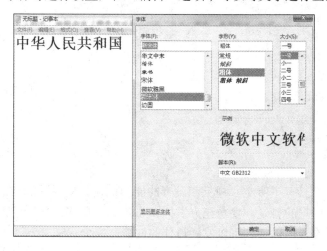

图 2-54　记事本

为了适应不同用户的阅读习惯，在记事本中可以改变文字的阅读顺序，在工作区域鼠标右击，弹出快捷菜单，选择"从右到左的阅读顺序"，则全文的内容都移到了工作区的右侧。

2.7.3　计算器

计算器可以帮助用户完成一些数据的运算，可分为标准计算器和科学计算器两种。标准计算器可以完成日常工作中简单的算术运算,科学计算器可以完成较为复杂的科学运算,如函数运算等,但计算器运算的结果不能保存。

1. 标准计算器

单击"开始"按钮,选择"所有程序"|"附件"|"计算器"命令,即可打开"计算器"窗口,系统默认为标准计算器,如图 2-55 所示。计算器窗口包括标题栏、菜单栏、数字显示区和工作区 4 部分。其使用方法和一般的计算器一样。

2. 科学计算器

当用户需要进行较为复杂的科学运算时,可以在计算器的菜单中选择"查看"|"科学型"命令,弹出科学计算器的窗口,如图 2-56 所示。

科学计算器可以进行函数的运算,使用时要先确定运算的单位,在数字区输入数值,然后选择函数运算符,再单击"="按钮,即可得到结果。

图 2-55　标准计算器　　　　　　　　　　图 2-56　科学计算器

2.8 多　媒　体

多媒体使计算机具有了听觉、视觉和发音的能力,使其变得更加亲切自然、更具人性化,赢得了大多数用户的喜爱。要想充分发挥 Windows 7 的多媒体功能,用户需要先对各种多媒体设备进行设置,以使其可以发挥最佳的性能。

2.8.1　设置声音和音频设备

设置声音和音频设备的音频、语声、声音及硬件等可通过以下操作完成:

1)单击"开始"按钮,选择"控制面板"命令,打开"控制面板"对话框。

2)单击"声音"图标,打开"声音"设置的对话框,选择"播放"选项卡,如图 2-57 所示。选中出现的扬声器设备,单击"配置"可以对扬声器的声道进行设置。

3)选择"声音"选项卡。在该选项卡中的"声音方案"下拉列表中可选择一种声音方案。在"程序事件"列表框中将显示该声音方案的各种程序事件声音。选择一种程序事件声音，单击"浏览"按钮，可为该程序事件选择另一种声音。单击"应用"按钮，即可应用设置。

图 2-57　"音量"选项卡

4）选择"录制"选项卡。在该选项卡中选中"麦克风"，可以对录制时需要的"麦克风"的属性进行设置，单击"属性"便可以打开"麦克风属性"的对话框，可以在"常规""侦听""级别""增强""高级"中对其进行设置。设置完毕后，单击"确定"按钮即可应用设置。

2.8.2　使用 Windows Media Player

使用 Windows Media Player 可以播放、编辑和嵌入多种多媒体文件，包括视频、音频和动画文件。Windows Media Player 不仅可以播放本地的多媒体文件，还可以播放来自 Internet 的流式媒体文件。

1．播放多媒体文件、CD 唱片

使用 Windows Media Player 播放多媒体文件、CD 唱片的操作步骤如下：

1）单击"开始"按钮，选择"所有程序"｜"Windows Media Player"命令，打开"Windows Media Player"窗口，如图 2-58 所示。

2）若要播放本地磁盘上的多媒体文件，可选择"组织"｜"管理媒体库"命令，将所要播放的音乐、视频、图片等添加到媒体库对应的文件夹中。然后，在媒体播放器的左侧信息栏中，单击对应的项目，就可以选择所要播放的媒体文件。用户还可以自定义播放列表，将自己需要的媒体文件设定在某一确定的播放列表中，下次打开时方便使用。

2．自定义导航窗格

Windows Media Player 界面下选择"组织"｜"管理媒体库"命令，可以将各类型的多媒体进行显示项的设置，以便用户查看。如在"音乐"下的"艺术家"选项前选择，确定后，在 Windows Media Player 界面的"音乐"选项下就会出现"艺术家"分类，用户可

以根据"艺术家"选择需要的音乐,"视频""图片"等也可以进行相似的设置,其主要特征类似于"库"管理,使用方便,如图 2-59 所示。

图 2-58　Windows Media Player 窗口　　　　　图 2-59　自定义导航窗格

3. 媒体的输入与输出

如果用户需要将光盘或 U 盘上的多媒体文件拷贝到计算机上时,利用 Windows Media Player 可以将文件直接复制到用户设定的多媒体库中。如果计算机带有可读写的刻录光驱,用户还可以将计算机上的多媒体文件刻录到光盘上。如利用 Windows Media Player 复制光盘上的音乐到本地磁盘中,执行以下操作:

1)打开 Windows Media Player。

2)将要复制的音乐 CD 盘放入 CD-ROM 中。

3)单击"我的光盘"按钮,打开该 CD 的曲目库。

4)清除不需要复制的曲目库的复选标记。

5)单击"复制音乐"按钮,即可开始进行复制。

6)复制完毕后,单击"媒体库"按钮,即可看到所复制的曲目及其详细信息。

7)选择一个曲目,单击"播放"按钮或右击,在弹出的快捷菜单中选择播放,即可播放该曲目,也可在弹出的快捷菜单中选择将其添加到播放列表中,或将其删除。

将曲目添加到播放列表的操作步骤如下:

1)单击"媒体库"按钮,打开 Windows Media Player 媒体库。

2)单击"选择新建播放列表"按钮,弹出"新建播放列表"对话框。

3)在"输入新播放列表名称"文本框中可输入新建的播放列表的名称,单击"确定"按钮即可。

4)选中要添加到播放列表中的曲目,单击"添加到播放列表"按钮,在其下拉列表中选择要添加到的播放列表即可。

2.9　个性化工作环境

2.9.1　设置快捷方式

设置快捷方式包括设置桌面快捷方式和设置快捷键两种方式。设置桌面快捷方式就是在桌面上建立各种应用程序、文件、文件夹、打印机或网络中的计算机等快捷方式图标，通过双击该快捷方式图标，即可快速打开该项目。设置快捷键就是设置各种应用程序、文件、文件夹、打印机等快捷键，通过按该快捷键，即可快速打开该项目。

1. 创建桌面快捷方式

用户可以为一些经常使用的应用程序、文件、文件夹、打印机或网络中的计算机等创建桌面快捷方式，这样在需要打开这些项目时，就可以通过双击桌面快捷方式快速打开了。

设置桌面快捷方式的具体操作如下：

1）单击"开始"按钮，选择"所有程序" | "附件" | "Windows 资源管理器"命令，打开"Windows 资源管理器"。

2）选定要创建快捷方式的应用程序、文件、文件夹、打印机或计算机等。

3）选择"文件" | "创建快捷方式"命令，或右击，在打开的快捷菜单中选择"创建快捷方式"命令，即可创建该项目的快捷方式。

4）将该项目的快捷方式拖到桌面上即可，如 Word 2010 的快捷方式图标为 。

若单击"开始"按钮，在"所有程序"子菜单中有用户要创建桌面快捷方式的应用程序，也可以用右键单击该应用程序，在弹出的快捷菜单中选择"创建快捷方式"命令，系统会将创建的快捷方式添加到"所有程序"子菜单中，或单击"发送到" | "桌面快捷方式"，系统会自动将该程序的快捷方式添加到桌面上。将该快捷方式拖到桌面上也可创建该应用程序的桌面快捷方式。

2. 设置快捷键

在创建了桌面快捷方式之后，用户还可以为快捷方式设置快捷键。用户在打开这些项目时，只需直接按快捷键就可以快速打开了。

设置快捷键的具体操作如下：

1）右击要设置快捷键的项目。

2）在弹出的快捷菜单中选择"属性"命令，打开"属性"对话框。

3）选择"快捷方式"选项卡，如图 2-60 所示。

4）在该选项卡中的快捷键文本框中直接按所要设定的快捷键即可。例如，要设定快捷键为 Ctrl＋Num6，可先单击该文本框，然后直接按 Ctrl 键和数字键盘区中的 6 键即可。

5）设置完毕后，单击"应用"和"确定"按钮即可。

图 2-60　"快捷方式"选项卡

2.9.2　调整鼠标和键盘

鼠标和键盘是操作计算机过程中使用较频繁的设备之一，几乎所有的操作要用到鼠标和键盘。在安装 Windows 7 时，系统已自动对鼠标和键盘进行过设置，但这种默认的设置可能并不符合用户个人的使用习惯，这时用户可以按个人的喜好对鼠标和键盘进行一些调整。

1．调整鼠标

调整鼠标的具体操作如下：

1）单击"开始"按钮，选择"控制面板"命令，打开"控制面板"对话框。

2）双击打开"鼠标"图标，即可打开"鼠标属性"对话框，选择"鼠标键"选项卡，如图 2-61 所示。

3）在该选项卡中，"鼠标键配置"选项组中，系统默认左边的键为主要键，若选中"切换主要和次要的按钮"复选框，则设置右边的键为主要键；在"双击速度"选项组中拖动滑块可调整鼠标的双击速度，双击旁边的文件夹可检验设置的速度；在"单击锁定"选项组中，若选中"启用单击锁定"复选框，则可以在移动项目时不用一直按着鼠标键就可实现，单击"设置"按钮，在弹出的"单击锁定的设置"对话框中可调整实现单击锁定需要按鼠标键或轨迹球按钮的时间，如图 2-62 所示。

4）选择"指针"选项卡，如图 2-63 所示。

在该选项卡中，"方案"下拉列表中提供了多种鼠标指针的显示方案，用户可以选择一种喜欢的鼠标指针方案；在"自定义"列表框中显示了该方案中鼠标指针在各种状态下显示的样式，若用户对某种样式不满意，单击"浏览"按钮，打开"浏览"对话框，如图 2-64 所示，在系统的文件夹内，有很多种类型的指针图形，用户可以选择自己喜欢的类型。

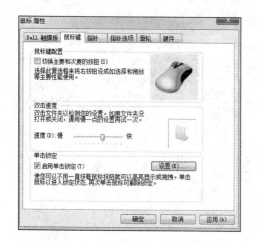

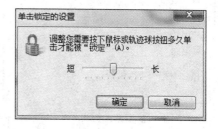

图 2-61　"鼠标"选项卡　　　　　　图 2-62　"单击锁定的设置"对话框

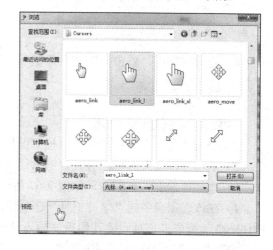

图 2-63　"指针"选项卡　　　　　　图 2-64　"浏览"对话框

在该对话框中选择一种喜欢的鼠标指针样式，单击"打开"按钮，即可将所选样式应用到所选鼠标指针方案中。如果希望鼠标指针带阴影，可选中"启用指针阴影"复选框。

5）选择"指针选项"选项卡，如图 2-65 所示。

在该选项卡中，在"移动"选项组中可拖动滑块调整鼠标指针的移动速度；在"对齐"选项组中，选中"自动将指针移动到对话框中的默认按钮"复选框，则在打开对话框时，鼠标指针会自动放在默认按钮上；在"可见性"选项组中，若选中"显示指针轨迹"复选框，则在移动鼠标指针时会显示指针的移动轨迹，拖动滑块可调整轨迹的长短，若选中"在打字时隐藏指针"复选框，则在输入文字时将隐藏鼠标指针，若选中"当按 Ctrl 键时显示指针的位置"复选框，则按 Ctrl 键时会以同心圆的方式显示指针的位置。

6）选择"滑轮"选项卡，用户可以对鼠标上的滑轮进行设置，以方便使用。

7）选择"硬件"选项卡，如图 2-66 所示。

在该选项卡中，显示了设备的名称、类型及属性。单击"疑难解答"按钮，可打开"帮助和支持服务"对话框，在此对话框中用户可得到有关问题的帮助信息，单击"属性"按钮，可打开"鼠标设备属性"对话框，在该对话框中，显示了当前鼠标的常规、详细信息和驱动程序等信息。

图 2-65 "指针选项"选项卡

图 2-66 "硬件"选项卡

8）设置完毕后，单击"确定"按钮即可。

2. 调整键盘

调整键盘的操作步骤如下：

1）单击"开始"按钮，选择"控制面板"命令。

2）双击"键盘"图标，打开"键盘属性"对话框。

3）选择"速度"选项卡，如图 2-67 所示。

4）在该选项卡中的"字符重复"选项组中，拖动"重复延迟"滑块，可调整在键盘上按住一个键需要多长时间才开始重复输入该键，拖动"重复速度"滑块，可调整输入重复字符的速率；在"光标闪烁速度"选项组中，拖动滑块，可调整光标的闪烁速度。

5）单击"应用"按钮，即可应用所选设置。

6）选择"硬件"选项卡，如图 2-68 所示。

图 2-67 "速度"选项卡

图 2-68 "硬件"选项卡

7）在该选项卡中显示了所用键盘的硬件信息，如设备的名称、类型、制造商、位置及设备状态等。单击"属性"按钮，可打开"键盘属性"对话框，如图 2-69 所示。

图 2-69　"键盘属性"对话框

在该对话框中可查看键盘的常规设备属性、驱动程序的详细信息、更新驱动程序、回滚驱动程序、卸载驱动程序等。

8）设置完毕后，单击"确定"按钮即可。

2.9.3　设置桌面背景及屏幕保护

桌面背景就是用户打开计算机进入 Windows 7 操作系统后，所出现的桌面背景颜色或图片。屏幕保护是为了保护显示器而设计的一种专门的程序，若设置了屏幕保护，如果在一段时间内不使用计算机，系统会自动启动屏幕保护程序。

1．设置桌面背景

用户可以选择单一的颜色作为桌面的背景，也可以选择类型为 BMP、JPG、HTML 等的位图文件作为桌面的背景图片，Windows 7 系统支持多图片背景的动态背景设置。设置桌面背景的操作步骤如下：

1）右击桌面任意空白处，在弹出的快捷菜单中选择"个性化"命令，或单击"开始"按钮，选择"控制面板"命令，在弹出的"控制面板"对话框中双击"显示"图标。

2）打开"显示"对话框，单击该对话框左下角的"个性化"，在"个性化"对话框中，选择单击"桌面背景"，打开设置桌面背景的对话框，如图 2-70 所示。

3）在"背景"列表框中可选择一幅喜欢的背景图片，在选项卡中的显示器中将显示该图片作为背景图片的效果，也可以单击"浏览"按钮，在本地磁盘或网络中选择其他图片作为桌面背景。在"图片位置"下拉列表中有填充、适应、居中、平铺和拉伸等五种位置选项，可调整背景图片在桌面上的位置。若用户想用纯色作为桌面背景颜色，可在"Windows 桌面背景"的下拉列表中选择"纯色"，便可出现各种纯色的颜色，单击"其他"，用户可以自行设置喜欢的颜色作为纯色背景，选择好之后，单击"保存修改"即可。

4）设置幻灯片背景。在"桌面背景"选项组中，如果用户选择多张图片，设置成幻灯片式的桌面背景，在"桌面背景"选项组中的下方，用户可以看到"更改图片时间间隔"选项，在时间的文本框中，利用下拉菜单选择某一个时间间隔进行设置更改图片的间隔时间，还可以使幻灯片无序播放。

2. 设置屏幕保护

在实际使用中，若彩色屏幕的内容一直固定不变，间隔时间较长后可能会造成屏幕的损坏，因此若在一段时间内不使用计算机，可设置屏幕保护程序自动启动，以动态的画面显示屏幕，以保护屏幕不受损坏。

设置屏幕保护的操作步骤如下：

1）右击桌面任意空白处，在弹出的快捷菜单中选择"个性化"命令，或单击"开始"按钮，选择"控制面板"命令，在弹出的"控制面板"对话框中双击"显示"图标。

2）打开"显示"对话框，单击该对话框左下角的"个性化"，在"个性化"对话框中，选择"屏幕保护程序"，打开"屏幕保护程序设置"对话框，如图 2-71 所示。

3）在该选项卡的"屏幕保护程序"选项组中的下拉列表中选择一种屏幕保护程序，在选项卡的显示器中即可看到该屏幕保护程序的显示效果。单击"设置"按钮，可对该屏幕保护程序进行设置；单击"预览"按钮，可预览该屏幕保护程序的效果，移动鼠标或操作键盘即可结束预览屏幕保护程序；在"等待"文本框中可输入或调节微调按钮确定，若计算机长时间无人使用则启动该屏幕保护程序。

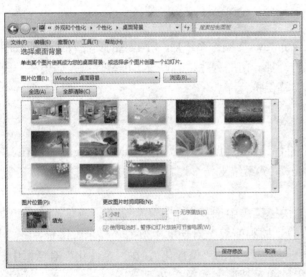

图 2-70　设置桌面背景

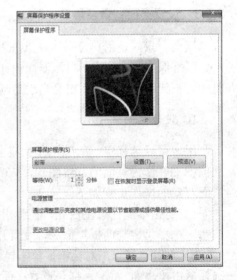

图 2-71　"屏幕保护程序"选项卡

2.9.4　使用任务计划

任务计划程序 MMC 管理单元可帮助用户计划在特定时间或在特定事件发生时执行操作的自动任务。该管理单元可以维护所有计划任务的库，从而提供了任务的组织视图以及用于管理这些任务的方便访问点。从该库中，用户可以运行、禁用、修改和删除任务。

任务计划程序用户界面（UI）是一个 MMC 管理单元，它取代了 Windows XP、Windows Server 2003 和 Windows 2000 中的计划任务浏览器扩展功能。

计划任务中涉及的两个主要概念是触发器和操作。触发器可以导致任务运行，而操作则是运行任务时执行的工作。任务可执行的操作包括运行程序、发送电子邮件以及显示消息框，还可以计划任务使之在指定时间运行。

创建任务计划的具体操作如下：

1）单击"开始"按钮，选择"所有程序"，打开"附件"｜"系统工具"选项。

2）单击"任务计划程序"图标，如图 2-72 所示，便可打开"任务计划程序"对话框，如图 2-73 所示。用户也可以在"控制面板"中选择"管理工具"选项，在该选项对话框中，双击打开"任务计划程序"对话框。

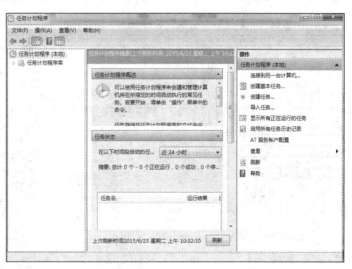

图 2-72　打开"任务计划程序"
　　　　对话框

图 2-73　"任务计划程序"对话框

3）在该对话框的右侧，单击"创建基本任务"，将弹出"创建基本任务向导"对话框，如图 2-74 所示。用户可以自行创建一个任务计划，在"名称"栏中输入计划名称，如输入"任务计划"，在"描述"栏中输入"休眠"，如图 2-74 所示。

4）单击"下一步"按钮，在弹出的"任务触发器"对话框中选定任务开始时间，单击"下一步"，可以在"每日"的对话框中选择合适的开始时间和时间间隔，如图 2-75 和图 2-76 所示。

5）设置完毕后，单击"下一步"按钮，打开"操作"对话框，如图 2-77 所示。选中"启动程序"。打开"浏览"，在打开的文件夹中选择所需要启动的程序（一般都是以.exe 结尾的应用程序），单击打开。

6）单击"下一步"按钮，出现"完成"对话框，单击下方的"完成"按钮，便可完成任务计划的设置，如图 2-78 所示。

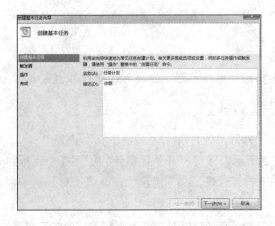

图 2-74　"创建基本任务"对话框

图 2-75　"任务触发器"对话框

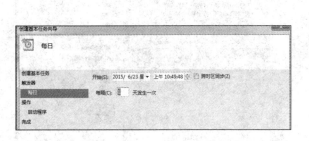

图 2-76　"任务计划向导"之一对话框

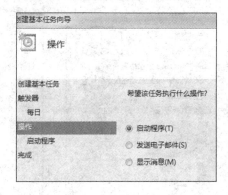

图 2-77　"任务计划向导"之二对话框

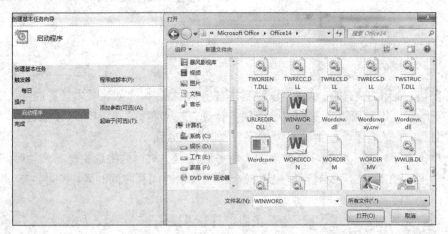

图 2-78　"任务计划向导"之三对话框

2.9.5　设置多用户使用环境

在实际生活中，多用户使用一台计算机的情况经常出现，而每个用户的个人设置和配置文件等均会有所不同，这时用户可进行多用户使用环境的设置。使用多用户使用环境设置后，不同用户用不同身份登录时，系统就会应用该用户身份的设置，而不会影响到其他用户的设置。

设置多用户使用环境的具体操作如下：

1）单击"开始"按钮，选择"控制面板"命令，打开"控制面板"对话框，如图 2-79 所示。

2）双击打开"用户帐户和家庭安全"图标，如图 2-80 所示。

图 2-79 "控制面板"对话框　　　　　　图 2-80 "用户帐户和家庭安全"对话框

3）在该对话框中的"用户帐户"选项组中可选择"更改帐户图片""添加或删除用户帐户""更改 Windows 密码"三种选项，选择"更改帐户图片"打开选项组可以选择一张新图片用于更改本帐户的图片。

4）若用户要进行用户帐户的更改，可单击"添加或删除用户帐户"命令，打开"管理帐户"的对话框，如图 2-81 所示。用户可以对已经添加好的帐户进行更改或创建一个新帐户，如果对管理员帐户进行修改，可以单击管理员图标，在打开的"更改帐户"对话框中，对该帐户进行名称、密码、图片和设置家长控制的设置，如图 2-82 所示。

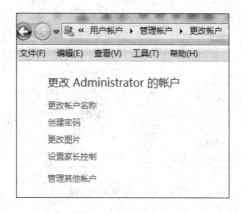

图 2-81 "管理帐户"对话框　　　　　　图 2-82 "更改帐户"对话框

5）单击"创建密码"可以对该帐户进行密码的设置。在显示的两个输入栏中分别输入两次设置的密码，并单击"创建密码"就可以成功设置密码，如图 2-83 所示。以该帐户登录的用户必须输入对应正确的密码才可以使用该帐户。

6）以管理员帐户登录系统后，可以创建新用户，在"管理用户"的对话框中，用户可选择"创建一个新帐户"，管理员就可以创建一个新的帐户，该用户可以设置成标准用户或管理员用户，如果是标准用户，权限是受管理员限制的，如果再设置一个管理员用户将和原有的管理员用户具有同等权限，一般情况下为保证计算机的系统安全，最好设置成标准帐户，如图 2-84 所示。输入新用户名之后，单击创建帐户，就可以添加一个新的标准用户，对该用户可以按照上文提到的方法进行密码等设置。

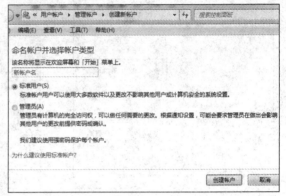

图 2-83　"创建密码"对话框　　　　　图 2-84　"用户帐户"之创建新帐户对话框

7）在管理员添加新帐户后，有必要对新帐户的行为进行控制，以保护计算机不受有害程序的访问。打开"控制面板"|"用户帐户"界面，如图 2-85 所示，单击"更改用户帐户控制设置"，打开该设置的对话框，可以选择在其他用户更改计算机设置时管理员的控制，一般选择第二种的"默认"情况，如图 2-86 所示。

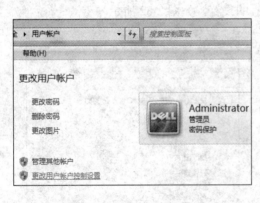
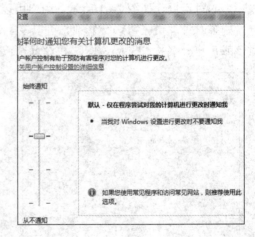

图 2-85　更改用户控制　　　　　　　图 2-86　更改用户控制设置通知

2.10　输入法使用简介

用户使用计算机，经常需要输入文字，如英文、简体中文，有时还需要输入繁体中文和其他国家的文字等，这就需要用户对 Windows 7 系统的输入法进行设置。在安装 Windows 7 时，系统会自动安装一些常见的输入法，如英文输入法、智能 ABC、微软拼音输入法等。有时为使用方便起见，除了已有的输入法之外，用户还可以安装其他的输入法，如常见的搜狗输入法和紫光拼音输入法、五笔输入法等。本节将介绍如何设置、添加和删除输入法，以及常见输入法的使用。

2.10.1　输入法设置

在 Windows 7 界面中，可以看到在右下角有一个键盘图标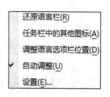，这就是输入法的默认图标。要对输入法进行设置，右键单击该图标，弹出如图 2-87 所示的对话框，单击"设置"弹出标题为"文字服务和输入语言"的输入法设置对话框，如图 2-88 所示。

在默认输入语言中，用户可以自行选择已经安装好的语言为默认语言，在不更换语言状态下，系统会自动使用该语言，一般默认设置成系统默认的语言即可。在已安装的服务选项中，用户可以看到已经安装的语言。如果用户不需要某种语言可以删除该类语言，如删除微软拼音输入法 3.0 版，选择该语言，单击在右边的"删除"按钮即可。如果需要添加新语言，可以单击"添加"按钮，在弹出的"添加输入语言"对话框中选择输入语言（一般选择中文）和输入法（可以添加的输入法一般是系统自带的），如图 2-89 所示。在输入法中，Windows 7 自带了多种国际语言，如果用户需要添加外国语言可以在下拉菜单中选择。

图 2-87　输入法对话框

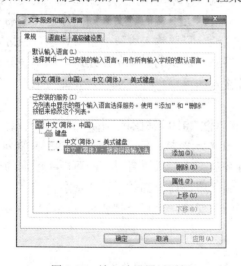

图 2-88　输入法设置对话框

图 2-89　"添加输入语言"对话框

打开"设置"后，单击在"文本服务和输入语言"选项中的语言栏，用户可以打开"语言栏设置"对话框进行设置，如图 2-90 所示。在"高级键设置"中，用户可以对输入法的常用键进行设置，比如在不同的输入语言之间切换的按键顺序默认为"左 Alt＋Shift"，可以改变按键方式，选择该项目，单击"更改按键顺序"即可更改，如图 2-91 所示。

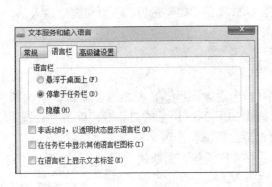

　　　　图 2-90　语言栏设置　　　　　　　　　　　　图 2-91　高级键设置

2.10.2　常见输入法简介

1. 微软拼音输入法

　　微软拼音输入法 2010 是 Windows 7 系统自带的中文输入法之一，其具有两种风格：简捷和新体验，其主要特点是：可以直接使用拼音输入汉字，用户只需要知道中文文字的拼音即可；具有智能处理文字输入功能，它会自动根据上下文的意义来判断输入文字的优先性；可以进行模糊输入，对于用户不太熟悉的词汇，只要输入大致的拼音首字母也可以找出该文字；可以进行简体和繁体的直接切换；遇到不认识的文字用户还可以用手写输入板将文字输入到手写板中来找到相应的文字；该输入法可以自动记录一台计算机上常用的词汇，并添加到词汇库中。

　　经过 Alt＋Shift 切换可以切换到微软拼音输入法 2010，其图标为 Ⓜ。打开该输入法后，用户可以对输入法进行设置，其主界面如图 2-92 所示，打开输入法后默认为中文输入法，用户可以通过拼音输入法输入文字，在输入拼音后会出现该拼音对应的可能字或词的横向列表，默认是五个字词，用户可以根据字词的顺序用键盘上的数字键选择所需的字词，也可以用鼠标选择所需的字词，如果第一个就是所需要的，可直接按空格键，就会将第一个字词输入到相应的位置。

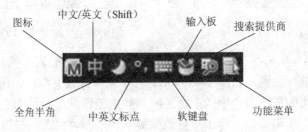

图 2-92　微软拼音输入法 2010 界面

　　如果需要输入英文，可以按 Shift 键切换到微软拼音的英文输入状态下，用户也可以不用切换而直接输入英文输入完后只要按回车键即可（不按空格键）。在中文输入状态下，如果需要输入英文的符号可以按"中英文标点"切换按钮，带句号的表示是中文符号，用户可以在键盘上输入标点符号，原英文键盘上的"\"表示中文中的顿号"、"，双引号也变为中文的双引号。

　　手写板的使用可以使一些生僻中文字输入更加方便，如果用户不知道某个中文字的拼音，可以打开"输入板"用鼠标将该文字写出来（注意写字最好工整），输入法会自动出现类似于该文字的一些文字，用户可以找到该文字鼠标选择即可输入，同时还会出现该文字的拼音和音调，如图 2-93 所示。每写一笔都会在右边的框内出现类似的文字，不必写完也可以找到该文字，用户还可以通过查字典的方式找出汉字，在输入板的左上方的按钮是字典，如图 2-94 所示，如果要输入"毓"字，可以通过偏旁部首查找。

图 2-93　微软拼音输入板-手写识别　　　　　图 2-94　输入板-字典查询

　　单击"软键盘"按钮，如图 2-95 所示，打开可以选择特殊键盘，如拼音字母。出现软键盘，用户可以选择需要输入的特殊符号，如"yǔ"第一个字母可以直接输入，但是拼音的"ǔ"需要在拼音字母中输入，如图 2-96 所示。要输入其他符号或文字可进行类似操作。

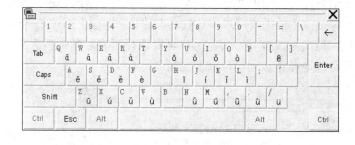

图 2-95　软键盘　　　　　　　图 2-96　拼音字母的软键盘

　　打开"功能菜单"，用户可以对输入法进行设置，如对"输入选项"进行设置，单击打开"功能菜单"，如图 2-97 所示，在"输入选项"的选项中，用户可以对输入法进行一些复杂的设置，打开"输入选项"后，可以看到该输入法的一些设置选项，如常规、高级、词典管理等，如图 2-98 所示。在拼音设置中，用户可以选择全拼、双拼或模糊拼音等，如图 2-98 所示。

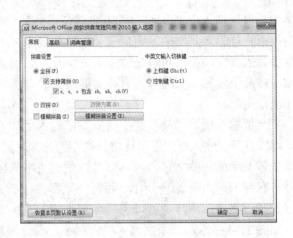

图 2-97　输入选项　　　　　　　　　　图 2-98　拼音设置

在双拼中，选中"支持简拼"可以使用户在拼音时简单输入，有时即使输入错误也会出现需要的字词。双拼也是常用的一种输入设置，类似于五笔输入，每个声母和韵母都对应于一个英文字母代码，输入相应的简化代码可以快速地找到对应的汉字，不过需要用户熟悉各种代码，如输入"UD"可以出现拼音"shuang"，输入"LD"出现拼音"liang"，其对应的代码可以通过单击"双拼方案"出现的键盘对应示意图掌握，用户也可以自定义方案以便使用，如图 2-99 所示。

词典管理对提高用户的输入效率非常有帮助，在"拼音设置"中选择"词典管理"，会打开"词典管理"的对话框，如图 2-100 所示。对于一些不常用的词汇输入寻找比较麻烦，微软拼音输入法默认安装了一些词典（如专业词汇的词典），用户输入词时可以直接输入词的拼音（一般是两个以上的字组成的词），也可以简化输入仅声母或第一个字的声母后面的字全拼，系统会自动出现词典中已经安装的专业词汇，并按照使用频率显示出来，使用起来非常方便，如输入"kexi"，会出现数学中专用的词语"柯西"以及日常用语"可惜"等。注意：在使用前需要用户将这些词典添加到输入法中，在需要的词典前打"√"。如果用户需要的词典系统没有安装，用户可以选择"安装新词典"将下载的词典安装进来，该输入法还可以更新很多词典，以便使用。

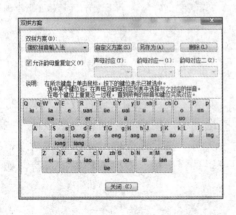

图 2-99　双拼方案　　　　　　　　　　图 2-100　"词典管理"对话框

2. 五笔输入法

五笔输入法是中文输入常用的一种输入法，不过相对于其他拼音输入法而言，属于专业级别的输入法，其特点是利用偏旁部首将中文汉字拆字，每一个汉字字符对应于一个英文字母的编码，这样一个汉字就唯一对应于一个英文编码，只要用户掌握字符编码就可以很快地输入中文汉字，而拼音输入法是一个拼音往往对应于多个汉字，用户需要通过查找的方式找到所需要的词汇，但是五笔输入法的词根即编码比较多，记忆困难，需要不断地练习才可以熟练掌握。

常见的五笔输入法有王码输入法、万能五笔输入法等，我们仅以万能五笔输入法为例，简单讲解五笔使用的基本方法。基本上，万能五笔是集百家之长，而自成特色。如今万能五笔已远远超出了输入法的范畴，集成了通用的五笔、拼音、英语、笔画、拼音 ＋ 笔画、英译中等多元编码、成为一个学习和使用连成一体，功能强大而又使用方便的输入软件。

用户可以在万能五笔官网 http://www.wnwb.com 上下载该输入法，下载后进行安装即可出现在输入法中，也可以将图标放在桌面上，使用时直接进行选择。其图标是 ⅓，单击图表打开输入法，出现如图 2-101 所示的输入对话框。

万能五笔输入法不仅可以输入五笔编码，还可以输入拼音，如在出现对话框后直接输入英文字母"uxt"即可得到"凝"字，其相应地与"凝"连接的词组也会出现，如果用户输入"zhongguo"拼音则会出现"中国"

图 2-101　　"万能五笔输入法"对话框

的汉字，可以说是五笔与拼音的结合体，使用非常方便。该输入法还可以输入繁体字，只需在输入对话框上单击"简"字就可以切换为繁体字，再次单击"繁"又可以切换为简体字。该输入法也可以按照"微软拼音输入法"的模式进行设置，以便用户使用。

3. 搜狗拼音输入法

搜狗拼音输入法的基本功能和微软拼音类似，但是由于其提供了较为全面的输入项和特别的外观界面，深受用户的欢迎，目前它是网络上非常流行的一种拼音输入法，它是由"搜狗"网开发的一款针对中国一般用户中文输入的免费输入法软件，其官方网址为http://www.sogou.com/pinyin，用户可以在网上下载使用，它不是系统自带的输入法，用户需要下载后安装输入法，在安装完毕后会出现在输入法的选项中，用户可以通过打开"输入法选项"对话框对其进行设置。

搜狗拼音输入法的特点是：词库即时更新，该输入法会不断更新自己的词库，包括网络常用的和最近出现的词汇，利用搜索引擎技术，几乎能够覆盖所有类别的流行词汇。先进的智能组词算法，会使得输入时优先出现在本计算机上使用频率最高的词汇，同时新输入的词汇它会根据网络上的使用频率优先出现，一般在第一版上就会找到需要的词汇。其功能强大，兼容多种输入习惯，提供全面的按键设置和外观选择，尽可能适应各种常见输入法的输入习惯，使其他输入法的用户都可以轻松上手。易用性佳，高级功能丰富，如长句联想、中英混输、繁体输入、节日节气提醒、常用符号输入等。同时，在外观上为了满足用户的需要设计了多种不同形式的外观。

切换到搜狗输入法，图标为 🅂 ，其界面及功能菜单如图 2-102 所示。

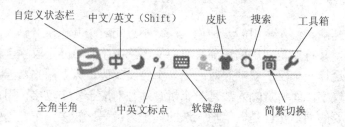

图 2-102　搜狗输入法界面

搜狗拼音输入法提供了强大的符号输入功能，单击"软键盘"图标，打开"特殊符号"菜单，会出现常用的多种类型的符号，如图 2-103 所示。

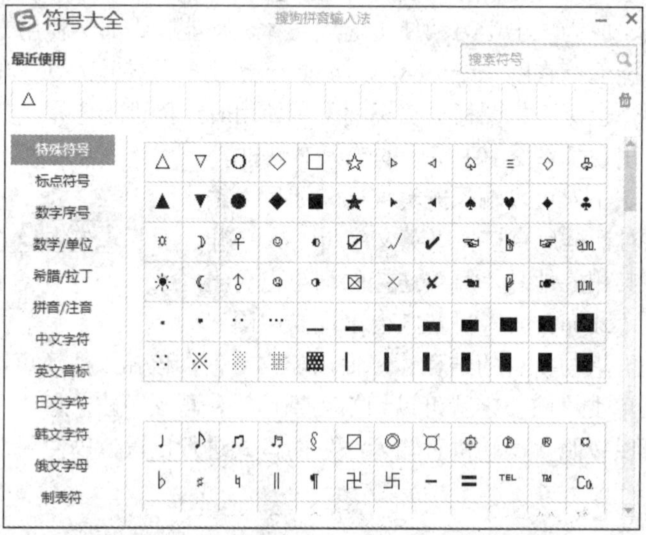

图 2-103　符号菜单栏

右键单击"自定义状态栏"，可以打开"设置属性"菜单，用户可以对输入法的属性进行设置，如图 2-104 所示，选择需要设置的项目，如进行外观设置，单击"外观"选项，出现如图 2-105 所示的"外观"选项，用户可以对外观显示进行设置，如选择使用皮肤，在下拉菜单中选择"春日花语"，即出现春日花语形式的输入法外观。在候选词大小中，用户可以选择输入时显示的文字的大小，如选择大小为 36，输入时出现的字体大小为 36。该输入法输入时可以简单化，如输入"搜索"可以直接输入"ss"，在出现的输入栏中就会出现"搜索"这个词汇，如果在计算机上输入名字，它会自动记录该名字并存储到词库中，下一次输入时，直接输入该名字的首字母就会非常快地找到该名字，使用起来非常方便。在输入中文时，如果第一个单词是你所需要的，按空格键即可选中，也可以用数字键选择所需要的字词，如图 2-106 所示。如果要输入英文，也可以直接输入，只要你按回车键，就会在文档中输入英文，如输入"computer"，如图 2-107 所示。在首页显示的字词默认只有五个候选词，用户可以在"外观"选项中设置候选词的个数，如果首页上没有显示，可以在输入框的右侧单击右拉箭头向后继续显示，也可以通过键盘上的"PageDown"直接换一页显示的字词。特殊示例，如图 2-108～图 2-110 所示。

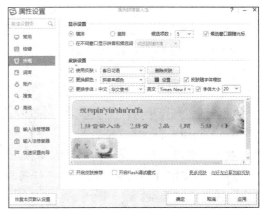

图 2-104　输入法设置　　　　　　　　　　图 2-105　外观选项

图 2-106　中文输入界面　　　　　　　　　　图 2-107　英文输入示例

图 2-108　长句联想示例　　　　　　　　　　图 2-109　中英文混输示例

图 2-110　春节提醒示例

搜狗输入法以其漂亮的外观和简洁的输入正吸引着越来越多的人使用，官方网站提供的实时更新可以不断地更新使用的词库和外观形式，而且其是免费的。

2.11　Windows 7 系统常用快捷键

Windows 7 系统有很多快捷键，其可以使用户方便快捷地进行操作，下文将分类说明常用的一些快捷键以及其对应的操作。这里的"win"表示键盘上的系统键。

1. 窗口快捷键

win＋↑：最大化窗口。

win＋↓：还原/最小化窗口。

win＋←：使窗口占左侧的一半屏幕。

win＋→：使窗口占右侧的一半屏幕。

win＋Shift＋←：使窗口在左边的显示器显示。

win＋Shift＋→：使窗口在右边的显示器显示。

win＋D：还原/最小化所有的其他窗口。

2．任务栏快捷键

win＋T：预览第一个任务栏项，按住 win 键连续按 T 从左向右预览。

win＋Shift＋T：预览最后一个任务栏项，按住 win＋Shift 键连续按 T 从右向左预览；松开以后，也可以按←或→键来按顺序预览。

win＋数字键 1~9：启动当前处在任务栏上的快速启动项，按 win＋1 启动左起第一个快捷方式，依次类推。

3．桌面快捷键

win＋空格键：预览桌面（不同于显示桌面，松开以后会恢复原状）。

win＋G：按排列次序把桌面小工具送到屏幕最前端。

win＋P：切换连接到投影仪的方式。

win＋X：打开 windows 移动中心。

4．辅助工具快捷键

win＋加号"＋"：按比例放大整个屏幕。

win＋减号"－"：按比例缩小整个屏幕。

win＋"Esc"：退出放大镜模式。

5．窗口切换

Alt＋Tab：平面切换；win＋Tab：3D 切换。

6．常规基础快捷键

Ctrl＋C：复制；Ctrl＋V：粘贴；Ctrl＋S：保存；Ctrl＋A：全选；Ctrl＋X：剪切；Ctrl＋N：新建；Ctrl＋O：打开；Ctrl＋Z：撤销；Ctrl＋W：关闭程序；Ctrl＋Tab：窗口切换；Shift＋Delete：彻底删除，Alt＋F4：关闭当前的程序或项目。

2.12　硬件、软件的管理

在系统安装后，用户还需要对计算机上的硬件安装驱动程序才能正常使用，对一些需要更换的硬件驱动程序还需要卸载。同样，软件的安装与卸载也是常用的系统管理。

2.12.1　硬件的安装与卸载

打开"控制面板"中的"设备管理器"，如图 2-111 所示。单击"操作"选项，打开"扫描检测硬件改动",可以通过扫描来检测硬件的安装或改动,在发现新的硬件后,系统会提示安装驱动程序。对于即插即用的设备如鼠标键盘等,不需要安装驱动程序,因为系统会自动安装。对安装好的硬件,如不需要可以卸载该硬件,如图 2-112 所示。

图 2-111　设备管理器

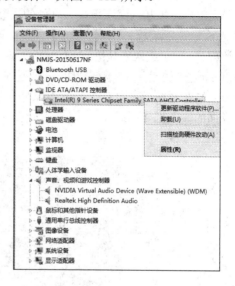

图 2-112　硬件的卸载

　　以安装打印机为例,下文简单介绍如何安装硬件。打印机是常用的外接硬件,用户可以在本计算机上安装新的打印机,也可以利用网络上的计算机。如果需要在本机上安装打印机,可以通过 USB 连线将打印机连接到计算机上,单击"开始"按钮,打开"设备与打印机"选项,如图 2-113 所示。单击"添加打印机",出现"添加打印机"对话框,选择安装的类型,如果在本机上安装,选择"添加本地打印机",如图 2-114 所示,单击"下一步"选择打印机端口(一般选择系统默认的端口即可),按照步骤再安装相应的驱动程序,驱动安装完成就可以使用打印机了。如果需要利用网络上的打印机,选择类型时可以选择"添加网络、无线或 Bluetooth 打印机"选项,系统会自动设置。

图 2-113　设备与打印机

图 2-114　添加本地打印机

2.12.2　软件的安装与卸载

　　系统自带的软件只能满足基本的应用，绝大多数软件需要用户自己安装，如安装 PP 视频，用户可以从网络上下载该软件的安装文件夹或在光盘或 U 盘上找到安装文件夹。一般情况下，在安装文件夹中会有一个"setup.exe"的应用程序，这是安装的应用程序，双击打开该程序，即可进入安装进程。有时一些小的程序其安装文件夹合成一个安装的应用程序（仍是以.exe 结尾的程序），双击打开，即可进入安装界面，如图 2-115 所示。安装时除特殊软件需要安装在系统盘（即 C 盘）下，其他软件的安装用户都可以自行选择安装的位置，可在安装界面的输入框（已经显示了默认安装的位置，C：\Program Files）内修改安装的位置，单击"浏览"或"更改"，在打开的对话框中选择需要安装的位置即可，如图 2-115 所示。

图 2-115　软件安装界面示例

　　对已经安装的软件程序，如果不需要再使用可以卸载该软件程序，以腾出更多的硬盘空间。如需卸载软件，可在该软件的文件夹内找到"uninstall.exe"的应用程序，双击打开，软件就会开始卸载。或者在"控制面板"中找到"程序与功能"选项，打开对话框，选择需要删除的程序，选中后，会出现"卸载或更改程序"的操作按钮，单击按照指示操作即可，如图 2-116 所示。目前，网络上有很多软件管家类的软件可以用来安装卸载软件，使用方法也比较方便，如 360 安全卫士、腾讯电脑管家、2345 软件管家等。

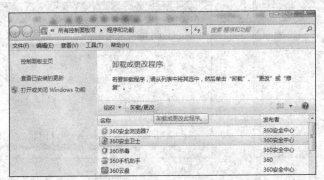

图 2-116　程序的卸载

习题 2

一、选择题

1．若想直接删除文件或文件夹，而不将其放入"回收站"中，可在拖到"回收站"时按住（　　）键。

    A．Shift   B．Alt   C．Ctrl   D．Delete

2．在搜索文件或文件夹时，搜索文件名使用"*.doc"表示（　　）。

    A．所有扩展名为.doc 的文档   B．所有文档

    C．所有文件名为*的文档   D．所有带*的文档

3．要查找最近的文件或文件夹，在查看的排序方式中用（　　）排列。

    A．名称   B．修改日期   C．类型   D．大小

4．在"库"管理中，习惯将不同类型的文件加入到不同的库中使用比较方便，一般记事本文件添加到（　　）库中使用最方便。

    A．视频   B．图片   C．文档   D．音乐

5．资源管理器可以（　　）显示计算机内所有文件的详细图表。

    A．在同一窗口   B．多个窗口   C．分节方式   D．分层方式

6．格式化硬盘可分为（　　）和（　　）。

    A．高级格式化   B．低级格式化   C．软格式化   D．硬格式化

7．快速格式化（　　）磁盘的坏扇区而直接从磁盘上删除文件。

    A．扫描   B．不扫描   C．有时扫描   D．由用户自己设定

8．使用（　　）可以帮助用户释放硬盘驱动器空间，删除临时文件、Internet 缓存文件，可以安全删除不需要的文件，腾出它们占用的系统资源，以提高系统性能。

    A．格式化   B．磁盘清理程序   C．整理磁盘碎片   D．磁盘查错

9．使用（　　）可以重新安排文件在磁盘中的存储位置，将文件的存储位置整理到一起，同时合并可用空间，实现提高运行速度的目的。

    A．格式化   B．磁盘清理程序   C．整理磁盘碎片   D．磁盘查错

10．用户在经常进行文件的移动、复制、删除及安装、删除程序等操作后，可能会出现坏的磁盘扇区，这时用户可执行（　　），以修复文件系统的错误、恢复坏扇区等。

    A．格式化   B．磁盘清理程序   C．整理磁盘碎片   D．磁盘查错

11．单击任务栏通知区域中的"音量"图标，将打开（　　）对话框。

    A．音量   B．主输出   C．声音   D．音频属性

12．"附件"中的"画图"程序是可以用来绘制编辑（　　）的程序，在绘图的过程中，如果需要改变前景色的颜色，可以在颜料盒中选择所需要的颜色后（　　）。

    A．位图   B．矢量图   C．右击   D．单击

13．如果某用户要使用"写字板"程序为好友写一封信，希望使用活泼一点的字体，可以在（　　）中选择在字体对话框中进行字体的设置，其中用数字表示的字号越大，字

体显示越（　　　）。如想在其中插入一些小图片来表达祝福，他可以执行（　　　）命令进行相关操作。

　　　　A．"插入对象"　　　　　　　　　　B．大

　　　　C．小　　　　　　　　　　　　　　D．"格式字体"

14．要改变"命令提示符"（附件中打开）窗口中屏幕文字的大小和颜色，可以右击（　　　），然后在弹出的快捷菜单中选择（　　　）命令，即可进行相应的更改。

　　　　A．标题栏　　　　　　　　　　　　B．窗口中任意位置

　　　　C．"属性"　　　　　　　　　　　　D．"默认值"

15．在文件排序中，使用按照"类型"排序方式，各类文件将按照（　　　）排序。

　　　　A．后缀名　　　　B．名称　　　　C．大小　　　　D．日期

16．"附件"中的计算器系统默认的类型是（　　　），在进行计算器类型的切换时可以使用（　　　）菜单。

　　　　A．科学型计算器　　　　　　　　　B．标准型计算器

　　　　C．"编辑"　　　　　　　　　　　　D．"查看"

17．快捷方式和快捷键（　　　）改变应用程序、文件、文件夹、打印机或网络中计算机的位置，它不是副本，而是一个指针，使用它可以更快地打开项目，删除、移动或重命名快捷方式（　　　）影响原有的项目。

　　　　A．会，会　　　　B．不会，不会　　　C．会，不会　　　D．不会，会

18．设置屏幕保护的主要目的是（　　　）。

　　　　A．保护屏幕不被别人看到　　　　　B．保护屏幕的颜色

　　　　C．减少屏幕辐射　　　　　　　　　D．保护显示屏幕不被烧坏

19．创建任务计划，是针对（　　　）而言的。

　　　　A．文件　　　　　B．文件夹　　　　C．应用程序　　　　D．快捷方式

20．当需要添加新硬件时，需要打开设备管理器，用户除了在"控制面板"中进行启动外，还可以在桌面上右击"计算机"图标，在弹出的快捷菜单中选择"属性"命令，即可打开"系统"对话框，单击（　　　）按钮，即可打开设备管理器。

　　　　A．"高级系统设置"　　　　　　　　B．"硬件"

　　　　C．"添加硬件向导"　　　　　　　　D．"设备管理器"

21．在添加新硬件时，不但要将硬件和计算机连接，还要安装它的（　　　），（　　　）的硬件设备不需要用户进行手动的安装。

　　　　A．硬件驱动程序　　　　　　　　　B．硬件配置文件

　　　　C．即插即用　　　　　　　　　　　D．非即插即用

22．在使用"添加打印机向导"安装打印机时，一般情况下系统推荐的打印机通信端口是（　　　）。

　　　　A．COM1　　　　　B．LPT1　　　　C．COM2　　　　D．LPT2

23．当成功地完成了添加网络打印机的工作后，进行打印作业时，系统如不指定一个打印机，文档将在（　　　）上输出。

　　　　A．手形　　　　　　　　　　　　　B．电缆

　　　　C．任意一台共享打印机　　　　　　D．默认打印机

24．用户可以通过"控制面板"中的（　　）来卸载已安装的程序。
　　A．"默认程序"　　　　　　　　B．"程序和功能"
　　C．"设备管理器"　　　　　　　D．"管理工具"

二、操作题

1．根据本章所学，请叙述文件或文件夹的属性及更改文件或文件夹属性的具体操作。

2．磁盘（尤其是硬盘）经过长时间的使用后，难免会出现很多零散的空间和磁盘碎片，一个文件可能会被分别存放在不同的磁盘空间中，这样在访问该文件时系统就需要到不同的磁盘空间中去寻找该文件的不同部分，从而影响了运行的速度。同时由于磁盘中的可用空间也是零散的，创建新文件或文件夹的速度也会降低。使用磁盘碎片整理程序可以重新安排文件在磁盘中的存储位置，将文件的存储位置整理到一起，同时合并可用空间，实现提高运行速度的目的。请根据本章所讲，请叙述运行磁盘整理程序的步骤。

3．使用 Windows Media Player 可以播放、编辑和嵌入多种多媒体文件，包括视频、音频和动画文件。Windows Media Player 不仅可以播放本地的多媒体文件，还可以播放来自 Internet 的流式媒体文件。请根据本章所学，请叙述利用 Windows Media Player 播放多媒体文件、CD 唱片的操作步骤。

4．"写字板"是一个使用简单，但功能却很强大的文字处理程序，在日常工作中用户可以利用它进行文件的编辑。它不仅可以进行中英文文档的编辑，而且还可以图文混排，插入图片、声音、视频剪辑等多媒体资料。请根据本章所讲的内容，进行新建写字板文档及页面设置的操作。

5．设置屏幕保护，可在不使用计算机时保护显示屏幕不受损坏，请叙述设置屏幕保护的操作步骤。

6．使用任务计划，用户可以设定计算机在某一时刻自动执行用户所设定的程序，而不用启动。请叙述创建任务计划的步骤。

7．在添加本地打印机时，如果在中文版 Windows 7 的硬件列表中没有其驱动程序，就需要用户进行手动安装，请叙述其安装的步骤。

第3章 中文版 Word 2010 操作及应用基础

Word 2010 是微软公司推出的文字处理软件。它继承了 Windows 友好的图形界面，可方便地进行文字、图形、图像和数据处理，是较常使用的文档处理软件之一。用户需要充分了解其基本操作，为深入学习 Word 2010 打下牢固的基础，使办公过程更加轻松、方便。本章主要讲解中文版 Word 2010 的基本使用方法，包括 Word 文档的打开和关闭、文档中的文本处理和编辑、图片和表格的编辑、文档的格式和打印等。

3.1　Microsoft Office 2010 简介

3.1.1　Microsoft Office 2010 功能简介

Microsoft Office 2010 是微软公司在 2010 年推出的办公自动化系列套装软件，具有较强大的文档处理功能，而且用户还可以更加方便、迅速灵活地应用它。相比于之前的系列版本，该版本的界面干净整洁，清晰明了，没有丝毫混淆感，主要包括文本处理、电子表格、多媒体演示文稿、数据库管理、网页管理等多套应用软件。

其基本软件及其功能主要有以下几种：

1）Word 2010 是 Microsoft Office System 的文本处理程序，是当今应用较为广泛的也是功能较强大的文本处理软件，它适用于制作各种文档，如文件、信函、传真、报纸、简历等，处理复杂的数学公式、图片和表格，甚至还能直接发表 blog、创建书法字帖。也可以利用它快速制作网页和发送电子邮件。Word 为我们的办公和生活带来了很大方便。

2）Excel 2010 是 Microsoft Office System 的电子表格程序，它可以制作各种复杂的电子表格，可以对数据进行整理、筛选、分析、汇总。可以进行烦琐的数据计算，将数据转换为图形形象地显示出来，大大增强了数据的可视性，并且可以完成各种统计报表。增强了数据的分析和呈现方式，改进了数据透视图表的创建方法，并增强了公式的编辑功能。

3）PowerPoint 2010 是 Microsoft Office System 的演示图形程序，主要用于制作幻灯片。使用 PowerPoint 可以创建内容丰富、形象生动、图文并茂、层次分明的幻灯片，可以设计动画效果，还可以添加背景音乐和视频，得到声光绚丽的视觉效果。而且可以将制作的幻灯片在计算机上演示或发布到网站浏览。作为一个表达观点、传递信息、展示成果的强大工具，Power Point 2010 在社会上得到了广泛应用。

4）Access 2010 是 Microsoft Office System 的数据库管理程序，具有强大的交互性，用户不用编程就能够用简便的方式创建、跟踪、报告和共享数据信息创建整个数据库，利用它用户可以将信息保存在数据库中，并可以对数据进行统计、查询及生成报告。

5）Outlook 2010 是 Microsoft Office System 的个人信息管理器和通信程序，可用于组织和共享桌面信息，并可以与他人进行通信。Outlook 2010 提供了一个统一的位置来管理电子邮件、日历、联系人和任务。它增强了搜索功能，能够帮助我们从成千上万封邮件中快速找到你想要的。作为一个高度集成化的个人信息管理软件，Outlook 给我们管理个人信息带来了极大的便利。

6）InfoPath 2010 是 Microsoft Office System 的信息收集和管理程序，主要有两类：InfoPath Designer（用于设计动态表单）和 InfoPath Filler（用来填写动态表单），它简化了信息收集过程。它提供了一种高效灵活地收集信息并使单位中的每个人都可以重用这些信息的方法，InfoPath 2010 使信息工作者可以方便及时地提供和获取他们所需的信息，从而制定更加可靠的决策。

7）Publisher 2010 是 Microsoft Office System 的出版物程序，它使得专业营销和通信资料的创建、设计和发布比以往更加简便，它可以在用户熟悉的界面来创建用于打印、电子邮件和 Web 的资料。Publisher 2010 使得营销资料的创建和发布达到了一种新的水平。

8）Picture Manager 2010 工具用于处理、编辑和共享图片。用户可以查看图片，还可以编辑图片的色彩、大小、对比度等。此外，用户还可以自动对图片进行校正。

除此之外，还有 Microsoft OneNote 2010、Microsoft SharePoint Workspace 2010、Office Communicator 2007、Office Visio 2010、Office Project 2010、Office SharePoint Designer 2010、Office Communicator 2007、Office Lync 2010 Attendee 等组件工具。

本书仅以日常办公所需的组件为例介绍该软件的使用，包括 Word 2010、Excel 2010 以及 PowerPoint 2010。

3.1.2　Microsoft Office 2010 的安装

Microsoft Office 2010 的安装非常简单，只需要按照安装提示进行操作即可。

第一步：将光盘放入光驱，双击 Setup.exe 文件，启动 Office 2010 安装程序，程序首先运行配置向导。

第二步：出现输入产品密钥窗口，输入软件的序列号，单击"下一步"按钮。

第三步：出现用户信息窗口，输入用户名、单位等个人信息，单击"下一步"按钮。

第四步：出现"最终用户许可协议"，选中"我接受《许可协议》中的条款"选项，单击"下一步"按钮。

第五步：选择安装类型，有安装和自定义安装两种类型，一般选择默认的安装方式。当然用户可以根据需要进行适当的选择。如果选择自定义安装，会出现"选择安装目录"对话框，单击"浏览"按钮可以选择安装目录，设置完毕，单击"确定"按钮，返回到"安装类型"窗口。

第六步：单击"安装"按钮即可进行安装。注意：由于各计算机配置不同，有时安装时间较长，要耐心等待。

第七步：安装完成后单击"完成"按钮，就可以开始使用 Office 组件。

3.1.3　Microsoft Office 2010 帮助系统

Office 2010 为用户提供了全面的帮助系统，可以为使用者的各种操作提供帮助或建议。Office 2010 应用程序专门提供一个"帮助"菜单来达到这一目的。下文以 Word 2010 应用程序为例，介绍几种获得帮助的途径：

使用 Word 2010 的帮助菜单，如图 3-1 所示。在 Word 2010 的右上角有"？"标志，单击出现帮助对话框，用户可以在搜索栏中输入问题，或单击右下角"连接状态"｜"仅显示来自此计算机的内容"便可打开带有目录帮助的菜单，如图 3-2 所示。如果该计算机上没有所需的帮助，用户可以通过搜索，并选择"显示来自 office.com 的内容"，通过网络来寻找，其打开的快捷键是 F1。

图 3-1　Word 2010 的帮助按钮　　　　图 3-2　Word 2010 帮助系统对话框

3.2　Word 2010 的启动与退出

3.2.1　启动 Word 2010

打开 Word 2010 有许多方法，可以直接在"开始"的"所有程序"菜单中，单击 Microsoft Office 文件夹，再单击打开菜单中的 Microsoft Word 2010，如图 3-3 所示。

也可以在某个文件夹下，右击"新建"中的"Microsoft Word 文档"，在该文件夹下会出现一个"新建 Microsoft Word 文档"，双击该文档即可打开 Word 2010，同时也打开了该文档。还可以直接双击已有的 Microsoft Word 文档，打开即可。

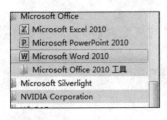

图 3-3　打开 Word 2010

3.2.2　退出 Word 2010

如果编辑完成后，需要退出 Word 2010，可以直接单击 Word 2010 文档界面的右上角的"⊠"图标，在退出前，系统会提示是否要保存的对话框，如果需要保存该文档，单击"是"；不需要保存则单击"否"，或单击"取消"返回 Word 的操作界面，如图 3-4 所示。

图 3-4　Word 2010 的退出界面

其保存的格式默认为 ".docx" 型文档，这与以前的 Word 版本有区别，当然用户可以选择保存的版本类型。需要注意的是，以前的版本不能打开 Word 2010 创建的文档，但是 Word 2010 可以兼容以前版本的文档。

3.2.3　Word 2010 的主要功能

Word 2010 具有丰富的功能，几乎可以满足各类文本处理，主要包括以下功能：

1. 文本编辑功能

Word 2010 可以对文字进行色彩、大小、字体、形状等编辑，以达到用户所要求的效果，还可以创建自己的字体库。用户还可以编辑文本的格式，在文本中插入图片、表格、公式等。

2. 表格编辑功能

Word 2010 可以编辑常见的表格，可以对表格的边框、大小、位置、色彩、文字等进行编辑。

3. 图片编辑功能

在 Word 2010 中，用户可以任意插入各种图片，还可以对图片的大小、色彩、位置、版式等进行编辑。

4. 页面设置功能

Word 2010 可以根据用户的要求，对文档的页面进行页边距、纸张等进行设置。

5. 文档打印功能

Word 2010 可以根据用户的要求，对文档进行选择性或完全打印。

本章将详细介绍 Word 2010 的各种功能及其实现方法。

3.3　Word 2010 的界面与对话框

3.3.1　Word 2010 的界面

打开 Word 2010 后，就可以看到 Word 2010 的工作界面，并自动建立名为 "文档 1" 的空文档，如图 3-5 所示。

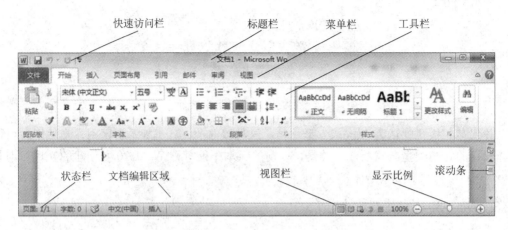

图 3-5　Word 2010 的操作界面

Word 2010 的界面主要由标题栏、菜单栏、工具栏、状态栏、滚动轴和文档编辑区构成。本节主要介绍标题栏、菜单栏、工具栏的使用方法和功能。

3.3.2　标题栏

标题栏的最左端"文件"图标是 Word 2010 的文件管理对话框，如图 3-6 所示，用户可以对正在编辑的文档进行管理，如保存或打印文档等。

图标是保存本文档的简捷按钮，单击可直接保存到本文档原有的文件夹中。图标是撤销键入的操作按钮，如果编辑过程中出现错误可按此按钮撤销操作，如需多步可单击其右侧的下拉箭头，会显示前面多步的操作进行撤销。是重复键入按钮，单击可以重复地输入刚刚键入的文字或图标等。

标题栏中居中显示的是文档标题，一般会自动建立标题为"文档 1"的标题，如需修改标题，单击"文件"打开"另存为"，选择用户所需要的目标文件夹和需要保存的格式，单击保存即可。标题栏最右侧的按钮分别是最小化、最大化（向下还原）、关闭按钮。在标题栏的左侧是快速访问栏，单击下拉箭头可以打开"自定义快速访问工具栏"，在需要显示的工具前面单击打钩，即可在标题栏中显示该操作的简捷按钮，以方便用户操作，如图 3-7 所示。

图 3-6　管理对话框

图 3-7　"快速访问栏"对话框

3.3.3　菜单栏

单击"开始"会出现文档编辑的格式等信息处理的详细菜单，如图 3-8 所示。

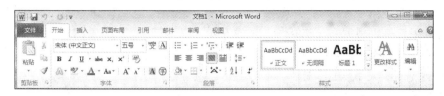

图 3-8　开始菜单

单击"插入"会出现需要在文档中插入各种图片、表格、公式、符号、页眉和页脚等处理的详细菜单，如图 3-9 所示。

图 3-9　"插入"菜单

单击"页面布局"会出现对文档的页面、打印纸张、页边距、文字和段落格式等处理的详细菜单，如图 3-10 所示。

图 3-10　"页面布局"菜单

单击"引用"会出现需要引用的目录、脚注、引文与书目、题注和索引等文档快速编辑模式的菜单，如图 3-11 所示。

图 3-11　"引用"菜单

单击"邮件"会出现对邮件类文档的编辑对话框；单击"审阅"会出现对文档的语法输入法词典、字数统计等功能的对话框；单击"视图"会出现对文档的视图、标尺、显示比例、窗口切换等功能的对话框。

Word 2010 的工具非常详细也非常容易操作，用户可以根据需要利用工具栏中的各个选项对文档进行相应的处理，它的可视化操作功能让用户使用非常方便。

3.3.4　工具栏和状态栏

工具栏指的是在"开始""插入""页面布局""引用""邮件""审阅""视图"菜单下的工具栏，用户可以根据需要选择相应的菜单单击其相应工具栏中的工具，即可对文档进行编辑。例如，如果用户需要对文档中部分文字的字体、大小和颜色进行改变，可先选中文字，单击"开始"菜单，在其工具栏下的字体和字号框中选择相应的字体和字号，单击 🅰·按钮可以在下拉菜单中选择颜色。

状态栏位于 Word 窗口的底部，显示了当前的文档信息，如当前显示的文档是第几页、当前文档的字数、页面视图和显示比例等状态信息。在状态栏中还可以显示一些特定命令的工作状态，如当前使用的语言、页面（可以显示当前第几页和总页数）和字数等。

3.4　文　本　编　辑

3.4.1　文档的基本操作

文档的基本操作主要包括创建新文档、保存文档、打开文档以及关闭文档等。

1．新建文档

Word 文档是文本、图片等对象的载体。要在文档中进行操作，必须先创建文档。创建的文档可以是空白文档，也可以是基于模板的文档。

（1）创建空白文档

在"文件"下选择"新建"，弹出"新建文档"的对话框，单击"空白文档"，在右侧单击"创建"即可，如图 3-12 所示。按 Ctrl＋N 组合键也可以快速创建一个空白的文档。Word 2010 提供了多种样式的文档，用户可以根据自己的需要建立一种特定类型的文档。

图 3-12　新建空白文档

（2）利用模板创建文档

模板是已经生成的一种固定格式的文档，利用模板创建新文档，用户不需要再对新文档的格式进行编辑和修改，只需要按照模板的格式进行文字和图片编辑即可，使用起来非常方便。在"新建"中，用户可以选择所需要的模板来新建文档，如新建一个新闻稿的文档，选择新闻稿，选定模板，单击下载便可以通过网络寻找到模板的文档，如图 3-13 所示。用户也可以选择"我的模板"，自己创建一个常用的模板。模板一般都是以".dotx"结尾的文件，与一般的文档不同。

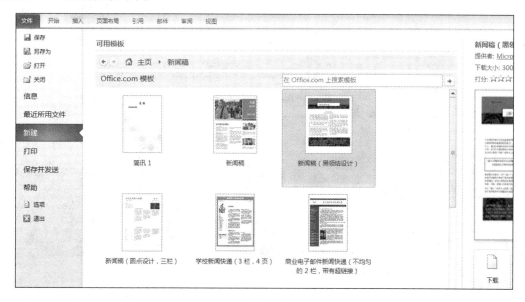

图 3-13　新建"新闻稿"文档

2. 保存文档

对于新建的 Word 文档或正在编辑某个文档时，如果出现了计算机突然死机、停电等非正常关闭的情况，文档中的信息就会丢失，因此保存文档是十分重要的。常见的保存方式有：保存新创建的文档、保存已保存过的文档和另存为其他文档。单击"文件"下拉菜单中的"保存"或"另存为"即可。如果选择"另存为"，注意另存的位置和文档的名称，比如将一个新建的文档另存到 D 盘下，名字为"新闻稿 1"，单击"另存为"，选择 D 盘，将名字改为"新闻稿 1"。注意："docx"不要更改，单击"保存"即可，如图 3-14 所示。也可用快捷键 F12 进行保存，如果直接保存可在左上角的快速访问工具栏中单击"保存"即可。

设置定时保存，在 Word 2010 中延续了之前的版本中的自动保存项目，为防止用户没有及时保存而丢失文档，该系统提供了定时自动保存功能。单击"文件"，选择"Word 选项"。然后，在弹出的对话框中选择"保存"，在保存文档中对自动保存的时间、自动恢复的位置、默认文件位置以及格式进行设置即可，如图 3-15 所示。

图 3-14　　"另存为"操作

图 3-15　设置自动保存

3. 打开文档

打开文档是 Word 的一项最基本的操作，对于任何文档来说都需要先将其打开，然后才能对其进行编辑。直接双击所要打开的文档或者右键单击文档选择打开即可。也可以通过打开 Word 系统，单击"文件"，执行"打开"命令，在文件中找到要打开的文档单击打开即可。

4. 关闭文档

对文档完成所有的操作后，要关闭时，可单击"文件"，在弹出的菜单中选择"关闭"命令，或单击窗口右上角的"关闭"按钮。在关闭文档时，如果没有对文档进行编辑、修改，可直接关闭；如果对文档做了修改，但还没有保存，系统将会打开提示框，询问用户是否保存对文档所做的修改。单击"是"即可保存并关闭该文档，如图 3-4 所示。可用快捷键 Alt＋F4 关闭文档。

5. 视图方式

Word 2010 中有五种文档显示的方式，即页面视图、Web 版式视图、大纲视图、阅读版式视图和草稿。在"视图"选项卡中，可以找到视图的各种版式，各种显示方式应用于不同的场合，一般使用页面视图。选择"视图"选项卡，在"文档视图"组中单击相应的按钮，就可以在这几种显示方式之间进行切换。一般使用页面视图比较直观，也容易设计，它是直接按照用户设置的页面大小进行显示，此时显示的效果与打印的效果一致，所有的图形对象都可以显示出来，如页眉、页脚、水印等。阅读版式视图查看文档非常方便，可以利用最大空间阅读文档，以便于用户查看整体效果，如图 3-16 所示。

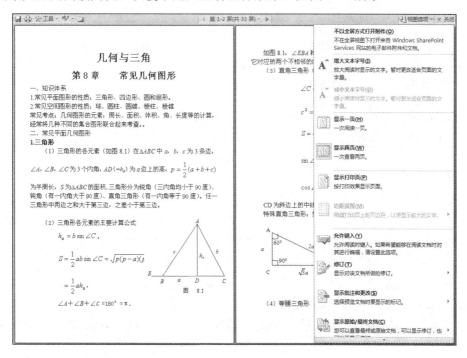

图 3-16　阅读版式视图

在"视图"选项卡中的"显示"功能中，有文档结构图的显示方式。文档结构图是显示文档结构及各层次之间关系的视图方式，如果阅读一本书，用户希望能够快速地找到各章节的所在位置，此时可以选择文档结构图的视图方式。它可以使用户方便地了解文档的层次结构，还能快速在文档中定位，用户只需在"导航窗格"前打钩就可以显示文档结构图的形式，如图 3-17 所示。在"搜索文档"的输入栏中输入需要查询的字词或句子可以快速找到所需的内容。

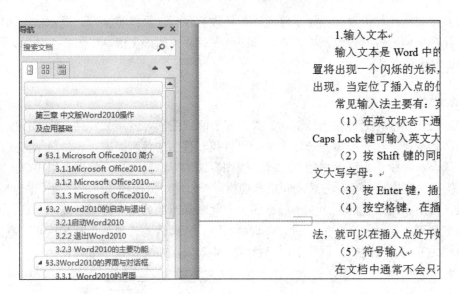

图 3-17　"导航"显示文档结构视图

3.4.2　文本编辑

文本的编辑就是在 Word 中进行输入文本、插入表格、图片、符号、查找与替换文本、自动更正及检查文本等操作，它是整个文档编辑过程的基础。

1. 输入文本

输入文本是 Word 中的一项基本操作。当用户新建一个 Word 文档后，在文档的开始位置将出现一个闪烁的光标，称之为"插入点"，在 Word 中输入的任何文本都会在插入点处出现。当定位了插入点的位置后，选择一种输入法即可开始文本的输入。

常见输入法主要有英文输入、中文输入、符号输入和公式输入。

1）在英文状态下通过键盘可以直接输入英文、数字及标点符号。需要注意的是，按 Caps Lock 键可输入英文大写字母，再次按该键输入英文小写字母。

2）按 Shift 键的同时按双字符键将输入上挡字符；按 Shift 键的同时按字母键输入英文大写字母。

3）按 Enter 键，插入点自动移到下一行行首。

4）按空格键，在插入点的右侧插入一个空格。在 Word 2010 中，选择一种中文输入法，就可以在插入点处开始文本的输入，即可输入中文字体。

5）符号输入。在文档中通常不会只有中文或英文字符，在很多情况下还需要输入一些符号，如果是标点符号或常见的符号可直接在键盘上键入，利用搜狗拼音输入法的软键盘也可以输入很多类型的符号。利用 Word 2010 的"插入"选项可以插入如"☆""¤""×""÷"等许多不常见的符号，这些符号是不能利用键盘输入的。Word 2010 提供了插入符号的功能，用户可以在文档中插入各种符号。

插入符号可单击菜单栏中的"插入"，下拉菜单中最右侧有"符号"选项，打开"符号"

的下拉按钮出现一些用户常用和最近使用的符号，如图 3-18 所示。下方还有"其他符号"按钮，打开后会出现多种类型的较为复杂的一些符号如希腊字母等，用户可以根据需要选择符号插入，如要插入"＄"符号，在符号中单击"其他符号"按钮，会出现一个"符号"对话框，找到这个符号并选择"插入"，便可以在文档中插入该符号，如图 3-19 所示。

图 3-18　常用符号

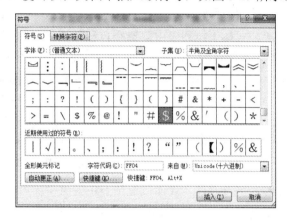

图 3-19　其他符号

6）插入数学公式。Word 2010 本身包含了写入和编辑公式的功能。选择"插入"选项卡，并单击"符号"组中的"公式"下拉按钮，即可查看包含的九种内置公式，如表 3-1所示。

表 3-1　Word 中的数学公式

公式名称	公式内容	公式简介
二次公式	$x = \dfrac{-b \pm \sqrt{b^2 - 4ac}}{2a}$	只含有一个未知数，且未知数的最高次数是 2 的整式方程叫作一元二次方程
二项式定理	$(x + a)^n = \sum\limits_{k=0}^{n} C_n^k x^k a^{n-k}$	二项式定理（binomial theorem）是指 $(x+a)^n$ 在 n 为正整数时的展开式
傅里叶级数	$f(x) = a_0 + \sum\limits_{n=1}^{\infty}\left(a_n \cos\dfrac{n\pi x}{L} + b_n \sin\dfrac{n\pi x}{L} \right)$	任何周期函数都可以用正弦函数和余弦函数构成的无穷级数来表示（选择正弦函数和余弦函数作为基函数是因为它们是正交的），后人称为傅里叶函数
勾股定理	$a^2 + b^2 = c^2$	在一个直角三角形中，斜边边长的平方等于两条直角边边长平方之和
和的展开式	$(1 + x)^n = 1 + \dfrac{nx}{1!} + \dfrac{n(n-1)x^2}{2!} + \cdots$	又被称为麦克劳林展开式，利用将函数展开为幂级数进行近似计算
三角恒等式 1	$\sin\alpha \pm \sin\beta = 2\sin\dfrac{1}{2}(\alpha \pm \beta)\cos\dfrac{1}{2}(\alpha \pm \beta)$	在数学中，三角恒等式是对出现的变量的所有值都为真的涉及三角函数的等式，如正弦值
三角恒等式 2	$\cos\alpha + \cos\beta = 2\cos\dfrac{1}{2}(\alpha + \beta)\cos\dfrac{1}{2}(\alpha - \beta)$	在数学中，三角恒等式是对出现的变量的所有值都为真的涉及三角函数的等式，如余弦值
泰勒展开式	$e^x = 1 + \dfrac{x}{1!} + \dfrac{x^2}{2!} + \dfrac{x^3}{3!} + \cdots, \ -\infty < x < \infty$	若函数 $f(x)$ 在开区间（a，b）有直到 $n+1$ 阶的导数，则当函数在此区间内时，可以展开为一个关于 x 多项式和一个余项的和
圆的面积	$A = \pi r^2$	圆周率乘半径的平方，其中 $\pi = 3.1415926$

　　在文档中插入数学公式，在"插入"工具栏中的"符号"选项中单击"公式"，在其下拉菜单中可以选择已有的公式，也可以插入新公式。单击"插入新公式"出现公式输入的文本框 在此处键入公式. ，在输入框内输入公式，此时会出现"公式工具"菜单，单击"设计"选项卡，"公式工具"窗口的文本框中进行公式编辑，编辑完后在框外任意处单击，即可返回原来的文档编辑状态。

　　在"公式"下拉列表中，选择自己需要插入的公式即可。也可以执行"插入新公式"命令，弹出数学区域，并在功能区中显示设计公式所使用的符号和结构等，如图 3-20 所示。

图 3-20　输入公式对话框

　　此时，可以通过"设计"选项卡中各组中的内容，来设计所需的公式。

　　在工具组中，单击"公式"下拉按钮，其中有九个内置公式。可以更改公式显示的"专业型"和"线型"格式。还可以设置在数学区域中使用非数学文本。在"符号"组中，可以直接选择公式中所使用的符号，也可以选择其他类型的符号，如基本数学符号、希腊字母符号、运算符符号等。例如，单击"符号"组中的"其他"按钮，在弹出的对话框中单击"基础数学"下拉按钮，再选择需要的符号类型。在"结构"组中，可以选择公式所使用的函数及占位符等，如分数、上下标、根式、积分、大型运算符、括号、函数、导数符号、极限和对数、运算符和矩阵。

　　例如，单击"函数"下拉按钮，选择"三角函数"栏中的"正切函数"图标，单击即可出现"tan □"的输入显示项，在"□"内输入相应的文本，该公式前面的"tan"是函数符号固定的格式，不用改变。

　　比如输入" $\int 2xdx$ "，在"设计"选项中选择"积分"在其下拉菜单中选择"积分模式"，在小方框内输入相应的数或字母即可。

　　2. 选定、复制、移动和删除文本

　　在文档编辑的过程中，常常需要对文本进行选定、复制、移动和删除等操作。

　　如果要选定文本，用户可以使用鼠标或键盘进行操作，如选中一个字或词汇或一行，将鼠标单击到该词的第一个文字前面，按住鼠标左键不动向右拉动到词汇的最后一个字即可选中。如果要选择某一行或多行也可以照此进行选择。除此之外，用户也可以利用键盘进行选择，常用的组合键选中文本的方法如表 3-2 所示。

表 3-2　编辑功能键

组合键	功能	组合键	功能
Shift＋←	选择插入点左边的一个字符	Ctrl＋Shift＋←	选择到所在段落的开始处
Shift＋→	选择插入点右边的一个字符	Ctrl＋Shift＋→	选择到所在段落的结束处
Shift＋↑	选择到上一行同一位置之间的所有字符	Ctrl＋Shift＋Home	选择到文档的开始处

续表

组合键	功能	组合键	功能
Shift+↓	选择到下一行同一位置之间的所有字符	Ctrl+Shift+End	选择到文档的结束处
Shift+Home	选择到所在行的行首	Ctrl+A	全选，选中整个文档
Shift+End	选择到所在行的行尾	—	—

在文档中经常需要重复输入文本时，可以使用复制文本以节省时间，加快输入和编辑的速度。选取需要复制的文本，在"开始"中的"剪贴板"组中，单击"复制"按钮，在目标位置处，单击"粘贴"按钮即可。用户还可以将大量需要粘贴的文本、图片、公式等放入到"剪贴板"中（按 Ctrl+V 组合键，即可将需要复制的文本加入到剪贴板中），需要用复制的文本时，单击"剪贴板"中的文本会自动粘贴到需要粘贴的位置。

快捷键的使用可以快速地进行复制粘贴操作，选取需要复制的文本，按 Ctrl+C 组合键，把插入点移到目标位置，再按 Ctrl+V 组合键即可粘贴。

用户还可以选取需要复制的文本，按下鼠标右键拖动到目标位置，松开鼠标会弹出一个快捷菜单，从中选择"复制到此位置"命令。

也可以选取需要复制的文本，右击，从弹出的快捷菜单中选择"复制"命令，把插入点移到目标位置，右击，从弹出的快捷菜单中选择"粘贴"命令。

移动文本的操作与复制文本类似，唯一的区别在于，移动文本后，原位置的文本消失，而复制文本后，原位置的文本仍在。

选择需要移动的文本，按 Shift+Delete 组合键；在目标位置处按 Ctrl+V 组合键来实现移动操作。选择需要移动的文本后，按下鼠标左键不放，此时鼠标光标改变形状，并出现一条虚线，移动鼠标光标，当虚线移动到目标位置时，释放鼠标即可将选取的文本移动到该处。

在文档编辑的过程中，需要对多余或错误的文本进行删除操作。对文本进行删除，可使用按键删除的方法。注意：按 Back Space 键删除光标左侧的文本。 按 Delete 键删除光标右侧的文本。选择需要删除的文本，在"开始"选项卡的"剪贴板"组中，单击"剪切"按钮也可以进行删除。

3. 查找与替换文本

在文档中查找某一个特定内容，或在查找到特定内容后，将其替换为其他内容，可以说是一项费时费力、又容易出错的工作。Word 2010 提供了查找与替换功能，使用该功能可以非常轻松、快捷地完成该操作。

在 Word 2010 中，不仅可以查找文档中的普通文本，还可以对特殊格式的文本、符号等进行查找。方法是：在"开始"菜单下的最右侧单击"查找"，在弹出的对话框中可进行查找、替换和定位，在查找到文档中特定的内容后，用户还可以对其进行统一替换，如图 3-21 所示。用户也可以利用快捷键 Ctrl+H 来打开"查找和替换"对话框。在查找和替换的搜索选项中，用户可以输入搜索条件来帮助查找信息。单击整个 Word 编辑页面左下角的"页面"，可以直接打开"定位"对话框。

如果要替换全部文档中一些文字为另一些文字，如将整个文档中的"XX"都换成"YY"

可以用"替换"实现，单击"替换"，在"查找内容"中输入"XX"，在"替换为"中输入"YY"，选择"全部替换"即可，如图 3-22 所示。

图 3-21　查找和替换　　　　　　　　　　　　图 3-22　替换文本

4. 自动拼写与语法检查

Word 2010 提供了几种检查并自动更正英文拼写和语法错误的方法，如自动更改拼写错误、提供更改拼写提示、提供更改语法提示、自动添加空格、在行首自动大写。

例如，输入错误单词"crazyy"，会在单词下面标上一个波浪线表示该词有误，右键单击该词会出现如图 3-23 所示的对话框，选择出现的正确的单词"crazy"即可。有些单词是其词库中没有的，如中文拼音"guoweihua"对用户来讲是对的，但是仍然会有波浪线出现（打印时不会出现），可以选择"忽略一次"，即可去掉波浪线，如图 3-24 所示。

图 3-23　拼写改错　　　　　　　　　　　　图 3-24　忽略拼写错误

中文拼写与语法检查与英文类似，只是在输入过程中，对出现的错误右击后，在弹出的菜单中不会显示相近的字或词。中文拼写与语法检查主要通过"拼写和语法"对话框和标记下划线两种方式来实现。在输入一段中文后选中，再单击"审阅"菜单下的"拼写和语法"按钮，可以看到输入是否需要更正，如图 3-25 所示。

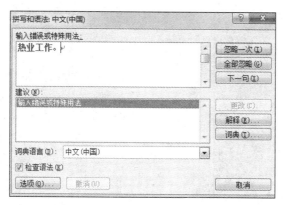

图 3-25　中文拼写改错

3.5　文档中的图片编辑

如果一篇文章全部都是文字，没有任何修饰性的内容，这样的文档在阅读时不仅缺乏吸引力，而且会使读者阅读起来劳累不堪。在文章中适当地插入一些图形和图片，不仅会使文档显得生动形象，还可使读者更容易地理解文章内容。Word 2010 具有强大的图片编辑功能，可以处理常见的各种图片，包括从数码照相机上拷贝下来的照片等。

3.5.1　插入图片

在 Word 2010 中不仅可以插入系统提供的图片，还可以从其他程序和位置导入图片，或者从扫描仪或数码相机中直接获取图片。

1. 插入剪贴画

Word 2010 所提供的剪贴画库内容非常丰富，设计精美，能够表达不同的主题，适合于制作各种文档，同时还包括 Office 网上的剪贴画。要插入剪贴画，可以选择"插入"选项卡，在"插图"组中单击"剪贴画"按钮，打开"剪贴画"任务窗格。在"搜索文字"框中输入剪贴画的相关主题或文件名称，单击"搜索"按钮来查找计算机与网络上的剪贴画文件，如果不输入搜索内容而直接搜索，可以显示所有的剪贴画，如图 3-26 所示。用户还可以在"结果类型"中选择搜索的范围，如图 3-27 所示。如果这些都不能满足需要，在"剪贴画"下方单击"在 Office.com 中查找详细信息"可以直接在 Office 网络上寻找用户所需要的剪贴画。

2. 插入来自文件的图片

在 Word 中还可以从磁盘的其他位置选择要插入的图片文件。这些图片文件可以是 Windows 的标准 BMP 位图，也可以是其他格式的图片。选择"插入"选项卡，在"插图"

组中单击"图片"按钮，打开"插入图片"对话框，选择图片文件，单击"插入"按钮即可将图片插入到文档中，如图 3-28 所示。

图 3-26　搜索剪贴画

图 3-27　选择搜索范围

图 3-28　插入文件的图片

3.5.2　图片编辑

选中要编辑的图片，会出现一个专门编辑图片的"格式"菜单，选择"格式"，就可以对图片进行各种编辑，如图 3-29 所示。

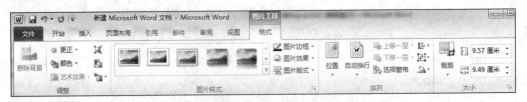

图 3-29　图片格式工具

　　用户可以对图片样式、亮度、对比度等进行编辑，以图 3-30 的图片为例，本节仅介绍大小、裁剪、图片形状、图片边框和效果的编辑。

　　选中图片，在图片的周围出现一个边框，在各个节点处，鼠标单击可以拉动图片使其变长、变短、拉高、降低或放大缩小等。用户也可以在"图片工具"的"格式"选项下，设置"大小"的宽度和高度来调整大小。

　　选中图片，在"图片工具"下的"格式"栏中选中"裁剪"，出现黑色边框，用鼠标左右上下拉动可进行裁剪，如图 3-31 所示。

图 3-30　图片示例　　　　　　　　　　　　　图 3-31　图片裁剪

　　选中图片，在"格式"工具栏下的"图片样式"栏中，单击下拉箭头，可以出现 28 种常见的图片样式，通过样式可以改变图片形状，如图 3-32 所示。如选中第二排第一个"棱台型椭圆"，会出现和该样式一样的效果图形，效果如图 3-33 所示。如果对该形状不满意，可以通过"图片样式"中的"图片边框"和"图片效果"进行修改，可以将改变边框线颜色或去掉边框，还可以在效果中设置修改阴影等。

图 3-32　图片基本形状　　　　　　　　　　图 3-33　椭圆效果

　　选中图片，在"格式"工具栏下选择"图片边框"，出现如图 3-34 的对话框，用户可以对图片的边框进行设置，包括线条的粗细和颜色等。

选中图片，在"格式"工具栏下选择"图片效果"，出现如图 3-35 的对话框，用户可以对图片的效果进行设置，与之前版本不同的是，Word 2010 增加了三维效果。要在文档中插入图片，可以选择不同的插入类型，在"格式"工具栏下的"文字环绕"中用户可以选择需要的插入方法，默认是"嵌入型"，如果选择在文字上方或下方，用户可以方便地拖动图片的位置。

用户可以设置图片的位置以满足需要，在"格式"工具栏中，单击"排列"组中的"位置"下拉按钮，从弹出的对话框中选择不同的图片位置即可，如图 3-36 所示。在"格式"选项下的"排列"组中的"文字环绕"功能也可以设置图片的位置，并且可以设置不同的环绕效果，常见的环绕方式有嵌入型、四周型、紧密型、衬于文字下方、衬于文字上方、上下型以及穿越型环绕，效果如图 3-37 所示。

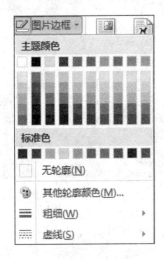

图 3-34　图片边框的设置

图 3-35　图片效果

图 3-36　图片位置

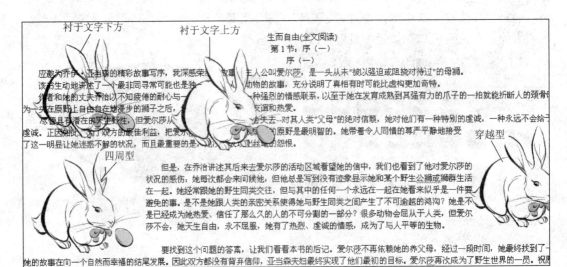

图 3-37　文字环绕效果图

3.5.3　插入艺术字

在文档中插入各式各样的美术字，会给文章增添了强烈的视觉效果。在 Word 2010 中，可以创建各种文字的艺术效果，甚至可以把文本扭曲成各种各样的形状，设置为具有三维轮廓的效果。

1. 创建艺术字

在 Word 2010 中，可以按预定义的形状来创建文字。选择"插入"选项卡，在"文本"组中单击"艺术字"按钮，打开艺术字库样式的列表框，选择一种艺术字样式，就可以在文档中出现的文本框内创建艺术字，如图 3-38 所示。输入的文本框可以进行编辑、旋转和移动等操作。也可以先输入文字并选中需要设置的文字，再单击"艺术字"进行设置。

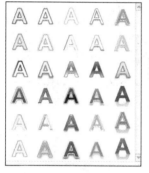

图 3-38　创建艺术字

2. 编辑艺术字

创建好艺术字后，如果对艺术字的样式不满意，可以对其进行编辑修改。选择艺术字即会出现艺术字"格式"选项，就可以对艺术字进行各种修改设置，如图 3-39 所示。

图 3-39　编辑艺术字

例如，要创建文字为"中华人民共和国"的艺术字，输入并选中文字，在"插入"功能栏下选择"艺术字"，选择一种需要的艺术字效果，如选择第五排第三个的"填充，红色"艺术字，效果图见图 3-40。如果对效果不满意可进行编辑，选中艺术字，出现"绘图工具"选项，在该选项下的"格式"栏中可以对艺术字进行修改。如要改变弯曲程度，单击"格式"选项下的"艺术字样式"组中的"文本效果"，单击"转换"，会出现很多种样式，如选择"正 V 形"，艺术字整体就会呈现正 V 形的弯曲样式，上下左右拉动可改变弯曲的大小。如果要改变颜色和一般的文本操作一样，效果如图 3-41 所示。

中华人民共和国　　　中华人民共和国

　　　图 3-40　艺术字效果 1 　　　　　　　　　　图 3-41　艺术字效果 2

3.5.4　插入形状

Word 2010 中有一套可用的形状，包括线条、箭头、流程图、星与旗帜、标注等，可以利用这些形状来使用户的文档更加形象。

1. 绘制形状

在 Word 2010 中可以很方便地绘制形状，以制作各种图形及标志。在"插入"选项卡的"插图"组中，单击"形状"按钮，在弹出的菜单中单击相应的图形按钮，在文档中拖动鼠标就可以绘制对应的形状。如插入标注，在文档的任意位置都可以插入标注，在选择插入标注后，显示的是带有箭头的对话框，可以在其中输入文字，对标注用户可以改变所指的位置，也可以进行旋转，拉动边框上的节点改变大小等，如图 3-42 所示。

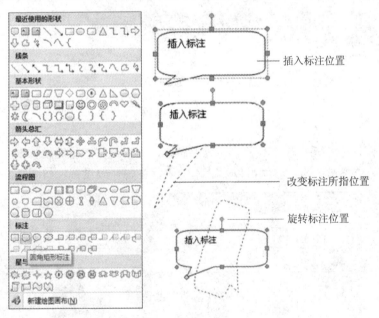

图 3-42　插入标注

2. 编辑形状

形状绘制完成后，需要对其进行编辑。选中形状，即出现"绘图工具"，选择"格式"选项卡，就可以对形状进行编辑，如图 3-43 所示为"格式"工具栏。

图 3-43　编辑形状

3.5.5　插入 SmartArt 图形

Word 2010 提供了 SmartArt 图形的功能，它是一种用于设计形状的功能，可以设计一些说明各种概念性的内容，如层次结构、流程图等，可使文档更加形象生动，更具有说服力。

1. 创建 SmartArt 图形

SmartArt 图形包括列表、流程、循环、层次结构、关系、矩阵和棱锥图等。要插入 SmartArt 图形，选择"插入"选项卡，在"插图"组中单击"SmartArt"按钮，打开"选择 SmartArt 图形"对话框，根据需要选择合适的类型即可，如图 3-44 所示。

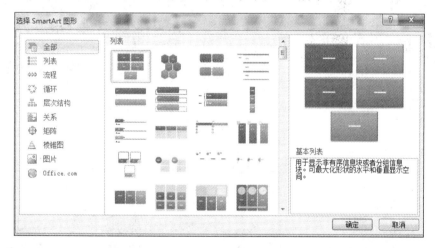

图 3-44　创建 SmartArt 图形

2. 编辑 SmartArt 图形

插入图示后，如果预设的效果不能满足用户的需要，可以对其进行编辑操作，如添加和删除形状、套用形状样式和更换图标类型、增加内容等。在创建好 SmartArt 图形后，选择 SmartArt 图形，出现 SmartArt 图形工具，有设计和格式两个工具栏，见图 3-45 和图 3-46 所示，用它们可以对 SmartArt 图形进行编辑。

例如，设计一个单位的人事结构图形，选择"层次结构"，一般选择如图 3-47 所示的树形结构。在文本中输入相应的文字即可，如果结构太小不能满足需要，可以添加文本，其位置可以根据需要选择，同时用户还可对每个文本进行各种格式的编辑。

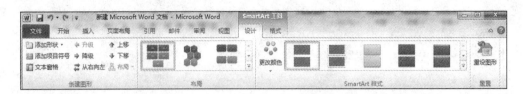

图 3-45　SmartArt 图形工具的设计工具栏

图 3-46　SmartArt 图形工具的格式工具栏

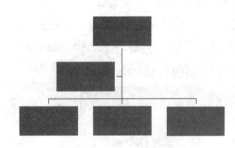

图 3-47　创建 SmartArt 图形

在图 3-47 中，选中在第三层上的文本右键单击选择添加形状，再选择"在后面添加形状"，即可出现第三层上的第四个文本，第三层的第一个文本框右键添加形状，选择"在下方添加形状"，添加两次即可添加两个，添加完后，在设计工具栏下的"布局"中选择"标准"，其他可类似进行，设计好后，再输入文字，如果颜色不满意在设计工具栏下可以选择"更改颜色"进行调整，效果图示例见图 3-48 所示。

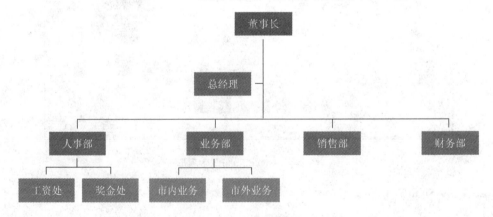

图 3-48　层次结构效果图

3.5.6　插入文本框

文本框是一个能够容纳正文的图像对象，可以置于页面中的任何位置，可以进行诸如线条、颜色、填充色等格式化设置。

1. 插入文本框

在"插入"菜单下的"文本"选项中单击"文本框"图标，选择需要插入的文本框类型，就可以插入文本框，如图 3-49 所示，如果用户对系统提供的文本框不满意可以自己绘制文本框。

图 3-49　插入文本框

2. 编辑文本框

插入文本框后，可以根据需要对其进行大小、位置、边框、填充色和版式等设置。选中文本框，即出现文本框"格式"选项，选择"格式"，在其中就可以进行设置，如图 3-50 所示。或者选中文本框，右击在文本框格式中进行设置即可。

图 3-50　文本框格式

（1）文本框大小和位置的编辑

选中文本框，周围的边框上有八个表示方向的节点，鼠标单击节点可以进行左右上下和斜向上斜向下的拉动，从而改变其大小，如图 3-51 所示。用户也可以选中文本框，在"文本框工具"栏下的"格式"功能栏的"大小"中进行数字设置，从而改变文本框大小。位置可以通过选中文本框直接拖动来改变。

（2）边框的编辑

选中文本框，在"格式"工具栏中可以对边框进行编辑，在"文本框样式"中选择"形状轮廓"可以改变文本框的边框，如颜色、线条或无轮廓等，如图 3-52 所示，效果如图 3-53 所示。

（3）填充颜色和版式设置

选中文本框，在"格式"工具栏中选择"形状填充"，可以对文本框进行颜色填充，默认无填充颜色，用户还可以填充各种颜色、图片等，如图 3-54 所示。对版式的设置可以选择排列中的"置于顶层""置于底层""文字环绕",其中在"文字环绕"对话框中有多种版式设置方法,如果选择嵌入型可将文本框嵌入到文档中,浮于文字上方可以使得文本框在文本上方,方便设置和编辑,这是常用的版式,如图 3-55 所示。

(4)文本框简单应用示例

如果要在一张图片上添加文字就需要用文本框来添加,操作非常方便,如要添加艺术字"随心而动",先插入一个文本框,在文本框中编辑艺术字,设置文本框为无边框,无填充色,将文本框拖动到图片上,调整到合适的位置即可,效果如图 3-56 所示。

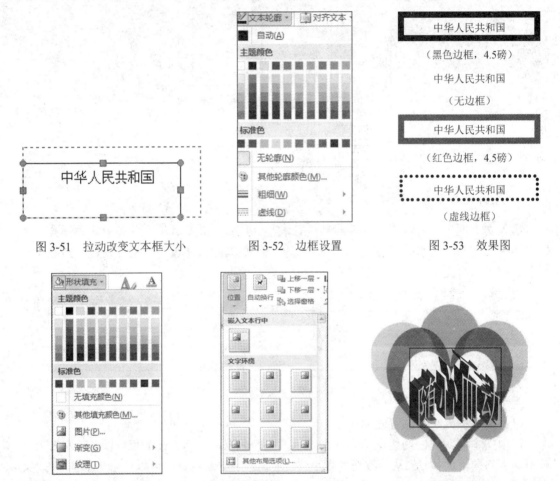

图 3-51　拉动改变文本框大小　　　　图 3-52　边框设置　　　　图 3-53　效果图

图 3-54　形状填充　　　　图 3-55　文字环绕　　　　图 3-56　文本框和图片的叠加效果图

3.6　使用表格

在编辑文档时,为了更形象地说明问题,用户常常需要在文档中制作一些充满数据的表格。如课程表、学生成绩表、个人简历表、数据表和财务报表等。Word 2010 提供了强大的表格功能,可以使用户非常方便快速地创建与编辑表格。

3.6.1　创建表格

在 Word 2010 中可以使用多种方法来创建表格，如按照指定的行或列插入表格、绘制不规则表格和插入 Excel 电子表格等。表格的基本单元称为单元格，它是由许多行和列的单元格组成一个综合体。常见的方法是使用表格网格框创建表格、使用对话框创建表格、绘制表格、快速插入表格等。

1．使用表格网格框创建表格

利用表格网格框可以直接在文档中插入表格，这也是最快捷的方法。将光标定位在需要插入表格的位置，然后选择"插入"菜单，单击"表格"选项中的"表格"按钮，在打开的菜单中，会出现网格框，用户可以自由拉动鼠标以设置表格的行列数，同时在光标位置会出现表格的预览情况，若满足要求直接鼠标左键单击即可，如图 3-57 所示。

2．使用对话框创建表格

使用"插入表格"对话框创建表格时，可以在建立表格的同时设置表格的大小。选择"插入"选项卡，在"表格"组中单击"表格"按钮，在弹出的菜单中选择"插入表格"命令，打开"插入表格"对话框，在"列数"和"行数"对话框中可以设置表格的列数和行数，如图 3-58 所示。

图 3-57　拉动插入表格

图 3-58　对话框插入表格

插入表格中的各元素名称及功能如表 3-3 所示。

表 3-3　插入表格中的各元素名称及功能

元素名称		功能
表格尺寸	行数	表示几行，可以输入行数
	列数	表示几列，可以输入列数
"自动调整"操作	固定列宽	表格中宽度的固定值，用户可以自行设置
	根据内容调整	表格的大小会根据内容的多少进行自动调整
	根据窗口调整	表格宽度与正文宽度一致，列宽是正文宽度除以列数
为新表格记忆此尺寸		使此表格的尺寸为以后新建表格的默认尺寸

3. 绘制表格

在实际应用中，行与行之间以及列与列之间一般都是不等距的不规则表格，在很多情况下，还需要创建各种栏宽、行高都不等的不规则表格。通过 Word 2010 中的绘制表格功能可以创建不规则的表格。选择"插入"选项卡，在"表格"组中单击"表格"按钮，在弹出的菜单中选择"绘制表格"命令，用户可以自由地绘制各种表格。

4. 快速插入表格

在 Word 2010 中，可以快速地插入系统自带的模板表格。选择"插入"选项卡，单击"表格"组中的"快速表格"按钮，就可以快速地插入 Word 2010 自带的一些常见表格的模板，用户可以根据需要在其中进行修改，如图 3-59 所示。选择合适的模板插入，对其中的文字、版式等都可以进行编辑，如图 3-60 所示。

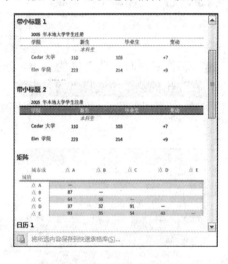

图 3-59 插入表格模板

项目	所需数目
图书	1
杂志	3
笔记本	1
便笺簿	1
钢笔	3
铅笔	2
荧光记号笔	2 色
剪刀	1 把

图 3-60 对插入的模板进行编辑

5. 表格样式

在插入的表格中可以修改其样式，选中表格，单击"表格工具"菜单下的"设计"选项，单击"表样式"在其中选择用户所需要的样式模板进行编辑，如图 3-61 所示。

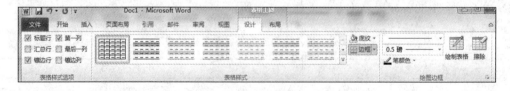

图 3-61 表样式

3.6.2 编辑表格中的文本

表格创建完成后，还需要在表格中添加文本。在表格中处理文本的方法与在普通文档中处理文本略有不同。因为在表格中每一个单元格就是一个独立的单位，在输入过程中，Word 2010 会根据文本的多少自动调整单元格的大小。编辑表格中的文本操作主要有在表格中输入数据、设置文本格式。

1. 在表格中输入数据

在表格的各个单元格中可以输入文字、插入图形，也可以对各单元格中的内容进行剪切和粘贴等操作，这和正文文本中所做的操作基本相同。用户只需将插入点置于表格的单元格中，然后直接利用键盘输入文本即可。注意：单元格中的内容会影响其大小。如果不需要根据内容调整大小，用户可以固定单元格大小。

2. 设置文本格式

表格中的每个单元格就类似于一个小的文档，可以在其中进行字体格式化、段落格式化以及添加边框、底纹等设置。其方法是选中单元格中的文本进行设置。用户还可以对表格的部分或整体进行文本的对齐，选中表格（或部分选中）右击，选择"单元格对齐方式"，在其中选择所需要的对齐方式，如图 3-62 所示。

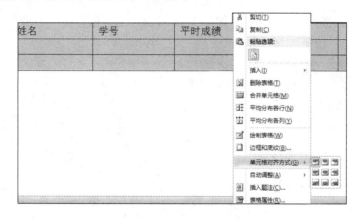

图 3-62　单元格对齐

3. 编辑表格

在文档中创建表格之后，还可以对其进行编辑修改操作，如插入和删除单元格，合并和拆分单元格，插入和删除行、列，调整行高和列宽等，以满足用户不同的需要。

（1）插入和删除单元格

要插入单元格，可先选定若干个单元格，然后选择表格工具的"布局"选项卡，在"行和列"选项组中有快捷插入的四个选项，也可以单击"行和列"对话框启动器，打开"插入单元格"对话框，或右键插入单元格，如图 3-63 所示。

要删除单元格，可先选定若干个单元格，然后选择表格工具的"布局"选项卡，在"行和列"组中，单击"删除"的下拉菜单，可以从中进行表格的删除，如仅删除单元格，在弹出的菜单中选择"删除单元格"命令，打开"删除单元格"对话框，选择移动或删除单元格的方式即可，如图 3-64 所示。

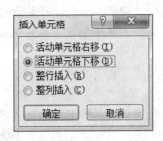 

图 3-63　插入单元格　　　　　　　　　　　图 3-64　删除单元格

（2）合并和拆分单元格

在 Word 2010 中，允许将相邻的两个或多个单元格合并成一个单元格，也可以把一个单元格拆分为多个单元格，以达到增加行数和列数的目的。若要合并单元格，可以选择需要合并的几个单元格，右击再选择"合并单元格"按钮即可合成一个单元格，如图 3-65 所示。也可以通过"表格工具"｜"布局"下的"合并单元格"按钮进行。若需要拆分单元格，选择一个单元格右键单击"拆分单元格"，会出现如图 3-66 所示的对话框，用户可以设置所要拆分的行列数，如拆分成一行两列，在列数框中调成 2，行数框中调 1 再单击"确定"即可，一般默认是"列 2 行 1"，如图 3-66 所示。也可以通过"表格工具"｜"布局"下的"拆分单元格"按钮进行拆分。

图 3-65　合并单元格　　　　　　　　　　　图 3-66　拆分单元格

（3）插入和删除行、列

在创建表格后，经常会遇到表格的行、列不够用或多余的情况。在 Word 2010 中，可以很方便地完成行、列的添加或删除操作，以使文档更加紧凑美观。

要向表格中添加行，应先在表格中选定与需要插入行的位置相邻的行，选定的行数和要增加的行数相同。然后选择表格工具的"布局"选项卡，在"行和列"组中单击"在上方插入"或"在下方插入"按钮。插入列的操作与插入行基本类似，可以在表格的任何位置插入列，如图 3-67 所示。

（4）调整行高和列宽

在实际工作中常常需要随时调整表格的行高和列宽。将插入点定位在表格内，选择表格工具的"布局"选项卡，在"单元格大小"组中单击"自动调整"按钮，在弹出的菜单中选择命令，可以十分便捷地调整表格的行与列。另外也可以在该组中，单击"分布行"和"分布行"按钮，平均分布行或列。用户也可以单击右下角的箭头，在出现的"表格属性"对话框中设置行列的大小，如图 3-68 所示。单元格右侧的"分布行"和"分布列"表示将所有行平均大小分布和列平均大小分布。

图 3-67　插入行和列

图 3-68　调整行列的宽和高

（5）拆分表格

所谓拆分表格，就是将一个表格拆分为两个独立的子表格。拆分时，将插入点置于要拆分开的行分界处，也就是要成为拆分后第二个表格的第一行处。选择表格工具的"布局"选项卡，在"合并"组中单击"拆分表格"按钮，或者按下 Ctrl＋Shift＋Enter 组合键，这时，插入点所在行以下的部分就从原表格中分离出来，形成另一个独立的表格。

（6）绘制斜线表头

在实际工作中，经常需要使用带有斜线表头的表格。表头总是位于所选表格的第 1 行第 1 列的单元格中，斜线表头是指在表格的第 1 个单元格中以斜线划分多个项目标题，分别对应表格的行和列。由于 Word 2010 本身并没有内置的插入斜线表头工具，需要用户自己选择插入或绘制插入。选中单元格，在表格工具的"设计"选项下的"边框"的下拉按钮中，可以选择"斜下框线"自动在该单元格上出现斜线表头。如果不能满足要求，可以通过"插入"选项组中的"形状"插入直线来绘制斜线表头，即将单元格的对角用直线连接起来，绘制完成后可以通过回车键和空格键将文本调整到合适的位置，如图 3-69 所示。

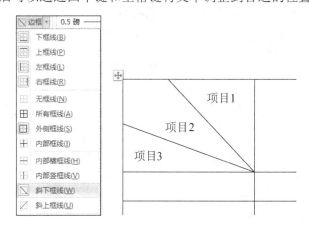

图 3-69　插入斜线表头和绘制斜线表头

（7）美化表格

建立一个表格后，Word 会自动设置表格使用 0.5 磅的单线边框。如果用户对表格的样式不满意，可以使用"边框和底纹"对话框，重新设置表格的边框和底纹来美化表格，使表格看起来更加突出、美观。选中表格，在"设计"功能栏下选择"边框"，在下拉菜单中选择"边框和底纹"，可以对表格的边框底纹进行设置，如图 3-70 所示。注意：在"应用于"中可以选择对整个表格或单元格的设置。

图 3-70　边框和底纹

3.6.3　表格的计算与排序

Word 2010 的表格提供了计算和排序的功能，用户可以对其中的数据执行一些常见的操作，这样可以使用户更加方便地处理表格中的数据，而不必使用 Excel 来处理，当然复杂的数据处理在 Word 中进行还是比较困难的。

1. 在表格中计算数据

在表格中，可以通过输入带有加、减、乘、除等运算符的公式进行计算，也可以使用 Word 附带的函数进行较为复杂的计算，用户还可以对计算的数据进行转换，以表 3-4 为例，本节需要计算每个人的收入总和以及每年收入的平均数。

表 3-4　收入年表

收入（元）　　年份　　　　姓名	2001	2002	2003	2004	合计
张三	21000	21053	35621	30021	107695
李四	15000	16753	19200	20415	71368.00
王五	30000	27542	31021	37025	
平均值	17000.25				

首先将鼠标定位于第二行第六列交叉处的单元格，此时在功能区会新增加"表格工具"工具栏，在其下方新增"设计"和"布局"选项卡。单击"布局"选项卡"数据"功能组中"公式"按钮，在打开的"公式"对话框中，确认"公式"输入栏中的公式为"＝SUM（LEFT）"，确定后就可以得到张三的合计数值了。其他几个人的合计数据类似。

若要计算每年的平均数，可以先将鼠标定位于第五行第二列交叉处，打开"公式"对话框，此时"公式"输入栏中的公式为"＝SUM（ABOVE）"，将"SUM"换成"AVERAGE"，单击下方"粘贴函数"下拉按钮，在下拉列表中选择"AVERAGE"，然后在"公式"栏中"AVERAGE"后的括号中填入"ABOVE"。确定后，就可以得到需要的平均值了，如图3-71所示。

2. 格式转换

选择某一个单元格，打开"公式"对话框，修改相应的公式后，单击对话框中"编号格式"下拉按钮，可以在下拉列表中选择相应的数字格式，确定后即可，如将"李四的合计"表示成"￥67350.00"的格式，如图3-72所示。也可以在公式中直接输入等号和数字转换。

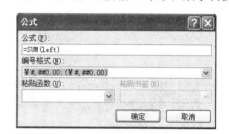

图3-71　表格中的公式　　　　　　　图3-72　表格中数据的格式转换

3. 在表格中排序

在 Word 2010 中，还可以对表格中的某个指定的列进行排序，也可以选择两个或者多个列进行排序。选中某列，单击"数据选项"中的排序，用户可以根据关键字进行排序，还可以设置是否区分大小写和排序的语言等选项以及升序和降序。选中表格，在"布局"栏中选择"排序"，如对表3-4中的2002年的收入进行排序，如图3-73所示。

4. 表格与文本的转换

（1）将文本转换为表格

在 Word 2010 中，可以将文本转换为表格，也可以将表格转换为文本。要把文本转换为表格时，应首先将需要进行转换的文本格式化，即把文本中的每一行用段落标记隔开，每一列用分隔符（如逗号、空格、制表符等）分开，否则系统将不能正确识别表格的行列分隔，从而导致不能正确转换。选中需要转换成表格的文本，选择"插入"选项卡，在"表格"组中单击"表格"按钮，在弹出的菜单中选择"文本转换成表格"命令，打开"将文字转换成表格"对话框，如图3-74所示。

（2）将表格转换为文本

将表格转换为文本，可以去除表格线，仅将表格中的文本内容按原来的顺序提取出来，但会丢失一些特殊的格式。选中表格，选择表格工具的"布局"选项卡，在"数据"组中单击"转换为文本"按钮，打开"表格转换成文本"对话框。在对话框中选择"将原表格中的单元格文本转换成文字后的分隔符"的选项，然后单击"确定"按钮即可。

图 3-73　表格中数据的排序　　　　　　　图 3-74　将文本转换成表格

3.7　文本的格式设置

在文档中，文字是组成段落的最基本内容，任何一个文档都是从段落文本开始进行编辑的，当用户输入完所需的文本内容后，就可以对相应的段落文本进行格式化设置，从而使文档更加美观和形象。

3.7.1　设置文本格式

在 Word 文档中输入的文字默认为五号宋体，为了使文档更加美观，条理更加清晰，通常需要对字符进行格式化操作。如可设置文本的字体、字号和颜色，文本字形，文本效果等，对于各个图标的具体作用，可以将鼠标箭头移动到该图标上会自动显示出该图标的作用。带有下拉小三角的图标打开后会有更多种类的操作。

1．设置文本的字体、字号和颜色

设置文本的字体、字号和颜色是格式化文档的最基本操作。可以通过"字体"组中的按钮进行设置，也可以通过"字体"对话框进行设置。具体方法如下：

1）使用按钮设置字体、字号和颜色：通过"开始"菜单下的"字体""字号"和"字体颜色"按钮来设置，如图 3-75 所示。

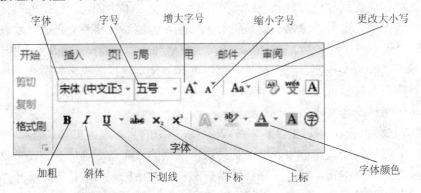

图 3-75　设置文本的字体、字号和颜色

2）选中文本右击，再单击"字体"选项，可选择"字体""字号""字体颜色"。

2. 设置文本效果

文本的字形包括文本的常规显示、倾斜显示、加粗显示及加粗倾斜显示。选中文本，单击在"开始"菜单下的"B""I"按钮分别设置成加粗和倾斜显示，如都需要则都单击即可。文本效果包括下划线、字符边框、上标、下标、阴影等，其设置方法与设置字体相同。

通常情况下，文本是以标准间距显示的，这样的字符间距适用于绝大多数文本，但有时候为了创建一些特殊的文本效果，需要将文本的字符间距扩大或缩小。要设置字符间距，可以选择"开始"选项卡，单击"字体"对话框启动器，打开"字体"对话框，使用"字符间距"选项卡就可以设置文本的缩放比例、文本间距和相对位置。单击"开始"菜单下的"字体"选项的右下角的 ⊠ 图标或选中文本右击"字体"选项，会出现如图 3-76 所示的对话框，可在"字符间距"中调节字符间距。按 Ctrl＋D 快捷键也可以快速打开"字体"对话框。

图 3-76　字符间距的设置

3. 设置项目符号和编号

使用项目符号和编号列表，可以对文档中并列的项目进行组织，或者将顺序的内容进行编号，以使这些项目的层次结构更清晰、更有条理。Word 2010 提供了七种标准的项目符号和编号，并且允许用户自定义项目符号和编号。在"开始"菜单下的"段落"选项的左上角，是项目符号、编号和多级列表选项，单击下拉的小三角选择项目符号和编号选项，或者选择自定义项目符号和编号，如图 3-77 所示。

Word 2010 提供了自动添加项目符号和编号的功能。在以"1.""（1）""a"等字符开始的段落中按 Enter 键，下一段开始将会自动出现"2.""（2）""b"等字符。

另外，也可以在输入文本之后，选中要添加项目符号或编号的段落，选择"开始"选项卡，在"段落"组中，单击"项目符号"按钮将自动在每段前面添加项目符号；单击"项目符号"按钮将以"1.""2.""3."的形式编号，如图 3-78 所示。用户也可以自己定义新编号格式。对于较长的文档如书稿讲义等，用户可以在多级列表中对文档进行多级编号，用于章节的划分。

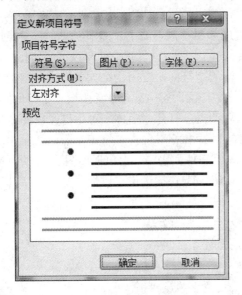

图 3-77　定义项目编号

图 3-78　选择项目编号

3.7.2　设置段落格式

段落是构成整个文档的骨架，它是由正文、图表和图形等加上一个段落标记构成的。段落的格式化包括段落对齐、段落缩进、段落间距设置等。

1. 设置段落对齐方式

段落对齐指文档边缘的对齐方式，包括两端对齐、居中对齐、左对齐、右对齐和分散对齐。在"开始"选项卡下的"段落"组中有对齐的快捷按钮，如图 3-79 所示。从左至右分别为左对齐、居中、右对齐、两端对齐、分散对齐等。

用户也可以用"段落"选项对话框进行设置，在"开始"选项卡中选择"段落"菜单，单击下拉按钮即可打开"段落"对话框，如图 3-80 所示。

2. 设置段落缩进

段落缩进是指段落中的文本与页边距之间的距离。Word 2010 中共有四种格式：左缩进、右缩进、悬挂缩进和首行缩进。可以使用"段落"对话框设置缩进和标尺设置段落缩进，在特殊格式中一般选择"首行缩进"。

3. 设置段落间距

段落间距的设置包括文档行间距与段间距的设置。所谓行间距是指段落中行与行之间的距离；所谓段间距，就是指前后相邻的段落之间的距离，主要是设置行间距和段间距。

一般默认为单倍行距，用户可以根据需要改变行距的大小如单倍行距、1.5 倍行距、2 倍行距或自行设定行距等，如图 3-80 所示。

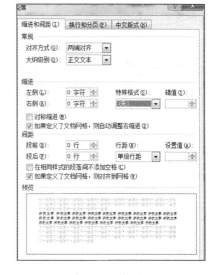

图 3-79　对齐方式　　　　　　　　　　图 3-80　设置段落对齐方式

4. 设置边框和底纹

在进行文字处理时，可以在文档中添加各种各样的边框和底纹，以增加文档的生动性和实用性。Word 2010 提供了多种边框类型，不同的边框有不同的设置方法，用来强调或美化文档内容，在"段落"选项中的右下角可以选择 下框线图标，打开"边框和底纹"对话框，选择"边框"或"底纹"选项卡，对填充的颜色和图案等进行设置即可，如图 3-81和图 3-82 所示。

图 3-81　边框设置　　　　　　　　　　图 3-82　底纹设置

3.8　页　面　设　置

字符和段落文本只会影响到某个页面的局部外观，影响文档整体外观的另一个重要因素是它的页面设置。页面设置包括页边距、纸张大小、页眉页脚版式和页面背景等。使用 Word 2010 能够排出清晰、美观的版面。

3.8.1 设置页面大小

在编辑文档时，直接用标尺就可以快速设置页边距、版面大小等，但是这种方法不够精确。如果需要制作一个版面要求较为严格的文档，可以使用"页面设置"对话框来精确设置版面、装订线位置、页眉、页脚等内容。

1. "页面设置"对话框

在文档中选择"页面布局"选项卡，在"页面设置"组中，单击"页面设置"对话框启动器，就可以打开"页面设置"对话框，该对话框包括页边距、纸张、版式和文档网络选项卡。用户可以根据需要，使用"页面设置"对话框设置出各种大小不一的文档。一般默认是 A4 纸张，宽 21cm，高 29.7cm，纸张中可以选择 B5、信封或自定义大小等，注意预览情况与纸张是相符合的。

页边距是整个文档或当前节的边距大小，其设置值与打印效果一致，为满足用户的不同需要，可以设置不同的页边距，如图 3-83 所示。设置页边距的效果如图 3-84 所示。在"纸张方向"设置中，用户可以设置纸张打印、排版方向是纵向还是横向，效果如图 3-85 所示。同时，如果用户需要装订纸张，也可以对装订线位置进行设置，如上装订线、左装订线等，需要留出的距离，在"装订线"中输入数字即可设置。用户还可以在"应用于"中选择"整篇文档"或"插入点之后的部分文档"。对纸张的设置如图 3-86 所示，用户可以根据打印的纸张进行改变，如 A4、B5、16K 等纸张，特殊用途用户可以自定义纸张，一般纸张的选择与打印机有关。在版式设置中，用户可以根据需要设置"页眉和页脚"选项，奇偶页不同表示页眉页脚分别在奇数页和偶数页显示不同，选择"首页不同"在首页上可以不显示页眉页脚，还可以设置页眉页脚与边界的距离，如图 3-87 所示。

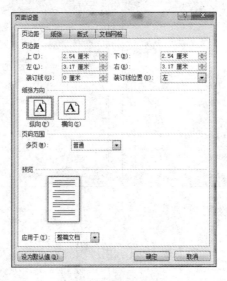

图 3-83　设置页边距

图 3-84　页边距设置示例

图 3-85　纸张的方向：横向与纵向

图 3-86　纸张设置

图 3-87　版式设置

2. 设置页眉和页脚

页眉和页脚通常用于显示文档的附加信息，如页码、日期、作者名称、单位名称、章节名称等。其中，页眉位于页面顶部，而页脚位于页面底部。Word 可以给文档的每一页建立相同的页眉和页脚，也可以交替更换页眉和页脚，即在奇数页和偶数页上建立不同的页眉和页脚。

要在文档中添加页眉和页脚，可以选择"插入"选项卡，在"页眉和页脚"组中单击"页眉"（或"页脚"）按钮，在弹出的快捷菜单中选择"编辑页眉"（或"编辑页脚"）命令，激活页眉和页脚，就可以输入文本、插入图形对象、设置边框和底纹等操作，同时打开"页眉和页脚工具"的"设计"选项卡。Word 2010 有自带的页眉和页脚模板，用户可以选择使用，在设计完页眉和页脚后要关闭页眉工具栏，如图 3-88 和图 3-89 所示。

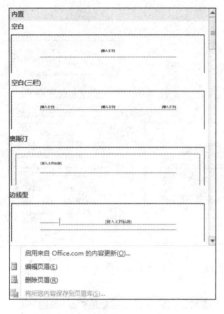

图 3-88　插入页眉　　　　　　　　　　图 3-89　插入页脚

一般情况下，在书籍的章首页，需要创建独特的页眉和页脚。在"页眉和页脚"工具栏下的"设计"选项中在"首页不同"前打钩，就可以使首页的页眉页脚和其他页不同。

有时用户需要区别奇偶页的页眉页脚。在 Word 2010 中，用户可以很方便地为奇偶页创建不同的页眉页脚。在"页眉和页脚"工具栏下的"设计"选项中在"奇偶页不同"前打钩，就可以使奇偶页的页眉页脚不同。此时仅分别设置第一页和第二页的页眉和页脚即可，其他的会自动生成。

如果要删除页眉或页脚，双击页眉或页脚，在"页眉和页脚工具"的"设计"选项卡中单击"页眉"下拉菜单，单击"删除页眉"即可。

3. 插入页码

如果文档页数较多，就需要插入页码以便于阅读和查找。页码一般添加在页眉或页脚中，当然，也可以添加到其他地方。要在文档中插入页码，可以选择"插入"选项卡，在"页眉和页脚"组中，单击"页码"按钮，在弹出的菜单中选择页码的位置和样式即可，如顶端和底端等，Word 2010 有默认的页码格式，如图 3-90 所示。在文档中，如果需要使用不同于默认格式的页码，就需要对页码的格式进行设置，可以选择"插入"选项卡，在"页眉和页脚"组中单击"页码"按钮，在弹出的菜单中选择"设置页码格式"命令，打开"页码格式"对话框。用户可以根据需要进行选择，如图 3-91 所示。

4. 插入分页符和分节符

使用正常模板编辑一个文档时，Word 是将整个文档作为一个大章节来处理，但在一些特殊情况下，如要求前后两页、一页中两部分之间有特殊格式时，操作起来相当不便，此时可在其中插入分页符或分节符。

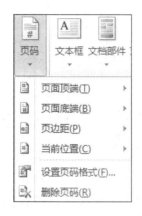

图 3-90　插入页码的格式　　　　　　　图 3-91　编辑页码格式

分页符是用来标记一页终止并开始下一页的点。在 Word 2010 中，可以很方便地插入分页符。如果把一个较长的文档分成几节，就可以单独设置每节的格式和版式，从而使文档的排版和编辑更加灵活，这时可以使用分节符。将光标放置某一页上，选择"页面布局"选项卡，在"页面设置"工具栏中单击"分隔符"，就会出现"分页符"和"分节符"等一些操作。

5. 分栏

在许多文档的编排上，需要将文档分栏，选中需要分栏的文字，在"页面布局"选项卡中选择"分栏"功能，在其下拉菜单中，可以根据需要选择分成 2 栏或 3 栏等，如图 3-92所示。在"更多分栏"中，用户可以对分栏进行设置，如图 3-93 所示。

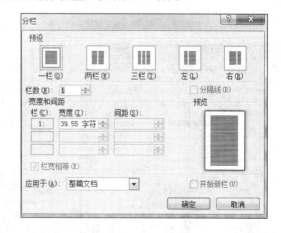

图 3-92　分栏　　　　　　　　　　　　图 3-93　更多分栏设置

3.8.2　设置页面背景

给文档加上丰富多彩的背景，可以使文档更加生动和美观。在 Word 2010 中不仅可以给文档添加页面颜色，还可以制作出水印背景效果。

1. 设置背景颜色

Word 2010 提供了 40 多种颜色作为现成的颜色，可以选择这些颜色作为文档背景，也可以自定义其他颜色作为背景。要为文档设置背景颜色，可以选择"页面布局"选项卡，在"页面背景"组中，单击"页面颜色"按钮，将打开"页面颜色"子菜单。在"主题颜色"和"标准色"选项区域中，单击其中的任何一个色块，就可以把选择的颜色作为背景。也可以在"其他颜色"中进行自定义颜色。

2. 设置背景填充效果

只用一种颜色作为背景色，对于一些 Web 页面，会显示过于单调。Word 2010 还提供了其他多种文档背景效果，例如，渐变背景效果、纹理背景效果、图案背景效果及图片背景效果等。要设置背景填充效果，可以选择"页面布局"选项卡，在"页面背景"组中单击"页面颜色"按钮，在弹出的菜单中选择"填充效果"命令，打开"填充效果"对话框，有"渐变""纹理""图案""图片"四个选项，用户可以根据需要选择，如图 3-94 所示。如要填充图片，用户还可以选择系统自带或自己的图片。

3. 设置水印效果

所谓水印，是指印在页面上的一种透明的花纹。水印可以是一幅图画、一个图表或一种艺术字体。当用户在页面上创建水印以后，它在页面上是以灰色显示的，成为正文的背景，从而起到美化文档的作用。在 Word 2010 中，可以从水印模板中插入系统自带的水印模板，也可以插入一个自定义的水印。选择"页面布局"选项卡，在"水印"选项中进行选择，或选择"自定义水印"，如图 3-95 所示。确定后在整个文档的背景中就会出现斜式的"公司绝密"的字样，用户可以对字样进行修改字体颜色等，效果图如图 3-96 所示。

图 3-94　填充效果

图 3-95　自定义水印

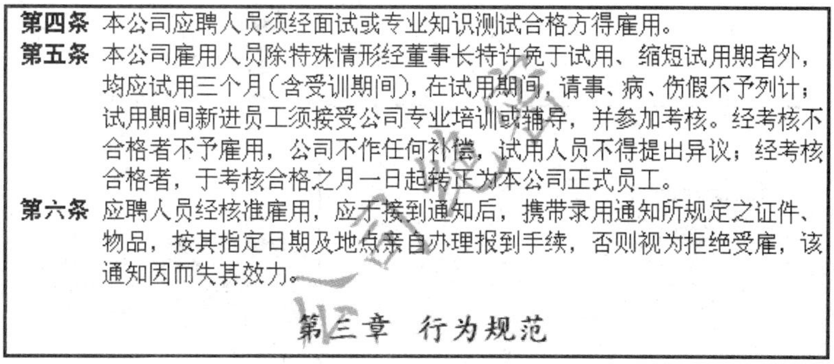

第四条　本公司应聘人员须经面试或专业知识测试合格方得雇用。
第五条　本公司雇用人员除特殊情形经董事长特许免于试用、缩短试用期者外，
均应试用三个月（含受训期间），在试用期间，请事、病、伤假不予列计；
试用期间新进员工须接受公司专业培训或辅导，并参加考核。经考核不
合格者不予雇用，公司不作任何补偿，试用人员不得提出异议；经考核
合格者，于考核合格之月一日起转正为本公司正式员工。
第六条　应聘人员经核准雇用，应于接到通知后，携带录用通知所规定之证件、
物品，按其指定日期及地点亲自办理报到手续，否则视为拒绝受雇，该
通知因而失其效力。

第三章　行为规范

图 3-96　水印效果图

3.9　文档打印输出

如果用户在操作系统中安装了打印机，就可以打印 Word 文档，Word 2010 提供了一个非常强大的打印功能，可以很轻松地按要求将文档打印出来，在打印文档前可以先预览文档、设置打印范围、一次打印多份、对版面进行缩放、逆序打印，也可以只打印文档的奇数页或偶数页。一般要求用户首先选择默认的打印机，要设置默认打印机，可以选择"开始"|"设置"|"打印机和传真"命令，打开"打印机和传真"窗口，右击需要设置为默认打印机的图标，从弹出的快捷菜单中选择"设置默认打印机"命令。如果需要对默认打印机进行设置，还可以在快捷菜单中单击"属性"命令，打开"打印机的属性"对话框进行设置。打印之前，用户应该预览打印效果，以充分了解打印的结果是否合适，可以使用打印预览功能，利用该功能观察到的文档效果，实际上就是打印的真实效果。如果不满意打印效果，还可以在预览窗口中对文档进行页面的编辑，以得到满意的效果。

单击左上角的"文件"图标，在弹出的菜单中选择"打印"命令，即在屏幕的右侧可以看见打印预览窗口。在该窗口可以预览文档的打印效果，并且与实际打印效果完全一致。使用打印时，用户还可以在打印的页面下方查看文档的总页数和当前页面的页码；通过右下角的比例工具对文档进行多页、单页的查看；在"打印"页面下还可以对文档进行页边距、纸张方向等操作，如图 3-97 所示。

如果一台计算机与打印机已正常连接，并且安装了所需的驱动程序，就可以在 Word 2010 中将直接打印所需的文档。单击"打印"右拉菜单中的"打印"，打开对话框进行打印，在其中可以设置相应的选项，如图 3-98 所示。

在打印设置中，有时仅需要打印部分页面或当前页面，在"打印所有页"选择"打印当前页面"，就只打印所预览的这一页，在"打印自定义范围"页面范围输入框中输入"3-5"表示只打印 3 到 5 页共三页，如需要打印多份，在页面上方的"份数"上输入数字或利用上下箭头调整数字。如果是非 A4 纸张上的文档比如自定义的文档要打印在 A4 纸上，需要选择缩放，否则打印不完整或不合适，在"打印"页面下的"每版打印一页"选项中，打开下拉箭头，可以选择将文档缩放打印到 A4 纸张上即可。

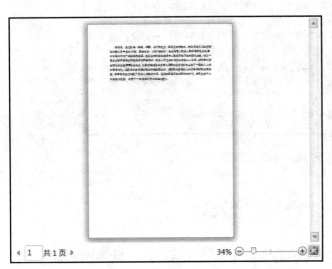

图 3-97　打印预览效果　　　　　　　　图 3-98　"打印设置"对话框

3.10　综　合　实　例

3.10.1　设计邀请函

请在中文版 Word 2010 中设计如下的一封邀请函，括号内为格式要求，不必输入。页边距要求：左 3.7cm，右 2.7cm，上 4.15cm，下 3.6cm。

河南省统计学会第二届学术研讨会

（黑体，三号，居中）

邀　请　函

（楷体_GB 2312，四号，居中）

_____先生/女士：（楷体_GB 2312，四号，左对齐）

（空一行）

您好！

（空一行）

为加强河南省统计学会的学术交流，深入研究探讨当前统计学科的形势和发展前景，我学会拟于 2008 年 7 月 8 日在郑州轻工业学院举办河南省第二届统计学会学术研讨会，特邀请您参加！（楷体_GB2312，五号，自动对齐，首行缩进 2 个字符，1 倍行距）

　　　　会议主题：河南省统计学会第二届学术研讨会
　　　　主办单位：河南省统计学会
　　　　承办单位：郑州轻工业学院数学与信息科学系
　　　　会议时间：2008 年 7 月 8 日至 10 日
　　　　会议地点：郑州轻工业学院图书馆一楼会议大厅
（空行）
请速将您的与会回执、论文题目及摘要邮寄组委会。
（楷体_GB2312，五号，文本左对齐，首行缩进 8.5 个字符，1 倍行距）

河南省统计学会组委会　敬邀
2008 年 7 月 1 日
（楷体_GB2312，五号，自动对齐，1 倍行距，右对齐）

河南省统计学会第二届学术研讨会

回　执

（楷体_GB2312，四号，居中，1 倍行距）

姓　名：		出生于　　年　月　日	职务/职称：	
论文暂定题：			寄论文时间：　　月　　日	
出席研讨会： 汽车站	□如期　　拟定于　月　日　　时到达郑州市火车站\			□
通信地址：				
邮　编：		Tel：		
Fax：		E-mail：		
建议：				

请于 7 月 5 日前回传组委会
（表格中全部是宋体，五号字，表格中部两端对齐，行高 1.35cm 固定值）

操作步骤：

1）首先将文字输入文档中，再按照要求调整格式，如图 3-99 所示，也可以选中文本在"开始"选项中设置文字的格式。要输入下划线，在"开始"选项中单击"U"，并在要输入的位置按空格键，到一定位置后停止并再单击"U"以关闭下划线，在其下拉按钮中可以对下划线进行设置。其他格式的设置按照要求进行即可。对段落的设置，用户可以选中段落，单击"开始"选项中的"段落"下拉菜单，在弹出的"段落"对话框中进行设置，未提出要求的设置按默认不必设置，如图 3-100 所示。其他文字的对齐方式，用户可以在"段落"的简介按钮中设置，如文本的对齐方式。

图 3-99　标题格式

2）设计表格。首先按照最多的行数和列数选择表格，本表格为 5 列 7 行，在要插入表格的位置处，单击"插入"选项卡中"表格"菜单，如图 3-101 所示。

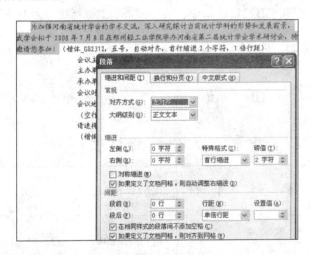

图 3-100　段落设置

图 3-101　插入表格

在插入表格后根据需要对表格进行设置，可以先输入文字与符号，选中表格，在"表格工具"选项下的"布局"选项选择"自动调整"下的"根据内容调整表格"。表格中的文字选择段落设置为单倍距。选中表格，在"布局"选项卡中将行高设置成 1.35cm，也可以右键选择"表格属性"，在打开的对话框中将行高设置为 1.35cm 固定值，确定即可，如图 3-102 和图 3-103 所示。由于列在不断地变化，所以不必固定列宽，列的调整可以通过拉动框中的表格线来设置，鼠标单击列线，出现虚线左右拉动即可对列的边线进行调整，同理对行线也可以这样调整，方法是选中行线，上下拉动进行调整，如图 3-104 所示。

对于第 2 行中的第 2 列和第 3 列以及第 4 列和第 5 列是合并单元格，拉动鼠标选中第 2 行的第 2 列和第 3 列，在"布局"选项卡中选择"合并单元格"即可将这两列合成一列，如图 3-105 所示。第 2 行中的第 4 列和第 5 列同样操作。而第 3 行是全部合并单元格，即选中第 3 行进行合并单元格即可。其他行的合并单元格同理。设置完成后，选中整个表格，右击，在单元格对齐方式中选择"中部两端对齐"，如图 3-106 所示。也可以在"布局"选项卡中对对齐方式进行设置。

图 3-102　"布局"设置行高

图 3-103　"表格属性"设置行高

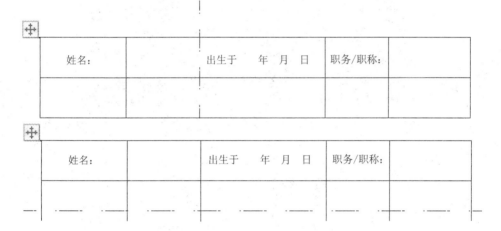

图 3-104　列线的调整和行线的调整

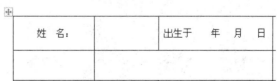

图 3-105　合并单元格及效果

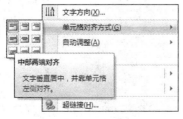

图 3-106　选择对齐方式

3.10.2　设计一张贺卡

要求：利用模板创建一张春节贺卡，如图 3-107 所示。

图 3-107　春节贺卡效果图

操作步骤：

1）利用模板设置贺卡，单击"文件"按钮，选择"新建"，在打开的对话框中选择"假日贺卡"可以在线下载贺卡，如果已经使用过该贺卡，可以直接选择下载，如图 3-108 所示。下载后会出现一个新的文档，这是贺卡的专用文档可以盖满整个页面，为方便编辑起见，用户可以将该贺卡拷贝到一个新的文档中进行其他编辑。为满足用户需要，可以根据贺卡的大小对页面进行设置，一般系统默认的大小比较合适。

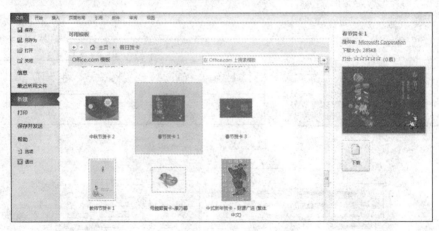

图 3-108　新建贺卡

2）对贺卡进行编辑。单击贺卡，作为图片对象用户可以对其进行相应的编辑、如大小形状、加入文字等。要在贺卡上添加文字，需要插入文本框，将鼠标单击贺卡的外面，选择"插入"选项中的插入"绘制"文本框，输入文字，如图 3-109 所示。

图 3-109　贺卡中插入文本框

对文本框中文字进行设置，如调节大小颜色，选中文字，在"开始"选项中对文字进行设置。设置为"隶书""二号字""黄色字体"，设置完成后，对文本框进行设置，单击文本框的边框，即可选中文本框，在"文本框"工具中进行设置，也可以右键单击"设置文本框格式"进行设置，设置为"无填充色""无边框颜色"即可，设置及效果如图 3-110 所示，对于位置的设置，用户可以拉动文本框以改变其位置。

图 3-110　文本框设置及效果

设置完成后将文本拖动到相应位置即可。

3.10.3　组织结构图：××公司组织结构图

利用 SmartArt 图形编辑设计如图 3-111 所示的公司结构图。
操作步骤：
1）在文档中插入"SmartArt"。选择"插入"选项，单击"SmartArt"按钮，在打开的对话框中选择"层次结构"，选择第一个组织结构图，单击"确定"即可，如图 3-112 所示，此时打开的为默认的图形。

2）编辑。为方便起见，我们对已经添加的格式进行一些变化，从而能够添加一些标签，添加完毕后再输入文本，设置样式。

第一步，如图 3-113 所示，将最下方的三个文本的后两个删除。

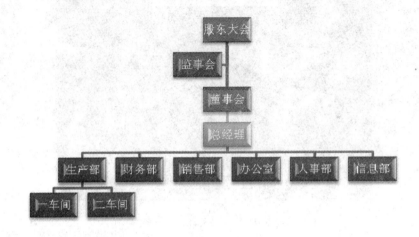

图 3-111　公司结构图

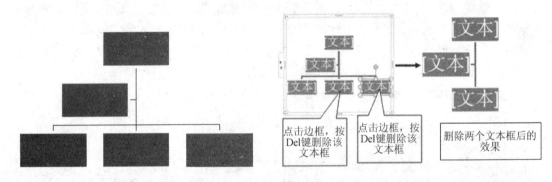

图 3-112　选择组织结构图（默认格式）　　　　　图 3-113　删除部分文本

第二步，选择最后一个文本，在"SmartArt 工具"栏下的"设计"选项卡中的"布局"选项下，选择"标准"，并在"添加形状"中选择"向下方添加形状"，即可在下方出现一个文本，如图 3-114 所示。

图 3-114　在下方添加形状并选择标准

第三步，选择最后一个文本，在其前添加形状，如图 3-115 所示，依次添加够 6 个即可。

图 3-115　前方添加形状及效果

第四步，如图 3-116 所示，选中最左边的文本，选择"布局"中的"标准"，并向下添加形状，然后选择出现的新的文本再选择向后添加形状即可。

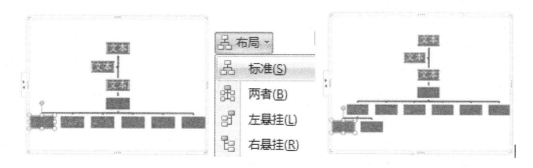

图 3-116　在最下面添加形状及效果

第五步，形式上已经完全接近于要求，现在单击每个文本并输入文字，输入完毕后，设置效果，先设置主题颜色效果，在"样式"中设置三维效果，如图 3-117 所示。

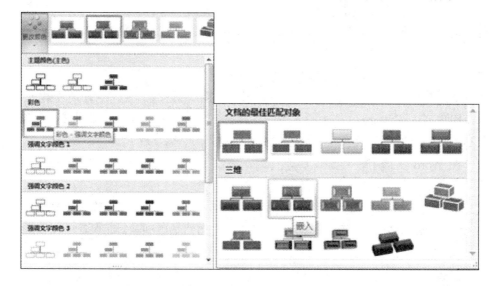

图 3-117　设置主题颜色效果及三维效果

习题 3

一、填空题

1. 在 Word 2010 中，要利用已经打开的 Word 创建新文档，可以通过单击"文件"按钮，执行＿＿＿＿＿＿命令，也可以按＿＿＿＿＿＿快捷键来完成。

2. 在 Word 2010 中，要将文档保存成与 Word 97-2003 兼容的格式，保存类型为＿＿＿＿＿＿。

3. 在 Word 文档中，单击状态栏中的＿＿＿＿＿＿按钮，或者按键盘上的＿＿＿＿＿＿键，即可实现插入状态和改写状态之间的切换。

4. 要选择文档中的文本，可以利用＿＿＿＿＿＿和＿＿＿＿＿＿两种方法进行。

5. 要在 Word 文档中选择一个连续的文本区域，可将光标置于该区域的第一个字符前，按＿＿＿＿＿＿键不放，再到该区域最后一个字符后单击即可。

6. 要对文本进行移动或者复制操作，可以利用＿＿＿＿＿＿组中的"剪切"按钮"复制"按钮。

7. 要在文档中显示文档结构图形式，选择＿＿＿＿＿＿选项卡，启用＿＿＿＿＿＿组中的导航窗格。

8. 要在文档中插入特殊符号，可以在"插入"选项卡中，点击＿＿＿＿＿＿组中的"符号"按钮。

9. 在 Word 中文档，可以将文档分为两栏、三栏甚至更多栏，若用户需要在分栏中添加分隔线，需在＿＿＿＿＿＿对话框中，启用＿＿＿＿＿＿。

10. 在 Word 2010 中，插入图片的方法为在"插入"组中，单击＿＿＿＿＿＿按钮。

11. 根据文本框中的排列方向，可以将文本框分为＿＿＿＿＿＿文本框和＿＿＿＿＿＿文本框两种。

12. 在默认状态下，Word 文档的背景都是单调的＿＿＿＿＿＿色，用户可以通过 Word 文档中的设置渐变颜色、运用程序自带的图案及添加图片等方法，来改变背景效果。

13. 用户可以在 Word 文档中插入不同样式的艺术字，其方法为选择"插入"选项卡，在＿＿＿＿＿＿组中单击"艺术字"下拉按钮，选择相应的艺术字样式。

14. 在 Word 文档中，要实现快速打印，可按＿＿＿＿＿＿组合键，若需要取消只需按 Esc 键。

15. 实际上，Word 中每个模板都提供了一个＿＿＿＿＿＿，可供用户格式化文档使用。

16. 使用 Word 模板的最佳方式是将其作为新文档的基础创建，而保存的 Word 文档模板可以是.dotx 文件，或者是＿＿＿＿＿＿文件。

17. 在保存模板过程中，则弹出"另存为"对话框。如果用户选择左侧＿＿＿＿＿＿选项，则将文档保存到 Word 默认的模板存放文件夹。

18.＿＿＿＿＿是一些补充程序，安装这些补充程序可以添加自定义命令和专用功能，从而扩展 Word 的功能。

19.插入表格后，打开"布局"选项卡，在"排序"对话框中，单击"类型"，选择该字段列排序的依据，如"笔画""数字""日期"＿＿＿＿＿4 个选项。

20.在公式文本框中，用户可以输入计算表格中指定的数据方向及单元格标识。例如，使用方向指定的数据包含有＿＿＿＿＿、right（右边数据）、above（上边数据）和 below（下边数据）。

二、选择题

1.在 Word 2010 中，以默认格式创建文档的快捷键是（　　），其文件扩展名为（　　）。

A．Ctrl＋A，docx　　　　　　B．Ctrl＋S，docx

C．Ctrl＋N，docx　　　　　　D．Ctrl＋B，xml

2.在 Word 文档中，输入文本内容时，用户可通过（　　）查看统计的页数和字数。

A．标题栏　　　B．编辑区　　　C．状态栏　　　　D．选项卡

3.下面关于 Word 中"格式刷"工具的说法中，不正确的是（　　）。

A．"格式刷"工具可以用来复制文字

B．"格式刷"工具可以用来快速设置文字格式

C．"格式刷"工具可以用来快速设置段落格式

D．双击"格式刷"按钮，可以多次复制同一格式

4.在 Word 2010 中，定时自动保存功能的作用是（　　）。

A．定时自动地为用户保存文档，使用户可免存盘之累

B．为用户保存备份文档，以供用户恢复系统时用

C．为防意外保存的文档备份，以供 Word 恢复系统时用

D．为防意外保存的文档备份，以供用户恢复文档时用

5.在 Word 2010 中，若想以文档的标题层次显示文档内容，可以选择（　　）。

A．页面视图　　　B．大纲视图　　　C．普通视图　　　D．Web 版式视图

6.如果在 Word 文档中操作错误，可单击（　　）按钮纠正错误。

A．撤销　　　B．恢复　　　C．剪切　　　D．重复

7.在 Word 文档中，若要选择插入点到所在行的行尾处，可使用（　　）键。

A．Shift＋↓　　　B．Home　　　C．Shift＋End　　　D．End

8.利用 Word 2010 中提供的（　　）功能，可以帮助用户快速转至文档中的任何位置。

A．查找　　　B．替换　　　C．换位　　　D．改写

9.在 Word 2010 中使用表格时，单元格内可以填写的信息为（　　）。

A．文字、符号、图像均可　　　　B．只能是文字

C．只能是图像　　　　D．只能是符号

10. 当光标置于表格的最后一行的最后一个单元格后面时，按（   ）键，可增加一行。

  A．Enter   B．Insert   C．Tab   D．Ctrl＋Tab

11. 衬于 Word 文档内容下方的一种文本或图片形式，并通常用于增加趣味或标识文档状态，如将一篇文档标记为草稿或机密，这种特殊的文本效果被称为（   ）。

  A．图形   B．插入图形   C．艺术字   D．水印

12. 底纹样式是通过渐变颜色的渐变填充变形，即通过更改渐变填充的方向来改变背景填充的格式。一般情况下，底纹的变形方式主要有（   ）。

  A．两种   B．3 种   C．4 种   D．两种或 4 种

13. 如果选择的打印方向为"横向"，则文档将被（   ）打印。

  A．垂直   B．水平   C．有边框   D．以三维方式

14. 在编辑文本时，为了使文字环绕图片排列，可以进行（   ）。

  A．插入图片，设置环绕方式

  B．建立文本框，插入图片，设置文本框位置

  C．插入图片，调整图片比例

  D．插入图片，设置叠放次序

15. 下列不属于 Word 模板保存格式的是（   ）。

  A．doc   B．dotx   C．dotm   D．dot

16. 在"排序"对话框中，用户可以根据关键字的先后顺序进行排序操作，其顺序正确的是（   ）。

  A．"第三关键字""次要关键字""主要关键字"

  B．"次要关键字""第三关键字""主要关键字"

  C．"主要关键字""次要关键字""第三关键字"

  D．"主要关键字""第三关键字""次要关键字"

17. 在计算表格中的数据时，通过单元格标识，且与 Excel 中计算方法相同。例如，第一行与第一列交叉单元格为（   ）。

  A．1A   B．A1   C．B1   D．AA

18. （   ）是附加到文档中的内容，显示在文档的右边，在"审阅"窗格中，可以提示文档需要编辑的内容。（   ）。

  A．修订   B．批注   C．图片   D．形状

三、操作题

1. 在 Word 文档中输入下列文字并按要求设置格式。

要求：标题为宋体二号居中，"第一章和第二章"相同设置，黑体小三居中，"第一章、第二章"为编号格式；"第一条"等均为"黑体，小四"，编号格式；中间文字仿宋小四；段落首行缩进 2 字符，行间距单倍；表格默认设置，根据内容自动调整。

××科技有限责任公司章程

第一章　总　　则

　　第一条　公司宗旨：通过有限责任公司组织形式，由股东共同出资，筹集资本金，建立新的经营机制，为振兴经济做出贡献。依照《中华人民共和国公司法》和《中华人民共和国公司登记管理条例》的规定，制定本公司章程。

　　第二条　公司名称：ZM8 科技有限责任公司。（以下简称 ZM8 公司）

　　第三条　公司由 7 个股东共同出资设立。股东以其出资额为限对公司承担责任；公司以其全部资产对公司的债务承担责任。公司享有由股东投资形成的全部法人财产权，依法享有民事权利，承担民事责任，具有企业法人资格。

第二章　注册资本、出资额

　　第四条　公司注册资本为 200 万元人民币。注册资本在验资时，由股东一次性缴纳认缴的出资额。

　　第五条　股东名称、出资方式、出资额、住所一览表。

股东名称（姓名）	出资方式		出资额（万元）	占注册资本总额%	住所
	货币	实物			

2. 如图 3-118 所示，设计一个流程图。

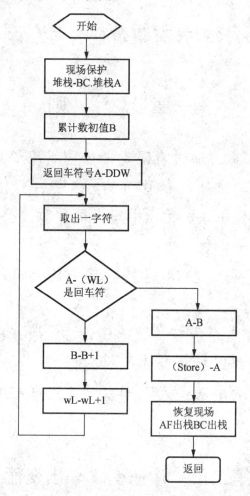

图 3-118　流程图

3. 为自己设计一个"个人求职简历"，格式自己进行设计。

个人求职简历

个人基本简历		日期：　　　　简历编号：		
姓名：		国籍：		
目前所在地：		民族：		相片
户口所在地：		身材：		
婚姻状况：		年龄：		

续表

求职意向及工作经历			
人才类型：			
应聘职位：			
工作年限：		职称：	
求职类型：		可到职日期：	
月薪要求：		希望工作地区：	
个人工作经历：			
教育背景			
毕业院校：			
最高学历：		毕业日期：	
所学专业一：		所学专业二：	
受教育培训经历：			
语言能力			
外语水平：		中文水平：	

第4章 中文版 Excel 2010 操作及应用基础

Excel 2010 是目前市场上功能最强大的电子表格制作软件，是办公软件中处理数据和表格的必备软件。Excel 2010 不仅具有强大的数据组织、计算、分析和统计功能，还可以通过图表、图形等多种形式形象地显示处理结果，更能够方便地将其数据及结果随时调用到 Office 2010 的其他组件中使用，完全实现资源共享。本章主要讲解在 Excel 中设计表格的方法、数据的处理、统计图表以及数据编辑等功能。

4.1 Excel 2010 简介

4.1.1 Excel 2010 的基本功能

Excel 2010 是微软公司出品的 Office 2010 系列办公软件中的一个组件。 Excel 2010 是功能强大、技术先进、使用方便且灵活的电子表格处理软件，可以用来制作电子表格，进行数据运算，数据的分析和统计，并且具有强大的制作图表功能及打印设置功能等。

1. 制作表格

在默认情况下，Excel 在一个工作簿中提供三个工作表，工作表是在 Excel 中用于存储和处理数据的主要文档，也称为电子表格。工作表由排列成行或列的单元格组成。工作表总是存储在工作簿中。

打开 Excel 2010 创建一个工作簿，在其中一个工作表如"Sheet1"中输入数据，形成一个数据表格。用户可以根据需要设置表格的行列以及标题栏目中的文字。设置好的表格可以复制到 Word 2010 中应用。

2. 进行数据计算

在 Excel 2010 的工作表中输入数据后，还可以对用户所输入的数据进行计算，如求和、平均值、最大值以及最小值等。此外，Excel 2010 还提供强大的公式运算与函数处理功能，可以对数据进行更复杂的计算工作。通过 Excel 来进行数据计算，可以节省大量的时间，只要输入数据，设置好需要计算的程序，Excel 就能自动完成计算操作。

3. 建立统计图表

在 Excel 2010 中，用户可以进行数据统计，为使统计的数据更形象化，可以建立统计图表，以便更加直观地显示数据之间的关系，用户可以观察数据之间的关系以及趋势等重要信息。

4. 排序与筛选数据

用户在对数据进行统计分析时，可以对它进行排序、筛选，还可以对它进行数据透视表、单变量求解、模拟运算表和方案管理统计分析等操作。

5. 打印图表

当使用 Excel 电子表格处理完数据之后，为了能够使用户看到结果，可以进行材料的保存，有时要进行打印。Excel 2010 提供了便捷的打印操作，能使用户更快捷的打印。

4.1.2 Excel 2010 的界面

和之前的版本相比，Excel 2010 的工作界面颜色更加柔和。Excel 2010 的工作界面主要由"文件"菜单、标题栏、快速访问工具栏、功能区、编辑栏、工作表格区、滚动条和状态栏等元素组成，如图 4-1 所示。

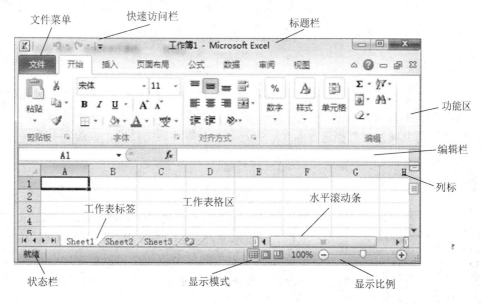

图 4-1　Excel 2010 的工作界面

1. "文件"菜单

Excel 工作界面左上角的"文件"菜单，是文档基本操作的命令菜单组。在该菜单中，用户可以利用其中的命令新建、打开、保存、打印、共享以及发布工作簿等，如图 4-2 所示。在菜单的右侧是最近使用的文档，单击该文档名称可以很容易地打开该文档。单击"保存"可以直接保存到目前的文档，如要更改名字可以选择"另存为"，选择相应的文件保存。进行打印可以单击"打印"，包括打印预览、打印和快速打印等功能。单击"发布"可以将Excel 文档发布到 Excel Services、文档管理服务器和创建文档工作区。单击"关闭"即可关闭该菜单，单击"退出 Excel"即可直接退出该文档。"Excel 选项"可以对 Excel 整体进行初步的设计，包括显示的外观和字体等，它是 Excel 默认的最初始的模板，说明了一种设计的风格，用户可以进行改变，如图 4-3 所示。

图 4-2　"文件"菜单

图 4-3　Excel 选项

2. 快速访问工具栏

Excel 2010 的快速访问工具栏中包含最常用操作的快捷按钮，以方便用户使用。单击快速访问工具栏中的按钮，可以执行直接保存、返回前一步操作等，小箭头展开后，可以自定义快速访问工具栏对文档进行新建、打开、保存等相应的功能，如图 4-4 所示。

图 4-4　快速访问工具栏和自定义

3. 标题栏

标题栏位于窗口的最上方，用于显示当前正在运行的程序名及文件名等信息。如"新建 Microsoft Office Excel 工作表"表示文件名称，默认以".xlsx"为文件格式。单击标题栏右上角的三个按钮，可以最小化、最大化或关闭窗口，如图 4-5 所示。

4. 功能区

功能区是在 Excel 2010 工作界面中添加的新元素，它将旧版本 Excel 中的菜单栏与工具栏结合在一起，以选项卡的形式列出 Excel 2010 中的操作命令。

图 4-5　标题栏

默认情况下，Excel 2010 的功能区中的选项卡包括："开始"选项卡、"插入"选项卡、"页面布局"选项卡、"公式"选项卡、"数据"选项卡、"审阅"选项卡、"视图"选项卡以及"加载项"选项卡，如图 4-6 所示。

图 4-6　功能区

5. 状态栏与显示模式

状态栏位于窗口底部，用于显示当前工作区的状态。Excel 2010 支持三种显示模式，分别为"普通"模式、"页面布局"模式与"分页预览"模式，单击 Excel 2010 窗口左下角的 按钮可以切换显示模式。

4.1.3　Excel 2010 基本操作

1. 运行 Excel 2010

要想使用 Excel 2010 创建电子表格，首先要运行 Excel 2010。在 Windows 操作系统中，用户可以通过以下方法运行 Excel 2010。使用"开始"菜单中的命令，在所有程序中找到 Microsoft Office 文件夹，打开文件夹，单击打开 Excel 2010。或者单击桌面创建的 Excel 快捷图标，也可以在桌面上右击新建 Excel 2010 文档，再双击 Excel 格式文件。

2. 创建 Excel 工作簿

运行 Excel 2010 后，会自动创建一个新的工作簿，用户还可以通过"新建工作簿"对话框来创建新的工作簿。在"新建工作簿"中有许多系统自带的模板，用户可以根据需要进行参考，其自带的模板格式都是常用的工作表格式，这有助于使用户快速地设计 Excel 工作表格，如图 4-7 所示。

图 4-7　新建工作簿

3. Excel 2010 工作表的插入

在默认情况下，Excel 在一个工作簿中提供三个工作表，但是用户可以根据需要插入其他工作表（其他类型的工作表，如图表工作表、宏工作表或对话框工作表）或删除它们。

如果能够访问自己创建的或 Office.com 上提供的工作表模板（模板：创建后作为其他相似工作簿基础的工作簿，可以为工作簿和工作表创建模板。工作簿的默认模板名为 Book.xltx，工作表的默认模板名为 Sheet.xltx），则可以基于该模板创建新工作表。

工作表的名称（或标题）出现在屏幕底部的工作表标签上。默认情况下，名称是 Sheet1、Sheet2 等，但是也可以为工作表自定义一个表示特征的名称。

要插入新工作表，有两种方式：一是在现有工作表的末尾快速插入新工作表，单击屏幕底部的"插入工作表"，如图 4-8 所示。

图 4-8　插入工作表

再者，若要在现有工作表之前插入新工作表，则选择该工作表，在"开始"选项卡上"单元格"组中，单击"插入"，然后单击"插入工作表"。

4. 重命名工作表

1）在"工作表标签"栏上，右键单击要重命名的工作表标签，然后单击"重命名"。
2）选择当前的名称，然后键入新名称，如图 4-9 所示。

5. 删除工作表

在"开始"选项卡上的"单元格"组中，单击"删除"旁边的箭头，然后单击"删除工作表"。还可以右键单击要删除的工作表的工作表标签，然后单击"删除"，如图 4-10 所示。

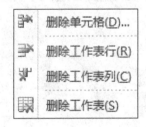

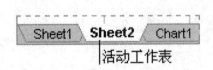

图 4-9　重命名工作表　　　　　　　　　　　图 4-10　删除工作表

6. 保存 Excel 工作簿

在对工作表进行操作时，应记住要经常保存 Excel 工作簿，以免由于一些突发状况而丢失数据。在 Excel 2010 中常用的保存工作簿的方法有以下三种：在"文件"菜单中选择"保存"命令，在快速访问工具栏中单击"保存"按钮，使用 Ctrl＋S 组合键。这三种保存方式默认文件的格式为".xlsx"。需要指出的是，在"文件"中选择"另存为"可以选择保存的格式，如另存为"Excel 97-2003 工作簿"，这样保存的文件在之前版本的软件 Excel 2003

中也可以打开。

7. 退出 Excel

单击"关闭"按钮即可退出 Excel，退出时会有保存提示，如需保存单击"保存"即可，如图 4-11 所示，如果不需要保存单击"不保存"。

图 4-11　退出 Excel

4.2　输入与编辑数据

在 Excel 2010 中，最基本也是最常用最重要的操作就是数据处理。Excel 2010 提供了强大且人性化的数据处理功能，让用户可以轻松完成各项数据操作。本章将以创建"成绩单"的电子表格为例，介绍数据处理中的常用操作。现创建一个"成绩单"表格，以班级人数为 30 人为例，预先在纸上设计一个草表，包含表头"郑州轻工业学院学生成绩单"，表头下方应有学年学期、班级、课程、任课教师等信息，表格中应有学号、学生姓名、平时成绩、期末成绩、总评成绩、补考成绩、备注等信息，在表格的最后几行备注栏中应有统计数据结果。

4.2.1　输入数据

打开 Excel 2010，创建一个工作表。在创建好的工作表中输入数据。在 Excel 2010 中，数据分为文本、数字这两种数据格式。

1. 输入数据

鼠标单击某一个单元格即可在其中输入文字或数据，然后按 Enter 键或 Tab 键。默认情况下，按 Enter 键会将所选内容向下移动一个单元格，按 Tab 键会将所选内容向右移动一个单元格，或者直接用鼠标单击下一个需要输入的单元格。若要在单元格中另起一行开始数据，则按 Alt＋Enter 组合键即可。如在第一行和第一列中输入"郑州轻工业学院学生成绩单"。可输入文本和数字格式的数据。在 Excel 2010 中输入文本时，系统默认的对齐方式是单元格内靠左对齐，如图 4-12 所示。

2. 设置输入数据类型

在 Excel 2010 中，用户可以根据数据的特征，对单元格中的数据设置类型。例如，可以在某个时间单元格中设置"有效条件"为"时间"，那么该单元格只接受时间格式的输入，如果输入其他字符，则会显示错误信息。右键单击该单元格，在"单元格格式"中可以对数据的类型进行设置。

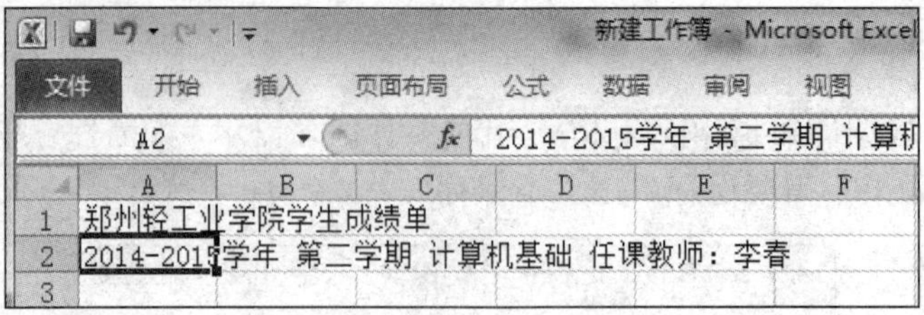

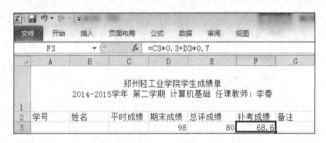

图 4-12 数据输入示例

4.2.2 删除和更改数据

如果在单元格中输入数据时发生了错误，或者要改变单元格中的数据，则需要对数据进行编辑。用户可以单击该单元格按键盘上 Delete 键即可方便地删除单元格中的内容，或者直接输入全新的数据可替换原数据，若要修改单元格中部分的数据，可双击单元格直接修改。如果单元格中包含大量的字符或复杂的公式，而用户只想修改其中的一部分，那么可以按以下两种方法进行编辑：双击单元格，或者单击单元格后按 F2 键，在单元格中进行编辑；单击激活单元格，在编辑栏中进行编辑，如图 4-13 所示。

图 4-13 单元格的数据更改

4.2.3 复制与移动数据

在 Excel 2010 中，不但可以复制整个单元格，还可以复制单元格中的指定内容，也可通过单击粘贴区域右下角的"粘贴选项"来变换单元格中要粘贴的部分。

1. 使用菜单命令复制与移动数据

移动或复制单元格或区域数据的方法基本相同，选中单元格数据后，在"开始"选项卡的"剪贴板"组中单击"复制"按钮或"剪切"按钮，然后单击要粘贴数据的位置并在"剪贴板"组中单击"粘贴"按钮，即可将单元格数据移动或复制到新位置。可用快捷键"Ctrl＋C"和"Ctrl＋V"进行复制和粘贴，鼠标右击也可以用于单元格的复制和粘贴，需要注意的是，复制和粘贴会将原来单元格的格式粘贴到新单元格中，包括单元格中的公式，所以在使用时可能会出现数据显示错误或不合理，需要用户修改公式中的语句。

2. 使用拖动法复制与移动数据

在 Excel 2010 中，还可以使用鼠标拖动法来移动或复制单元格内容。要移动单元格内容，应首先单击要移动的单元格或选定单元格区域，然后将光标移至单元格区域边缘，当光标变为十字箭头（四个端都是箭头）形状后，拖动光标到指定位置并释放鼠标即可。如将 A 列中的前三行数据复制到 B 列的前三行中区，如图 4-14 所示。

图 4-14　数据的拖动复制示例

若要复制单元格内容，可单击单元格然后将光标移至单元格区域边缘，当光标变为黑色十字形状后，拖动光标到指定位置并释放鼠标即可。

4.2.4　自动填充

在 Excel 2010 中复制某个单元格的内容到一个或多个相邻的单元格中，使用复制和粘贴功能可以实现这一点。但是对于较多的单元格，使用自动填充功能可以更好地节约时间。另外，使用填充功能不仅可以复制数据，还可以按需要自动应用序列。

1. 在同一行或列中填充数据

在同一行或列中自动填充数据时，选中包含填充数据的单元格，光标移至单元格区域边缘，当光标变为黑色十字形状后，经过需要填充数据的单元格后释放鼠标即可。

2. 填充一系列数字、日期

在 Excel 2010 中，可以自动填充一系列的数字、日期或其他数据，如在第一个单元格中输入了"1"，光标移至单元格区域边缘，当光标变为黑色十字形状后下拉需要填充的格数，会出现"自动填充选项"，如图 4-15 所示，单击小箭头，单击填充序列即可，如图 4-16 所示，此时自动将下方的数字按照 1~8 的顺序填充，数据较多时，用序列填充非常方便。

3. 手动控制创建序列

在"开始"选项卡的"编辑"组中，单击"填充"按钮旁的倒三角按钮，在弹出的快捷菜单中选择"系列"命令，打开"序列"对话框。在"序列产生在""类型""日期单位"选项区域中选择需要的选项，然后在"预测趋势""步长值""终止值"等选项中进行选择，单击"确定"按钮即可，如图 4-17 所示。

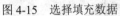

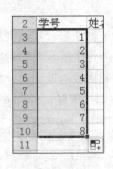

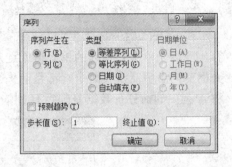

图 4-15　选择填充数据　　　　图 4-16　填充效果　　　　图 4-17　创建序列

4.2.5　查找和替换

如果需要在工作表中查找或者替换一些特定的字符串，那么查看每个单元格就过于麻烦，特别是在一份较大的工作表或工作簿中。使用 Excel 提供的查找和替换功能可以方便地查找和替换需要的内容。单击"开始"菜单下"编辑"组中的"查找和选择"按钮即可，如图 4-18 所示。

4.2.6　筛选与排序

在数据较多的情况下，如果需要观察某一类数据，可以设置筛选，将除标题行外的第一行全选，右击选择筛选项目，在右拉菜单中选择所要进行的筛选要求即可，如图 4-19 所示。

如选择"按所选单元格的值筛选"，单击后会出现第一行的小箭头，单击姓名，出现如图 4-20 所示的对话框。只在"柴贝贝"前打钩，确定后就会出现只有柴贝贝的数据，还可以单独对该数据进行打印，如图 4-21 所示。

有时还需要对某一列数据进行排序，如对总评成绩排序，可以单击总评成绩单元格的小箭头，出现如图 4-20 所示的对话框，单击升序或降序即可。

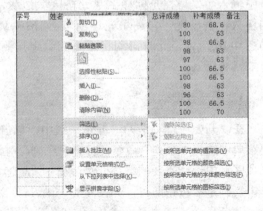

图 4-18　查找和选择　　　　　　　　　　图 4-19　数据筛选

图 4-20　"筛选"对话框　　　　　　　　图 4-21　选择一个数据

4.3　工作表格式处理

使用 Excel 2010 创建工作表后，需要对工作表进行格式化操作，使其更加直观形象。Excel 2010 提供了丰富的格式化命令，利用这些命令可以具体设置工作表与单元格的格式，帮助用户创建更加美观的工作表。

4.3.1　设置单元格格式

在 Excel 2010 中，对工作表中的不同单元格数据，可以根据需要设置不同的格式，如设置单元格数据类型、文本的对齐方式和字体、单元格的边框和图案等。

在 Excel 2010 中，通常在"开始"选项卡中设置单元格的格式。对于简单的格式化操作，可以直接通过"开始"选项卡中的按钮来进行，如设置字体、对齐方式、数字格式等。其操作比较简单。选定要设置格式的单元格或单元格区域，单击"开始"选项卡中的相应按钮即可。一般来讲，右键单击单元格出现如图 4-22 所示的对话框，单击 "设置单元格格式"对话框可以方便地设置单元格的各种格式。单元格的格式主要有：数字、对齐、字体、边框、填充和保护，如图 4-23 所示。

 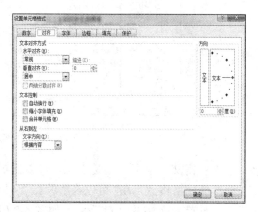

图 4-22　右键选中单元格　　　　　　　　图 4-23　设置单元格格式

1. 设置数字格式

默认情况下，数字以常规格式显示。当用户在工作表中输入数字时，数字以整数、小数方式显示。此外，Excel 还提供了多种数字显示格式，如数值、货币、会计专用、日期格式以及科学记数等。若要详细设置数字格式，则需要在"设置单元格格式"对话框的"数字"选项卡中操作。如将 88.6 四舍五入为 89，将其设置成"数值"格式，小数位为"0"即可，如图 4-24 所示。如果需要设置数据为文本格式，如身份证号码，如不设置成文本就会自动以科学计数的方式显示，此时可以通过改变数字格式来显示出完整的号码，如输入"410621197908054557"，显示为"4.10621E＋17"，显然不是用户所需要的格式。用户可先将该单元格设置成"文本"格式后，再输入该号码即可完全显示，如图 4-25 所示。其他数字格式可以根据内容进行选择。

图 4-24　数值格式示例　　　　　　　　　　图 4-25　文本格式示例

2. 设置对齐方式

所谓对齐，是指单元格中的内容在显示时相对单元格上下左右的位置。默认情况下，单元格中的文本靠左对齐，数字靠右对齐，逻辑值和错误值居中对齐。此外，Excel 还允许用户为单元格中的内容设置为其他对齐方式，如合并后居中、旋转单元格中的内容等，如将如图 4-26 所示的单元格分配到其他单元格中。

图 4-26　文字示例

第一个单元格文字很多，它是表头，可以通过拉动 A1 到 G1 选中第一行的前 8 列，右键选择"设置单元格格式"，也可以在"开始"菜单下的"数字"组中单击右下角的下拉箭头，打开"设置单元格格式"对话框，如图 4-27 所示。在"开始"选项下的"对齐方式"组中"合并后居中"的下拉箭头，打开"对齐方式"的简单操作按钮，以方便用户操作。

图 4-27　合并单元格

在"设置单元格格式"对话框中选择"对齐"，在"合并单元格""自动换行"前打"√"，"水平对齐"选择"居中"，单击"确定"按钮即可，如图 4-28 所示。

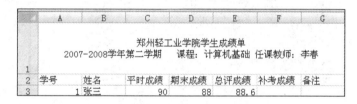

图 4-28　合并后的效果图

3. 设置字体

为了使工作表中的某些数据醒目和突出，也为了使整个版面更为美观，通常需要对不同的单元格设置不同的字体。如表头的文本字体与表中的文本字体大小不同，如图 4-29 所示。

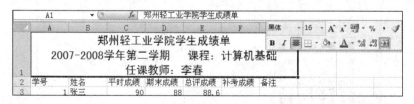

图 4-29　设置字体

用户可以在"设置单元格格式"中的"字体"选项中设置，也可以直接右击，在出现的"字体设置"对话框中设置。

4. 设置边框和底纹

默认情况下，Excel 并不为单元格设置边框，工作表中的框线在打印时并不显示出来。但在一般情况下，用户在打印工作表或突出显示某些单元格时，都需要添加一些边框。应用底纹和应用边框一样，都是为了对工作表进行形象设计。使用底纹为特定的单元格加上色彩和图案，可以突出显示重点内容。选中表格中需要设置边框和底纹的部分表格，在"设置单元格格式"中选择"边框"可以进行设置，如图 4-30 所示。选中需要设置边框的表格（单击学号向右下拉动即可），在"设置单元格格式"中的"边框"对话框中选择边框下的左右或中间的线条即可设置边框，如需调整边框线条的粗细，在"线条"下调整，单击"确定"即可。

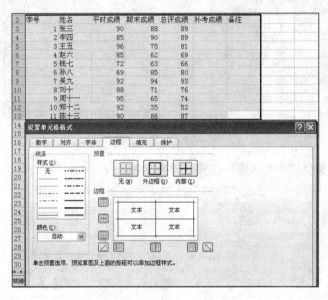

图 4-30　设置边框和底纹

如需对某些单元格突出表示，用户可以在"填充"选项中对该单元格设置颜色。如图 4-31 所示。也可以在"开始"选项下的"字体"组中选择"填充颜色"的下拉箭头，打开填充颜色的对话框，就可以对单元格进行颜色的填充设置。

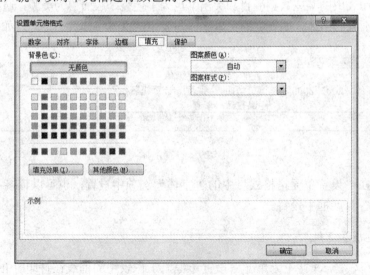

图 4-31　单元格填充颜色

5. 套用单元格样式

Excel 2010 自带了一些单元格样式，用户可以根据需要选择一些样式以使其更加美观，如图 4-32 所示。

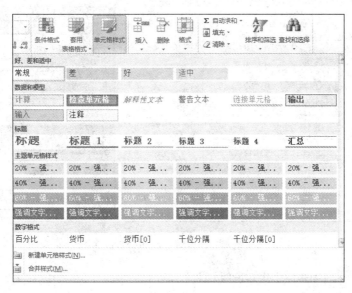

图 4-32　套用单元格样式

4.3.2　设置表格格式

除了单元格外，有时需要对表格的整体上进行设置，如进行单元格、行和列的插入或删除等编辑操作，调整行高和列宽等。

1. 插入行、列和单元格

在工作表中选择要插入行、列或单元格的位置，在"开始"选项卡的"单元格"组中单击"插入"按钮旁的倒三角按钮，在菜单中选择相应命令即可插入行、列和单元格。其中选择"插入单元格"命令，会打开"插入"对话框，选择要插入行或列即可。

2. 删除行、列和单元格

需要在当前工作表中删除某（行）列时，单击行号（列标），选择要删除的整行（列），然后在"单元格"组中单击"删除"按钮旁的倒三角按钮，在弹出的菜单中选择"删除工作表行（列）"命令。被选择的行（列）将从工作表中消失，各行（列）自动上（左）移。

3. 调整行高和列宽

在向单元格输入文字或数据时，经常会出现这样的现象：有的单元格中的文字只显示了一半；有的单元格中显示的是一串"#"符号，而在编辑栏中却能看见对应单元格的数据。出现这些现象的原因在于单元格的宽度或高度不够，不能将其中的文字显示正确。因此，需要对工作表中的单元格高度和宽度进行适当的调整。选中需要调节行列的表格，在"开始"选项下的"单元格"中选择"格式"，单击"行高"或"列宽"，出现可输入数字的对话框调节，如图 4-33 所示。

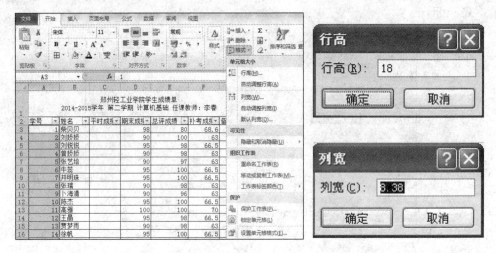

图 4-33　设置行高和列宽

4. 冻结或锁定 Excel 2010 表格的行和列

当表格中数据较多时，我们希望在输入数据时能够看到标题行，这时可以通过冻结或拆分窗格来完成。当冻结窗格时，用户可以选择在工作表中滚动时仍可见的特定行或列。当拆分窗格时，会创建可在其中滚动的单独工作表区域，同时保持非滚动区域中的行或列依然可见。要锁定行，请选择其下方要出现拆分的行。要锁定列，请选择其右侧要出现拆分的列。要同时锁定行和列，请单击其下方和右侧要出现拆分的单元格。

在"视图"选项卡上的"窗口"组中，单击"冻结窗格"，然后单击所需的选项即可。如图 4-34 所示为冻结第一行的示例。当冻结窗格时，"冻结窗格"选项更改为"取消冻结窗格"，以便用户可以取消对行或列的锁定。

图 4-34　冻结第一行的示例

5. 套用表格格式

为了使用户更加方便地设置表格，Excel 2010 自带了一些表格样式，用户可以选择某一种需要的样式，在其中输入相应的数据即可。这样可以使用户快速地设计出漂亮的 Excel

表格。用户也可以自定义所需的单元格样式。在"开始"菜单下，选择"样式"组中"套用表格格式"中的格式即可，也可通过"新建表样式"进行设置，如图 4-35 所示。

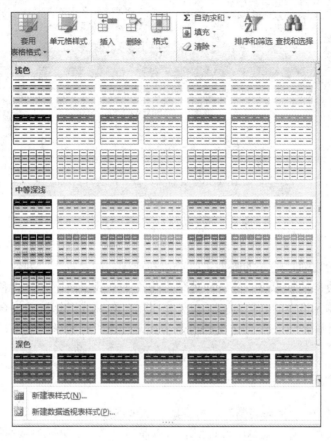

图 4-35　套用表格格式

4.3.3　表格外部设置

1．创建页眉和页脚

页眉是自动出现在第一个打印页顶部的文本，而页脚是显示在每一个打印页底部的文本。页眉和页脚在打印工作表时非常有用，通常可以将有关工作表的标题（即表头）放在页眉中，而将页码放置在页脚中。如果要在工作表中添加页眉或页脚，需要在"插入"选项卡的"文本"组中单击"页眉和页脚"，在打开的页眉框中输入相应文字即可。如图 4-36 所示的是页眉和页脚工具栏，下方的方框是页眉的输入框，双击"页眉"和"页脚"可以对其进行编辑。

2．在页眉或页脚中插入各种项目

在工作表的页眉或页脚中，还可以根据需要插入各种项目，包括页码、页数、当前时间、文件路径以及图片等。这些项目都可以通过"设计"选项卡"页眉和页脚元素"组中的按钮来完成。

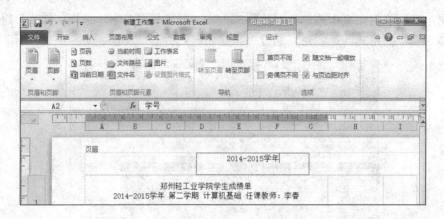

图 4-36 页眉和页脚工具栏

4.4 数据计算和分析

Excel 2010 可以对已输入的数据进行分析和计算，如计算某一列数据的平均值、对某一列排序、分析数据的规律等。分析和处理工作表中的数据离不开公式和函数。公式是函数的基础，它是单元格中的一系列值、单元格引用、名称或运算符的组合，利用其可以生成新的结果。函数则是 Excel 预定义的内置公式，可以进行数学、文本、逻辑的运算或者查找工作表的信息。

4.4.1 公式的运算符

在 Excel 2010 中，公式遵循一个特定的语法或次序：最前面是等号"＝"，后面是参与计算的数据对象和运算符。每个数据对象可以是常量数值、单元格或引用的单元格区域、标志、名称等。运算符用来连接要运算的数据对象，并说明进行哪种公式运算。

1. 运算符的类型

运算符对公式中的元素进行特定类型的运算。Excel 2010 中包含了 4 种类型的运算符：算术运算符、比较运算符、文本运算符及引用运算符。

2. 运算符优先级

如果公式中同时用到多个运算符，Excel 2010 将会依照运算符的优先级来依次完成运算。如果公式中包含相同优先级的运算符，如公式中同时包含乘法和除法运算符，则 Excel 将从左到右进行计算。Excel 2010 中的运算符优先级如表 4-1 所示。其中，运算符优先级由上到下依次降低。

表 4-1 公式运算符的优先级

运算符	说明
：（冒号）（单个空格），（逗号）	引用运算符

续表

运算符	说明
−	负号
%	百分比
∧	乘幂
* 和 /	乘和除
＋ 和 −	加和减
&	连接两个文本字符串
= <> <= >= <>	比较运算符

4.4.2　应用公式

在工作表中输入数据后，可通过 Excel 2010 中的公式对这些数据进行自动、精确、高速的运算处理。

1．引用公式

公式的引用就是对工作表中的一个或一组单元格进行标识，从而告诉公式使用哪些单元格的值。通过引用，可以在一个公式中使用工作表不同部分的数据，或者在几个公式中使用同一单元格的数值。如要计算某一列的和或数据的最大值和最小值等，可以单击"公式"选项中的"自动求和"菜单，如图 4-37 所示；如要计算某列数据的平均值，单击该列的最后一个单元格，单击"平均值"，直接默认该列得出结果。如对一行进行计算则在该行的末尾的单元格单击"平均值"，会出现提示，单击"确定"即可，如图 4-38 所示。按 Enter 键确定即可。

图 4-37　自动求和　　　　　　　　　　　　图 4-38　平均值的计算示例

2．直接输入简单的计算公式

如果需要计算简单的加减乘除的计算，可以直接输入，如计算总评成绩是平时成绩的30%加上期末成绩的 70%，可以在相应总评成绩单元格中输入"＝C3*0.3＋D3*0.7"，按Enter 键即可，如图 4-39 所示。注意：一定要输入等号，否则系统默认为数字符号而不进行计算。

其中，C3、D3 分别表示某同学的平时成绩和期末成绩所在位置，若需计算其他人的总评成绩，只需将该同学的平均成绩单元格复制即可直接计算其他的成绩，不需重新输入。键盘右侧的小键盘上的"＋、−、*、/"分别表示加减乘除运算符号。

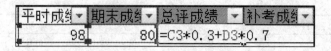

图 4-39　简单计算示例

4.4.3　应用函数

Excel 2010 将具有特定功能的一组公式组合在一起以形成函数。Excel 2010 自带有包括数学上所有的初等函数，同时还带有常见文本函数、财务函数、逻辑函数、数学与三角函数等，还可以将函数进行复合运算，函数一般针对某些单元格进行运算，所以函数一般包含三个部分：等号、函数名和参数（即单元格区域），如 "＝SUM（A1:F10）"，表示对A1:F10 单元格区域内所有数据进行求和。

1. 函数的基本操作

在 Excel 2010 中，函数的基本操作主要有插入函数与嵌套函数等。若需要插入函数，可以在 "公式" 选项中选择所需要的函数，如图 4-40 所示。

图 4-40　"公式" 组

在 Excel 2010 中，函数项目虽然很多，但用户可以很方便地选择所需要的函数，如果用户不知道函数名称，可以按 F1 键在 "帮助" 选项中查看各个函数的作用，也可以根据需要计算的问题的分类，在函数库中查找，如要统计满足某些条件的单元格数目，在 "其他函数" 选项下，单击 "统计"，会出现许多函数，将鼠标箭头移在一个函数上，不要单击，会自动出现该函数的用途，如图 4-41 所示。要统计总评成绩 90 分以上的人数，单击 "90 分以上" 对应的单元格，在 "其他函数" 选项下，单击 "统计"，选择 "COUNTIF"，打开如图 4-42 所示的对话框，其中 "Range" 表述范围，即所要统计的单元格区域，"Criteria" 表示条件，输入相应的信息后，单击 "确定" 即可计算出满足条件的单元格数目即人数。其他人数的统计可进行同样的操作。

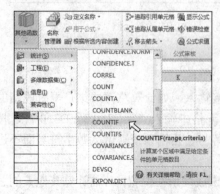

图 4-41　选择 "统计" 中的 "COUNTIF" 函数

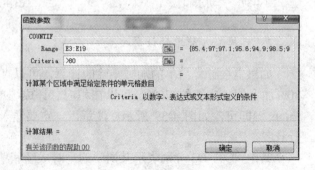

图 4-42　　"COUNTIF" 函数参数对话框

2. 常用函数

本书仅介绍一些常用函数的用法（表 4-2），其他函数用户可以通过 Excel 2010 的帮助系统获得。

表 4-2　常用函数类型及用法

函数名称	函数类别	函数功能	输入格式
MAX	统计函数	计算一个数组中的最大值	＝MAX（Number1，Number2，…）
AVERAGE	统计函数	计算一个数组的平均值	＝AVERAGE（Number1，Number2，…）
VAR	统计函数	计算一个数组的方差	＝VAR（Number1，Number2，…）
COUNTIF	统计函数	计算满足条件的单元格的数目	＝COUNTIF（Range，Criteria）
ROUND	数学与三角函数	对数字按制定位数取整	＝ROUND（Number，Num_digits）
PRODUCT	数学与三角函数	计算一个数组的成绩	＝PRODUCT（Number1，Number2，…）
POWER	数学与三角函数	计算数字的某次幂	＝POWER（Number，Power）
SUM	数学与三角函数	计算一个数组的和	＝SUM（Number1，Number2，…）

在输入数字或数组时都可以输入相应的单元格位置代替，详细用法如下。

1）最大值函数：如要统计总评成绩中的最大值，在相应的单元格中输入"＝MAX（E3:E13）"，按 Enter 键即可，或者在"公式"选项下选择"其他函数"，再选择"统计"，找到"MAX"并单击，出现如图 4-43 所示的对话框，输入总评成绩的单元格区域，单击"确定"即可。其中，Number1 表示第一个数或单元格，依此类推，如果是非连续的单元格，可以将单元格一个一个地输入在 Number1、Number2 等中，系统会自动产生下面的输入框。如果是连续单元格如"E3:E13"，仅在 Number1 中输入范围即可。注意：最多只能输入 255 个数。

一般最大值函数默认所在列的数据，要注意修改范围。最小值函数可进行类似的操作。

2）平均值函数：如要计算总评成绩的平均分，在相应的单元格中输入"＝AVERAGE（E3:E13）"，按 Enter 键即可，或者在"公式"选项下选择"其他函数"，再选择"统计"，找到"AVERAGE"，输入总评成绩的单元格区域，单击"确定"即可。如果是不连续的数据，可以在单个输入框中输入单元格即可，如图 4-44 所示。

图 4-43　MAX 函数用法　　　　　　　　　图 4-44　平均值函数的用法

3）计算平均值：要计算一列数组的平均值，可以在相应的单元格内输入"＝AVERAGE（A1:A10）"，表示计算 A1 到 A10 单元格内的数字的平均值，同理也可以计算其他数组的平均值。

4）方差函数：如要计算总评成绩的方差，在相应的单元格中输入"＝VAR（E3:E13）"按 Enter 键即可，或者在"公式"选项下选择"其他函数"，再选择"统计"，找到"VAR"，输入总评成绩的单元格区域，单击"确定"即可。

5）数的乘幂函数：返回给定数字的乘幂。输入形式为 POWER（Number，Power），Number 为底数，可以为任意实数；Power 为指数，底数按该指数次幂乘方。可以用"＾"运算符代替函数 POWER 来表示对底数乘方的幂次，如 5^2。如图 4-45 所示，要计算第一列中每个数的三次方，可以输入"＝Power（A1，3）"，按 Enter 键即可，在将 B1 中的结果下拉填充就可以计算 A1 到 A5 中所有数的三次方。

6）数的乘积：将所有以参数形式给出的数字相乘，并返回乘积值。输入形式为 PRODUCT（Number1，Number2，…），Number1，Number2，…是要相乘的数字，最多 255 个，可以输入单元格位置如 A1，但是进行运算的必须是数字、逻辑值或数字的文字型表达式。如果参数为数组，如"A1:A41"，表示要计算单元格从 A1 到 A41 中的数字的乘积，只有其中的数字将被计算，空白单元格、逻辑值、文本或错误值将被忽略。如图 4-46 所示，输入"＝PRODUCT（A1:A6）"，按 Enter 键即可计算出结果。

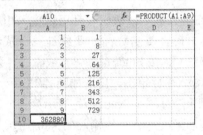

图 4-45　乘幂的运算示例　　　　　图 4-46　乘积的运算示例

7）四舍五入：将数字按指定位数舍入，即四舍五入，返回某个按指定位数取整后的数字。输入形式为 ROUND（Number，Num_digits），Number 为需要进行四舍五入的数字；Num_digits 为指定的位数，按此位数进行四舍五入。如图 4-47 所示，总评成绩有小数位，要四舍五入，可以嵌套输入"＝ROUND（C3*0.3＋D3*0.7，0）"，其中 C3*0.3＋D3*0.7 表示 E3 中的计算公式，0 表示舍入 0 位。

8）计算一个数组的和：可以在相应的单元格内输入"＝SUM（C3:C10）"，表示从 C3 到 C10 单元格内的数字的和，用户可以根据需要改变计算的范围，如图 4-48 所示。其基本用法和求平均值类似。

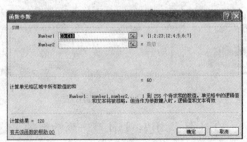

图 4-47　指定位数舍入示例　　　　　图 4-48　求和用法

4.5　统　计　图　表

使用 Excel 2010 对工作表中的数据进行计算、统计等操作后，得到的计算和统计结果还不能更好地显示出数据的发展趋势或分布状况。为了解决这一问题，Excel 2010 将处理的数据建成各种统计图表，这样就能够更直观地表现处理的数据。在 Excel 2010 中，用户可以轻松地完成各种图表的创建、编辑和修改工作。

4.5.1　图表的应用

为了能更加直观地表达工作表中的数据，可将数据以图表的形式表示。通过图表可以清楚地了解各个数据的大小以及数据的变化情况，方便对数据进行对比和分析。Excel 自带各种各样的图表，如柱形图、折线图、饼图、条形图、面积图、散点图等，各种图表各有优点，适用于不同的场合。

4.5.2　图表的基本组成

在 Excel 2010 中，有两种类型的图表，一种是嵌入式图表，另一种是图表工作表。嵌入式图表就是将图表看作是一个图形对象，并作为工作表的一部分进行保存；图表工作表是工作簿中具有特定工作表名称的独立工作表。在需要独立于工作表数据查看或编辑大而复杂的图表或节省工作表上的屏幕空间时，就可以使用图表工作表，如图 4-49 所示。

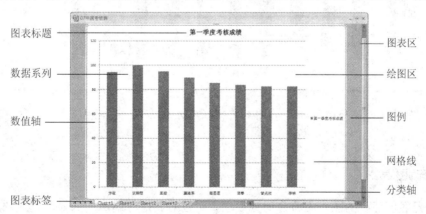

图 4-49　图表的基本组成

4.5.3　创建图表

使用 Excel 2010 提供的图表向导，可以方便、快速地建立一个标准类型或自定义类型的图表。在图表创建完成后，仍然可以修改其各种属性，以使整个图表更趋于完善。例如，创建一个总评成绩的图表，选中总评成绩的一列数组，在"插入"选项中选择所需要的图表，如图 4-50 所示，现选择"柱形图"，在其下拉菜单下选择"二维柱形图"的第一种形式（当然用户也可以选择其他的图表），单击后即可出现如图 4-51 所示的图表。

姓名	平时成绩	期末成绩	总评成绩	补考成绩	备注
张三	90	88	89		
李四	85	90	89		
王五	96	75	81		
赵六	85	62	69		
钱七	72	63	66		
孙八	69	85	80		
吴九	92	94	93		
刘十	88	71	76		
周十一	95	65	74		
郑十二	92	35	52		
陈十三	90	86	87		

图 4-50　选中一列数据

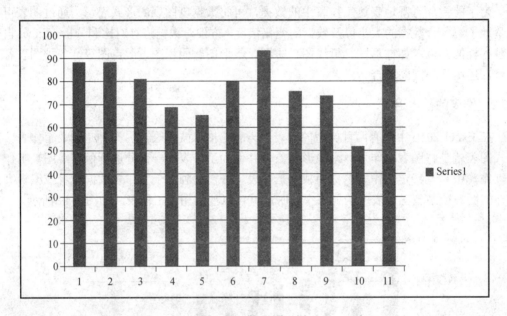

图 4-51　柱形图示例

其中横轴表示人，竖轴表示成绩。

4.5.4　修改图表

如果已经创建好的图表不符合用户要求，可以对其进行编辑。例如，更改图表类型、调整图表位置、在图表中添加和删除数据系列、设置图表的图案、改变图表的字体、改变数值坐标轴的刻度和设置图表中数字的格式等。此处在图 4-51 所示的图表进行修改。

1.　更改图表类型

若图表的类型无法确切地展现工作表数据所包含的信息，如使用圆柱图来表现数据的走势等，此时就需要更改图表类型。选中该图表，右键选择"更改图表类型"或在"设计"选项卡中选择亦可，如图 4-52 所示。在弹出的对话框中选择相应的图表，如图 4-53 所示。

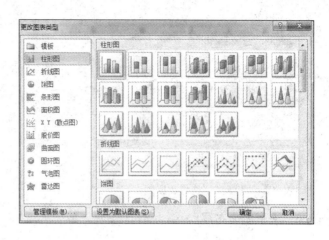

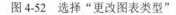

图 4-52　选择"更改图表类型"　　　　图 4-53　"更改图表类型"对话框

2. 移动图表位置

在 Excel 2010 的图表中，图表区、绘图区以及图例等组成部分的位置都不是固定不变的，可以单击图表拖动它们的位置，以便让图表更加美观与合理。

3. 调整图表大小

在 Excel 2010 中，除了可以移动图表的位置外，还可以调整图表的大小。用户可以调整整个图表的大小，也可以单独调整图表中的某个组成部分的大小，如绘图区、图例等。单击图表在其右下角出现斜箭头，拉动其即可调整大小。

4. 修改图表中文字的格式

若对创建图表时默认使用的文字格式不满意，则可以重新设置文字格式，如可以改变文字的字体和大小，还可以设置文字的对齐方式和旋转方向等。图表中"系列 1"表示图表的名称，用户可以修改其所在的位置，右击"设置图例格式"，在"图例选项"中可以选择位置。

在 Excel 2010 中，默认创建图表的形状样式很普通，用户可以为图表各部分设置形状填充、形状轮廓以及形状效果等，让图表变得更加美观和引人注目。在图表中右击文字，在弹出的文字"格式"工具栏中可以设置文字的格式，如图 4-54 所示。

图 4-54　设置文字格式

用户还可以改变图表的名称，选中"系列 1"右键选择"选择数据"，如图 4-55 所示，再单击"编辑"输入系列名称即可，如输入"总评成绩"，如图 4-56 所示，单击"确定"即可。

图 4-55　选择数据源进行修改　　　　　　　图 4-56　编辑数据系列

4.5.5　设置图表布局

选定图表后，Excel 2010 会自动打开"图表工具"的"布局"选项卡。在该选项卡中可以完成设置图表的标签、坐标轴、背景等操作，还可以为图表添加趋势线，如图 4-57 所示。

图 4-57　图表工具"布局"

1. 设置图表标签

在"布局"选项卡的"标签"组中，可以设置图表标题、坐标轴标题、图例、数据标签以及数据表等相关属性，如图 4-58 所示。比如要设计坐标轴的名称和位置，选择"坐标轴标题"选项，在"主要横坐标标题"中选择"坐标轴下方标题"，如图 4-59 所示，此时在图表的下方就会出现"坐标轴标题"字样，将其删除后输入"学号"，再选择"坐标轴标题"选项，在"主要纵坐标标题"中选择"竖排标题"，在图表的左侧出现"坐标轴标题"字样删除后输入"成绩"即可，如图 4-60 所示。效果图如图 4-61 所示。

图 4-58　标签　　　　　　　　　　　图 4-59　主要横坐标标题

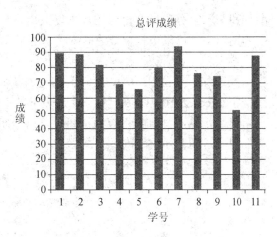

总评成绩

图 4-60　主要纵坐标标题　　　　　图 4-61　坐标轴修改后的效果图

2. 设置坐标轴

在"布局"选项卡的"坐标轴"组中，可以设置坐标轴的样式、刻度等属性，还可以设置图表中的网格线属性。用户可以根据需要自行选择，一般情况下选择默认就可以，如图 4-62 所示。

3. 设置图表背景

在"布局"选项卡的"背景"区域中，可以设置图表背景墙与基底的显示效果，还可以对图表进行三维旋转，如图 4-63 所示。

4. 添加趋势线

趋势线就是用图形的方式显示数据的预测趋势并可用于预测分析，也叫作回归分析。利用趋势线可以在图表中扩展趋势线，根据实际数据预测未来数据。打开"图表工具"的"布局"选项卡，在"分析"组中可以为图表添加趋势线，如图 4-64 所示。

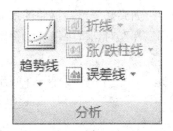

图 4-62　坐标轴　　　　图 4-63　背景　　　　图 4-64　分析

4.6　插入与编辑图形

Excel 2010 不仅具有数据处理功能，还具有图形处理功能，允许向工作表中添加图形、图片和艺术字等项目。使用图形可以突出重要的数据,加强视觉效果。对于 Excel 工作表中的图形,还可以根据需要进行对齐和组合等操作。

4.6.1　绘制图形

在 Excel 2010 中,在"插入"选项卡的"插图"组中单击"形状"按钮,可以打开"形状"菜单。单击菜单中相应的按钮,可以绘制常见的图形,如直线、箭头、矩形和椭圆等基本图形,如图 4-65 所示。

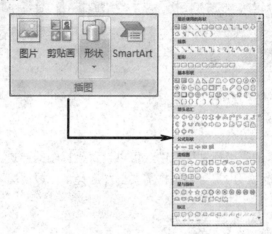

图 4-65　插入形状

1. 绘制基本图形

利用"形状"菜单,可以方便地绘制各种基本图形,如直线、圆形、矩形、正方形、星形等。利用"形状"菜单中的"绘图"工具,在 Excel 工作表中绘制各种图形,其操作步骤如下:首先选择"绘图"工具,然后在工作表上拖动鼠标绘制图形。

2. 缩放图形

如果需要重新调整图形的大小,可以拖动图形四周的控制柄调整尺寸,或者在"大小和属性"对话框中精确设置图形大小,如图 4-66 所示。

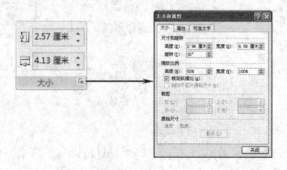

图 4-66　缩放图形

4.6.2　插入对象

Excel 2010 的工作表中，不仅可以绘制简单的图形，还可以在工作表中插入以下几种常用对象：文本框、艺术字、图片及剪贴画。

1. 插入剪贴画

Excel 2010 自带很多剪贴画，用户只需在"剪贴画"库中单击要插入的图形，即可轻松达到美化工作表的目的。在"插入"选项下单击插入剪贴画即可，如图 4-67 所示。

2. 插入图片

在工作表中，除了可以插入剪贴画外，还可以插入已有的图片文件，并且 Excel 2010 支持目前几乎所有的常用图片格式。在"插入"选项下单击"插入图片"即可，如图 4-68 所示。

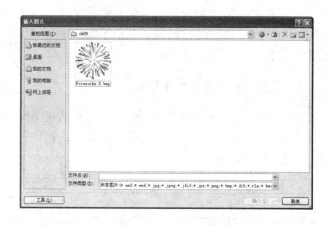

图 4-67　插入剪贴画　　　　　　　　　图 4-68　插入文件中的图片

3. 插入 SmartArt

在工作表中插入 SmartArt 图形可便于演示流程、循环、关系以及层次结构。在"插入"选项卡的"插图"组中单击"SmartArt"按钮，即可打开"选择 SmartArt 图形"对话框。在对话框中选择一种 SmartArt 图形样式，然后单击"确定"按钮，即可将其插入至当前工作表中，如图 4-69 所示。

4. 插入文本

在工作表的单元格中可以添加文本，但由于其位置固定而经常不能满足用户的需要。通过插入文本框来添加文本，则可以解决该问题。其操作方法和 Word 文档中一样。

5. 插入艺术字

对于想在工作表中突出表现的文本内容，可以将其设置为艺术字。在 Excel 2010 中预设了多种样式的艺术字。此外，用户也可以根据需要自定义艺术字样式。

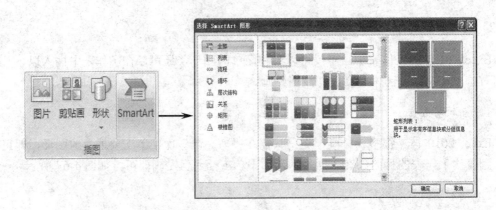

图 4-69　插入 SmartArt 图形

4.6.3　设置对象格式

在工作表中插入图形、图片或其他对象之后，还可以对其进行修改和设置，如对图形的边框、样式等属性进行调整。对于插入的多个对象，有时还需要进行对齐分布、组合等方面的设置。

1.　设置文本框与艺术字格式

在 Excel 2010 中设置文本框与艺术字格式的方法相同，在工作表中选择文本框或艺术字后，打开"绘图工具"的"格式"选项卡，在该选项卡中即可快速设置文本框与艺术字格式，如图 4-70 所示。

图 4-70　"绘图工具""格式"选项卡

2.　设置图片格式

对于插入工作表中的剪贴画与图片，经常需要对其进行对齐、旋转、组合等操作，以使图片的分布更均匀、更有条理。在工作表中选择要编辑的图片，然后打开"图片工具"中的"格式"选项卡，在该选项卡中可以完成对图片的编辑操作，如图 4-71 所示。

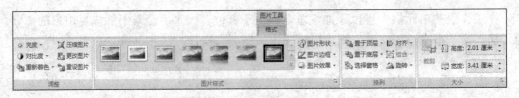

图 4-71　"图片工具""格式"选项卡

4.7　打印工作表

当制作好工作表后，通常要做的下一步工作就是把它打印出来。利用 Excel 2010 提供的设置页面、设置打印区域、打印预览等打印功能，可以对制作好的工作表进行打印设置，美化打印的效果。本章将介绍打印工作表的相关操作。

4.7.1　预览打印效果

Excel 2010 提供打印预览功能，用户可以通过该功能预览打印后的实际效果，如页面设置、分页符效果等。若不满意可以及时调整，避免打印后不能使用而造成浪费。

在 Excel 2010 中单击"开始"菜单，在弹出的菜单中选择"打印"，在该对话框的右侧是打印预览的效果，在其中可以预览当前活动工作表的打印效果。单击"页面设置"，在该页面上可以对预览的页面进行设置。

4.7.2　设置打印页面

在打印工作表之前，可根据要求对希望打印的工作表进行一些必要的设置。例如，设置打印的方向、纸张的大小、页眉或页脚和页边距等。在"页面布局"选项卡的"页面设置"组中可以完成最常用的页面设置，如图 4-72 所示。

1. 设置页边距

页边距指打印工作表的边缘距离打印纸边缘的距离。Excel 2010 提供了三种预设的页边距方案，分别为"普通""宽""窄"，其中默认使用的是"普通"页边距方案。通过选择这三种方案之一，可以快速设置页边距效果，如图 4-73 所示。

图 4-72　"页面设置"组

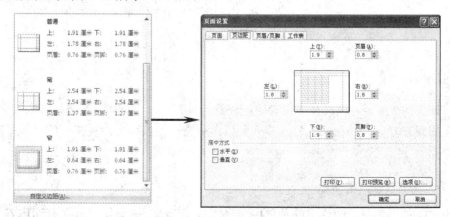

图 4-73　设置页边距

2. 设置纸张方向

在设置打印页面时，打印方向可设置为纵向打印和横向打印两种。在"页面设置"组中单击"纸张方向"按钮，在弹出的菜单中选择"纵向"或"横向"命令，可以设置所需打印方向。

3. 设置纸张大小

在设置打印页面时，应选用与打印机中打印纸大小对应的纸张大小。在"页面设置"组中单击"纸张大小"按钮，在弹出的菜单中可以选择纸张大小。

4. 设置打印区域

在打印工作表时，经常会遇到不需要打印整张工作表的情况，此时可以设置打印区域，只打印工作表中所需要打印的部分。方法是：选中要打印的工作表区域，打印预览后进行打印即可。

5. 设置分页符

如果用户需要打印的工作表中的内容不止一页，Excel 2010 会自动在其中插入分页符，将工作表分成多页。这些分页符的位置取决于纸张的大小及页边距设置。用户也可以自定义插入分页符，从而改变页面布局，如图 4-74 所示。

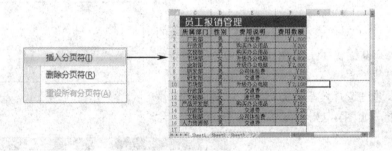

图 4-74　插入分页符

6. 设置打印标题

在打印工作表时，可以选择工作表中的任意行或列为打印标题。若选择行为打印标题，则该行会出现在打印页的顶端，若选择列为打印标题，则该列会出现在打印页的最左端，如图 4-75 所示。

7. 打印 Excel 工作表

单击"文件"菜单，在弹出的菜单中选择"打印"命令，即可打开"打印内容"对话框。在该对话框中，可以选择要使用的打印机，还可以设置打印范围、打印份数等。设置完成后，在"打印内容"对话框中单击"打印"按钮即可打印工作表，如图 4-76 所示。

图 4-75　页面设置打印标题

图 4-76　打印界面

4.7.3　打印图表

在 Excel 2010 中，除了可以打印工作表中的表格外，还可以打印工作表中的图表。打印图表的方法与打印表格的方法相同。选中图表，预览后即可打印，如图 4-77 所示为打印预览图表。

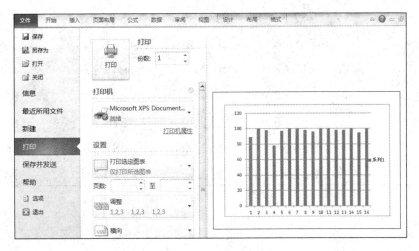

图 4-77　打印图表

4.8　综　合　实　例

4.8.1　实例 1

建立 Excel 表格，输入数据并计算每年的合计、年平均、总计等相应结果，如下表所示。

要求：标题为黑体 20 号居中，合并单元格；第二行为楷体_GB2312，小四，合并单元格；第三行为黑体，12 号居中；最后两行的标题为宋体 12 号。表格边框显示如表格所示。

甲市全社会固定资产投资总额

1993-2010 年　　　　　　　　　　　　　　　　　　单位：亿元

年份	合计	国有经济	集体经济	股份制经济	外商、港澳台
1993		268.68	124.18	33.21	61.61
1994		721.37	189.25	11.10	120.35
1995		935.92	267.53	151.34	264.25
1996		1 056.24	240.61	164.25	341.35
1997		1 148.69	257.10	118.91	367.51
1998		1 087.94	268.68	201.20	410.24
1999		986.82	228.21	268.68	325.58
2000		827.65	156.64	421.53	268.68
2001		762.54	286.36	580.75	362.25
2002		745.26	111.36	631.70	369.96
2003		810.68	117.68	647.27	468.20
2004		954.85	154.56	667.52	851.39
2005		872.66	151.20	546.23	652.32
2006		884.57	152.00	687.52	563.44
2010		1 022.50	232.52	750.21	745.21
年平均					
总计					

操作步骤：

1）根据题目要求，在 Excel 中选择 6 列 20 行的表格，选中第 1 行中将第 1 列到第 6 列，合并单元格，并输入文字，设置字体的大小颜色为黑体 20 号，再将第 1 行设置为居中，设置完成后即可得到要求的效果，如图 4-78 所示。

2）第 2 行同样设置，字体按要求设置即可，注意在单元格格式中设置居中即可。

3）第 3 行表格中输入文字，不合并单元格，文字按要求设置。其他各行同理。

4）在输入第 1 列数据时，先输入"1993"，选中该单元格，将鼠标放在单元格的右下角，出现十字形状，按住左键向下拉动到第 18 行，在出现的小选框中选择"填充序列"即可，如图 4-79 所示。

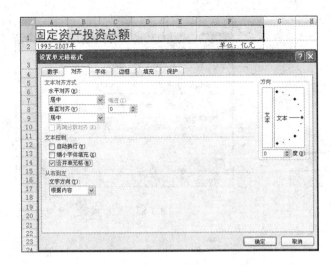

图 4-78　第 1 行设置　　　　　　　　图 4-79　填充序列

5）选中第 3 至 6 列的第 4 到 18 行，设置单元格格式，数字格式设置为"会计专用"，如图 4-80 所示。

6）计算"合计"中的数据，由题意可知，每年的合计是每年的各项的和，所以在 B4 单元格即 1993 年的"合计"中输入"＝SUM（C4：F4）"，按 Enter 键即可得到结果，如图 4-81 所示。

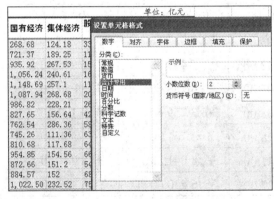

图 4-80　设置数字格式

图 4-81　计算"合计"

7）计算其他各年的合计，选择 B4 单元格，下拉至 B18 即可得到所有结果。

8）计算年平均值，在对应单元格 B19 中输入"＝AVERAGE（B4：B18）"，按 Enter 键即可计算结果，如图 4-82 所示。在计算"总计"时，在单元格内输入"＝SUM（B4：B18）"即可。

9）设置边框。根据要求，选择第 3 行，单击"设置单元格格式"的"边框"选项卡，选择需要的样式及颜色，边框选择"上下"，注意上下的线条粗细不同，要根据需要变化，如图 4-83 所示。选好以后，单击"确定"即可完成。

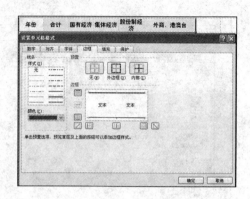

图 4-82　计算年平均　　　　　　　　　　　　图 4-83　边框设置

4.8.2　实例 2

建立 Excel 表格，表格内输入下列数据，并按下表格式调整数据的格式。

要求：标题为黑体，小二，红色，居中，合并单元格；第 1 行宋体，五号字体，居中；其他均为宋体五号，中部两端对齐，有边框。

AMD 处理器价格

型号	旧价格	新价格	旧价格（人民币）	新价格（人民币）
Athlon 64 X2 4800＋	$　902.00	$　803.00	￥7 035.60	￥6 263.40
Athlon 64 X2 4600＋	$　704.00	$　643.00	￥5 491.20	￥5 015.40
Athlon 64 X2 4400＋	$　537.00	$　507.00	￥4 188.60	￥3 954.60
Athlon 64 X2 4200＋	$　482.00	$　408.00	￥3 759.60	￥3 182.40
Athlon 64 X2 3800＋	$　354.00	$　328.00	￥2 761.20	￥2 558.40
Athlon 64 FX57	$　1 031.00	$　1 031.00	￥8 041.80	￥8 041.80
Athlon 64 FX55	$　827.00	$　827.00	￥6 450.60	￥6 450.60

操作步骤：选中表格输入文字数据，与实例 1 类似，需要注意的是，输入价格时要设置单元格的格式为货币，根据内容设置为人民币和美元的符号，如图 4-84 所示。

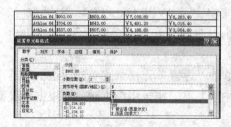
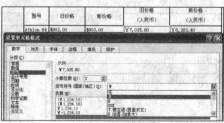

图 4-84　设置数字格式

4.8.3　实例 3

输入下列表格，"本期欠缴"栏目是"本期已缴"减去"本期应缴"。

要求：标题为黑体小一，其他均为宋体五号。

养老保险金征缴情况

序号	姓名	本期应缴	本期已缴	本期欠缴
42112700001	李一	812.36	812.36	
42112700002	李二	754.61	691.61	
42112700003	李三	1 026.38	1 000	
42112700004	李四	1 124.75	1 112.75	
42112700005	李五	963.25	963.25	
42112700006	李六	749.84	653.59	
42112700007	李七	799.52	724.24	
42112700008	李八	1 011.36	1 000	
42112700009	李九	963.52	963.52	
42112700010	李十	854.23	854.23	
42112700011	李十一	889.65	900	

操作步骤：按照要求输入数字和文字，并设置格式即可，在"本期欠缴"列的第一个单元格中输入"＝D3－C3"，并将该单元格填充到下面的各个单元格中即可，操作方法与前面的实例类似。

习题 4

一、填空题

1．在 Excel 2010 中，最基本的单位是＿＿＿＿＿＿＿，可用于存放数字、文本等数据信息。

2．默认情况下，Excel 工作簿中有三个工作表，一个工作簿中最多允许有＿＿＿＿＿＿＿个工作表。

3．单元格内数据的默认对齐方式为文字靠＿＿＿＿＿＿＿对齐，数值靠＿＿＿＿＿＿＿对齐。

4．在 Excel 编辑栏中输入数据后，按＿＿＿＿＿＿＿组合键，可以实现在当前活动单元格内换行。

5．在 Excel 中输入分数时，为了避免将分数当作日期，应在输入的分数前加＿＿＿＿＿＿＿，再按空格键。

6．在 Excel 2010 中，按＿＿＿＿＿＿＿组合键，输入当前日期；按＿＿＿＿＿＿＿组合键，输入当前时间。

7. 在 Excel 工作簿中，按_____组合键切换至当前页的后一个工作表；按_____组合键切换至当前页的前一个工作表。

8. 在输入公式时，首先要在编辑栏或单元格中输入_____符号，再输入公式本身。

9. 在 Excel 的公式中共包含四种运算符，分别为_____、比较运算符、文本连接符和引用运算符。

10. 单元格引用可以分为引用样式、_____、绝对引用和混合引用四种引用格式。

11. 在 Excel 中单击"公式审核"组中的_____按钮，可以在工作表中显示出公式所引用的单元格。

12. 在常用函数中，求平均值的函数是_____。

13. 要复制公式时，可以将鼠标移动到表格右下角的_____上，光标变为"实心＋字箭头"形状时，拖动鼠标即可快速复制该公式。

14. 在复制图表时，首先选择图表，按_____和_____组合键完成图表的复制。

15. 在 Excel 中，为用户提供了四种排序依据类型，依次为_____、_____、字体颜色和单元格图标。

16. 在 Excel 的"开始"选项卡中，单击"编辑"栏中的"排序和筛选"下拉按钮，在其下拉列表中为用户提供了三种排序方式，分别为_____、_____和自定义排序。

17. 在 Excel 中，对所选单元格启动"筛选"按钮的方法除了可以单击"排序和筛选"中的"筛选"按钮外，还可以按_____组合键。

18. _____是一种交互的、交叉制表的 Excel 报表，用于对多种来源（包括 Excel 的外部数据）的数据（如数据库）进行汇总和分析。

19. 在进行分类汇总前，首先应对数据进行_____，将数据中_____相同的一些记录集中在一起。

20. 保护工作表时，默认情况下该工作表中的所有单元格都会被_____，用户不能对锁定的单元格进行任何更改。

二、选择题

1. 在 Excel 工作表中，能直接输入的两种数据类型是（　　　）。
　　A. 常量和函数　　B. 常量和公式　　C. 函数和公式　　D. 数字和文本

2. 首次启动 Excel 时，系统默认的第一工作簿的名称为（　　　）。
　　A. 文档 1　　　　B. 工作簿 1　　　C. 未命名 1　　　D. Sheet1

3. 默认情况下，Excel 工作表的行以（　　　）标记。
　　A. 数字＋字母　B. 数字　　　　　C. 字母　　　　　　D. 字母＋数字

4. 在 Excel 工作表中，如果用户希望选取一个不连续的单元格区域，可以按（　　　）键不放，逐一单击要选择的单元格。
　　A. Alt　　　　　B. Ctrl　　　　　C. Shift　　　　　　D. Ctrl＋Shift

5. 在 Excel 工作表的一个单元格输入数据后，按 Enter 键可以使其（　　　）单元格成为活动单元格。
　　A. 下一个　　　　B. 左侧　　　　　C. 右侧　　　　　　D. 上一个

6. 在保存 Excel 工作簿时，默认的保存类型为（　　　）。

　　A．Html　　　　　　B．Excel 模板　　　　C．Excel 工作簿　　D．XML 电子表格 2003

7. 要设置单元格为日期格式，需要在"设置单元格格式"对话框中选择（　　）选项卡。

　　A．对齐　　　　　　B．边框　　　　　　C．数字　　　　　　D．字体

8. 在 Excel 中输入公式时，所有的公式必须以（　　）符号开始。

　　A．"＝"或"*"　B．"*"或"＋"　C．"＝"或"＋"　D．以上都是

9. 在 Excel 中文本运算符是使用（　　）符号来连接的。

　　A．"·"　　　　　　B．"$"　　　　　　C．":"　　　　　　D．"@"

10. 当工作表中的单元格中显示"#####"时，则该单元格中输入的内容存在（　　）问题。

　　A．输入到单元格中的数值或公式产生的结果太长，超出了单元格宽度

　　B．该单元格中使用了 Microsoft Excel 不能识别的文本

　　C．引用该单元格无效

　　D．使用了错误的参数或运算对象类型

11. 下列哪种方法，（　　）不可能将图表移动到其他工作表。

　　A．选择图表后，按 Ctrl＋C 和 Ctrl＋V 组合键

　　B．选择图表后，单击"位置"组中的"移动图表"按钮

　　C．右击图表，执行"移动图表"命令

　　D．使用图表拖动方法，改变图表位置

12. 选择图标后，按（　　）键，即可将选择的图表删除。

　　A．Ctrl　　　　　　B．Delete　　　　　C．Tab　　　　　　D．Shift

13. （　　）函数是用于求和的函数。

　　A．SUM　　　　　　B．AVERAGE　　　C．IF　　　　　　　D．MAX

14. （SUM（A2：A4）*2^3）的含义是（　　）。

　　A．A2 单元格与 A4 单元格的比值乘以 2 的 3 次方

　　B．A2 单元格与 A4 单元格的比值乘以 3 的 2 次方

　　C．A2 至 A4 单元格区域的和乘以 2 的 3 次方

　　D．A2 单元格和 A4 单元格相加之和乘以 2 的 3 次方

15. 选择某个单元格后，在编辑栏中输入"23＋45"，则下列说法正确的是（　　）。

　　A．会在选择的单元格内立即显示为 23

　　B．会在选择的单元格内立即显示为 45

　　C．会在选择的单元格内立即显示为 68

　　D．会在选择的单元格内立即显示为 23＋45

16. 用筛选条件"数学>80 分与总分>246 分"对成绩进行筛选，则筛选结果为（　　）。

　　A．数学>80 分　　　　　　　　　B．数学>分且总分>246 分

　　C．总分>246 分　　　　　　　　　D．数学>80 分或总分>246 分

17. 下列有关数据透视表的说法中，正确的是（　　）。

　　A．分类汇总前必须选按关键项目排序，数据透视表也必须先按关键项目排序

  B．分类汇总只能根据一个关键项目进行，数据透视表最多可以根据三个关键项目汇总

  C．分类汇总可同时计算多个数值型项目的小计数和总计数

  D．分类汇总的结果与原工作表在同一张工作表中，数据透视表也只能与原表混在一张表中，不能单独放在一张表中

18．在 Excel 中，下列关于分类汇总的叙述错误的是（　　　）。

  A．分类汇总前数据必须按关键字段排序

  B．分类汇总的关键字段只能是一个字段

  C．汇总方式只能是求和

  D．分类汇总何以删除

19．下列有关分类汇总的方法，错误的是（　　　）。

  A．正如排序一样，分类汇总中分类字段可以为多个

  B．分类汇总时，汇总方式最常见的是求和，除此之外还有计数、平均值、最大值、最小值

  C．分类汇总时，选定汇总项一般要选数值型项目，也就是说文本型、日期型项目最好不选

  D．分类汇总的结果可以与原表的数据在同一张工作表中，汇总结果数据也可以部分删除或全部删除

20．已知某张工作表中有"姓名"与"成绩"等字段名，现已对该工作表建立了自动筛选，下列说法正确的是（　　　）。

  A．可以筛选出"成绩"前 5 名或后 5 名

  B．可以筛选出"姓名"的第二个字为"利"的所有名字

  C．可以同时筛选出"成绩"在 90 分以上与 60 分以下的所以成绩

  D．不可以筛选出"姓名"的第一个字为"张"字，同时成绩为 80 分以上的成绩

21．在 Excel 中，要求在使用分类汇总前，先对（　　　）字段进行排序。

  A．字符　　　　　B．字母　　　　　C．分类　　　　　D．逻辑

22．在 Excel 的数据库中，自动筛选是对各（　　　）进行条件选择的筛选。

  A．记录　　　　　B．字段　　　　　C．行号　　　　　D．列号

三、操作题

1．按下图在 Excel 中设计一个表格，并利用公式计算"金额"一栏的数据。

要求：第 1 行为合并单元格，文字居中，黑体一号，其他均为黑体五号，数字格式为"常规"。

工程队	上底	下底	高	截面积	长度	土方工程量	单价	金额（万元）
甲	10	30	15	300	500	150000	15	225
乙	9	28	14	259	1000	259000	15	389
丙	11	32	12	258	2000	516000	15	774
丁	12	35	13	305.5	300	91650	15	137

土方工程结算表

2．按下图，在 Excel 中输入表格数据，并制作图表。

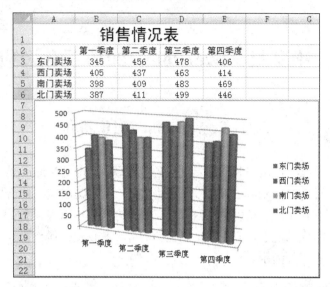

3．在 Excel 中为自己设计一个课程表。

第5章 中文版 PowerPoint 2010 操作及应用基础

5.1 PowerPoint 2010 简介

PowerPoint 是一款专门用来制作演示文稿的应用软件，也是 Microsoft Office 系列软件中的重要组成部分。使用 PowerPoint 可以制作出集文字、图形、图像、声音以及视频等多媒体元素为一体的演示文稿，让信息以更轻松、更高效的方式表达出来。中文版 PowerPoint 2010 在继承之前版本的强大功能的基础上，更以全新的界面和便捷的操作模式引导用户制作图文并茂、声形兼备的多媒体演示文稿。

5.1.1 PowerPoint 2010 简介

使用 PowerPoint 制作个性化的演示文稿，首先需要了解其应用特点。Microsoft 公司推出的 PowerPoint 2010 办公软件除了拥有全新的界面外，还添加了许多新增功能，使软件应用更加方便快捷。

PowerPoint 和其他 Office 应用软件一样，使用方便，界面友好。简单来说，PowerPoint 具有如下应用特点：简单易用、帮助系统、与他人协作、多媒体演示、发布应用、支持多种格式的图形文件、输出方式的多样化等。

PowerPoint 2010 在继承了旧版本优秀特点的同时，明显地调整了工作环境及工具按钮，从而更加直观和便捷。此外，PowerPoint 2010 还新增了如下功能和特性：面向结果的功能区、取消任务窗格功能、新增的视频和图片编辑功能以及增强功能、新增 SmartArt 图形版式、提供了多种使用户可以更加轻松地广播和共享演示文稿的方式等。

5.1.2 PowerPoint 2010 的主要功能

1. 全新的直观型外观

PowerPoint 2010 具有一个称为"功能区"的全新直观型用户界面，如图 5-1 所示，与早期版本的 PowerPoint 相比，它可以更快更好地创建演示文稿。PowerPoint 2010 提供新效果、改进效果、主题和增强的格式选项，利用它们可以创建外观生动的动态演示文稿，而所用的时间只是以前的几分之一。

PowerPoint 2010 还可以在直观的分类选项卡和相关组中查找功能和命令；从预定义的快速样式、版式、表格格式、效果及其他库中选择便于访问的格式选项，从而以更少的时间创建更优质的演示文稿。利用 PowerPoint 2010 的实时预览功能，可以在应用格式选项前查看它们。在每个选项卡中，都是通过组将一个任务分解为多个子任务。每个组中的命令按钮用于执行一个命令或显示一个命令菜单。

图 5-1　功能区

2. 丰富的主题和快速样式

PowerPoint 2010 提供了新的主题、版式和快速样式，使得设置演示文稿格式时，可以提供广泛的选择余地。主题简化了专业演示文稿的创建过程，只需选择所需的主题，PowerPoint 2010 便会执行其余的任务。单击一次鼠标，背景、文字、图形、图表和表格全部都会发生变化，以适应所选择的主题，这样就确保了演示文稿中的所有元素能够互补。最重要的是，可以将应用于演示文稿的主题应用于 Word 2010 文档或 Excel 2010 工作表。在演示文稿中应用主题之后，"快速样式"库将发生变化，以适应该主题。在该演示文稿中插入的所有新 SmartArt 图形、表格、图表、艺术字或文字均会自动与现有主题匹配。由于具有一致的主题颜色（主题颜色是指文件中使用的颜色的集合，主题颜色、主题字体和主题效果三者构成一个主题），所有材料就会具有一致而专业的外观。

3. 自定义幻灯片版式

使用 PowerPoint 2010，不再受打包的版式的局限，可以创建包含任意多个占位符的自定义版式、各种元素乃至多个幻灯片母版，此外，还可以保存自定义和创建的版式，以供将来使用。

4. 设计 SmartArt 图形

利用 SmartArt 图形，可以在 PowerPoint 2010 演示文稿中以简便的方式创建信息的可编辑图示。可以为 SmartArt 图形、形状、艺术字和图表添加绝妙的视觉效果，包括三维（3-D）效果、底纹、反射、辉光等。

5. 新增文字选项

可以使用多种文字格式功能（包括形状内文字环绕、直栏文字或在幻灯片中垂直向下排列的文字，以及段落水平标尺）创建具有专业外观的演示文稿。现在，还可以选择不连续文字。新的字符样式提供了更多文字选择。除了早期版本的 PowerPoint 中的所有标准样式外，在 PowerPoint 2010 中还可以选择全部大写或小写字母、删除线或双删除线、双下划线或彩色下划线。可以在文字上添加填充颜色、线条、阴影、辉光、字距调整和3-D 效果。

6. 表格和图表增强功能

在 PowerPoint 2010 中，表格和图表都经过了重新设计，因而更加易于编辑和使用。功能区提供了许多易于发现的选项，以供编辑表格和图表使用。快速样式库提供创建具有专业外观的表格和图表所需的全部效果和格式选项。从 Excel 2010 中剪切和粘贴数据、图表和表格时，可以体验前所未有的流畅。使用主题后演示文稿可以拥有与工作表相同的外观。

7. 有效地共享信息

在之前版本的 PowerPoint 中，如果文件较大，则难以共享内容或通过电子邮件发送演示文稿，也无法以可靠方式与使用不同操作系统的用户共享演示文稿。现在，无论是共享演示文稿、创建审批、审阅工作流，还是与没有使用 PowerPoint 2010 的联机人员协作，都可以通过多种新方法实现与他人的共享和协作。

8. 极其丰富的幻灯片库

在 PowerPoint 2010 中，用户可以通过在位于中心位置的幻灯片库中存储单个幻灯片文件，共享和重复使用幻灯片内容。也可以将 PowerPoint 2010 中的幻灯片发布到幻灯片库，或将幻灯片库中的幻灯片添加到 PowerPoint 演示文稿中。在幻灯片库中存储内容，削减了重新创建内容的必要性，可以轻松地重复使用已有内容。

9. 保存为 PDF 和 XPS 格式

用户可将文档移植成 PDF 格式文件保存。PDF 格式是一种版式固定的电子文件格式，可以保留文档格式，实现文件共享。PDF 格式确保在联机查看或打印文件时能够完全保留原有的格式，并且文件中的数据不会被轻易更改。此外，PDF 格式还适用于使用专业印刷方法复制的文档。

用户还可将文档移植成 XPS 格式文件保存。XPS 格式是一种电子文件格式，可以保留文档格式，实现文件共享。XPS 格式可确保在联机查看或打印时，文件可以严格保持所要的格式，文件中的数据也不能轻易更改。除这两种之外，还有许多图形和视频格式方便用户使用。

5.1.3　启动和关闭 PowerPoint 2010

当用户安装完 Office 2010 之后，PowerPoint 2010 也将成功安装到系统中，这时启动 PowerPoint 2010 就可以使用它来创建演示文稿。常用的启动方法有：常规启动、通过创建新文档启动和通过现有演示文稿启动。

常规启动是在 Windows 操作系统中最常用的启动方式，即通过"开始"菜单启动。单击"开始"按钮，选择"使用程序"|"Microsoft Office"|"Microsoft PowerPoint 2010"命令，即可启动 PowerPoint 2010，如图 5-2 所示。

成功安装 Microsoft Office 2010 之后，在桌面或者"我的电脑"窗口中的空白区域右击，将弹出如图 5-3 所示的快捷菜单，此时选择"新建"|"Microsoft PowerPoint 演示文稿"

命令，即可在桌面或者当前文件夹中创建一个名为"新建 Microsoft PowerPoint 演示文稿"的文件。此时可以重命名该文件，然后双击文件图标，即可打开新建的 PowerPoint 2010文件。

图 5-2　启动 PowerPoint 2010　　　　　图 5-3　新建 Microsoft PowerPoint 演示文稿

用户在创建并保存 PowerPoint 演示文稿后，可以通过已有的演示文稿启动 PowerPoint。通过已有演示文稿启动可以分为两种方式：直接双击演示文稿图标和在"文档"中启动。若要关闭 Microsoft PowerPoint 演示文稿，可以直接单击操作界面的右上角的"×"关闭按钮，系统会提示用户保存文稿，如需保存单击"保存"即可。其操作与 Word 和 Excel 文档一致。

5.2　PowerPoint 2010 的界面

PowerPoint 2010 与旧版本相比，界面有了较大的改变，它使用选项卡替代原有的菜单，使用各种组替代原有的菜单子命令和工具栏。本节将主要介绍 PowerPoint 2010 的工作界面及各种视图方式。

启动 PowerPoint 2010 应用程序后，用户将看到一个全新的工作界面，如图 5-4 所示。PowerPoint 2010 的界面不仅美观实用，而且各个工具按钮的摆放更便于用户的操作。

PowerPoint 2010 提供了"开始""插入""设计""切换""动画""幻灯片放映""审阅""视图"八个基本功能，在"单击此处添加标题"框下还有格式专用功能。

PowerPoint 2010 提供了"普通视图""幻灯片浏览视图""阅读视图""幻灯片放映"四种视图模式，使用户在不同的工作需求下都能得到一个舒适的工作环境。每种视图都包含有该视图下特定的工作区、功能区和其他工具。在不同的视图中，用户都可以对演示文稿进行编辑和加工，同时这些改动都将反映到其他视图中。用户可以在功能区中选择"视图"选项卡，然后在"演示文稿视图"组中选择相应的按钮，即可改变视图模式。

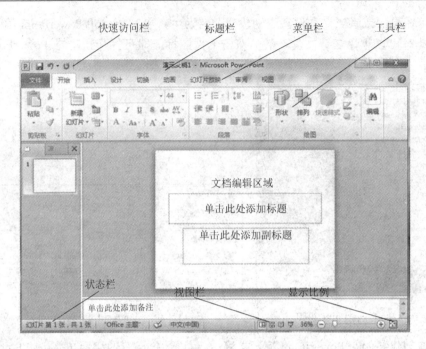

图 5-4　PowerPoint 2010 的工作界面

5.3　使用 PowerPoint 创建演示文稿

演示文稿是用于介绍和说明某个问题和事件的一组多媒体材料，也就是 PowerPoint 生成的文件形式。演示文稿中可以包含幻灯片、演讲备注和大纲等内容，而 PowerPoint 则是创建和演示播放这些内容的工具。本节主要介绍创建、放映与保存演示文稿的方法和编辑幻灯片的基本操作。

5.3.1　创建演示文稿

在 PowerPoint 中，存在演示文稿和幻灯片两个概念，使用 PowerPoint 制作出来的整个文件叫作演示文稿。而演示文稿中的每一页叫作幻灯片，每张幻灯片都是演示文稿中既相互独立又相互联系的内容。

空白演示文稿是 Office PowerPoint 2010 中最简单且最普通的模板。首次开始使用 PowerPoint 时，空白演示文稿是一种很好的模板，因为它比较简单并且可以适用于多种演示文稿类型，用户可以在空白的幻灯片上设计出具有鲜明个性的背景色彩、配色方案、文本格式和图片等。要创建基于空白演示文稿模板的新演示文稿，可以单击"文件"菜单，单击"新建"，在"可用的模板与主题"下单击"空白演示文稿"，然后在右侧单击"创建"即可创建一个新的空白演示文稿。模板是预先定义好的演示文稿的样式、风格，包括幻灯片的背景、装饰图案、文字布局及颜色大小等。PowerPoint 2010 为用户提供了许多美观的设计模板，用户在设计演示文稿时可以先选择演示文稿的整体风格，然后再进一步编辑修改。利用模板创建演示文稿的方法有根据现有模板创建演示文稿、根据自定义模板创建演示文稿、根据现有内容新建演示文稿和使用 Office.com 模板创建演示文稿。Office

PowerPoint 2010 提供了许多模板,用户可以单击"文件"菜单下的"新建",可以在选择已经有的模板(系统自带或用户自建的模板,不需要网络下载可以使用),也可以在"Office.com 模板"下选择需要的模板,如图 5-5 所示。选择好所需的模板,单击"新建"界面右侧的"下载"按钮即可。

图 5-5　PowerPoint 2010 模板

5.3.2　编辑幻灯片

在 PowerPoint 中,可以对幻灯片进行编辑操作,主要包括添加新幻灯片、选择幻灯片、复制幻灯片、调整幻灯片顺序和删除幻灯片等。在对幻灯片进行操作的过程中,最为方便的视图模式是幻灯片浏览视图。对于小范围或少量的幻灯片操作,也可以在普通视图模式下进行。

1．添加新幻灯片

在启动 PowerPoint 2010 后,PowerPoint 会自动建立一张新的幻灯片,随着制作过程的推进,需要在演示文稿中添加更多的幻灯片。要添加新幻灯片,可以按照下面的方法进行操作。

单击"开始"选项卡,在功能区的"幻灯片"组中单击"新建幻灯片",即可添加一张默认版式的幻灯片,如图 5-6 所示。当需要应用其他版式时,单击"新建幻灯片"右下方的下拉箭头,弹出如图 5-7 所示的菜单,在该菜单中选择需要的版式即可将其应用到当前幻灯片。

2．选择新幻灯片

在 PowerPoint 中,用户可以选中一张或多张幻灯片,然后对选中的幻灯片进行操作。在普通视图中的左侧有幻灯片的列表视图,可以看到连续的多张幻灯片。在普通视图中选择幻灯片的方法主要有以下几种:

选择单张幻灯片：无论是在普通视图还是在幻灯片浏览模式下，只需单击需要的幻灯片，即可选中该张幻灯片。

选择编号相连的多张幻灯片：首先单击起始编号的幻灯片，然后按住 Shift 键，单击结束编号的幻灯片，此时将有多张幻灯片被同时选中。

选择编号不相连的多张幻灯片：在按住 Ctrl 键的同时，依次单击需要选择的每张幻灯片，此时被单击的多张幻灯片同时选中。在按住 Ctrl 键的同时，再次单击已被选中的幻灯片，则该幻灯片被取消选择。

图 5-6　新建幻灯片

图 5-7　新建幻灯片的版式

3. 复制幻灯片

PowerPoint 支持以幻灯片为对象的复制操作。在制作演示文稿时，有时会需要两张内容基本相同的幻灯片。此时，可以利用幻灯片的复制功能，复制出一张相同的幻灯片，然后再对其进行适当修改。复制幻灯片的基本方法如下：

选中需要复制的幻灯片，在"开始"选项卡的"剪贴板"组中单击"复制"。在需要插入幻灯片的位置单击，然后在"开始"选项卡的"剪贴板"组中单击"粘贴"。

4. 调整幻灯片顺序

在制作演示文稿时，如果需要重新排列幻灯片的顺序，就需要移动幻灯片。移动幻灯片可以用到"剪切"和"粘贴"命令，其操作步骤与使用"复制"和"粘贴"命令相似。

5. 保存演示文稿

文件的保存是一种常规操作，在演示文稿的创建过程中及时保存工作成果，可以避免数据的意外丢失，默认的保存格式为".pptx"。在 PowerPoint 中，保存演示文稿的方法和步骤与其他 Windows 应用程序相似。在"文件"的"选项"中可以设置自动保存，以免用户忘记保存使文稿意外丢失。使用"文件"中的"另存为"还可以将文稿保存成支持的其他格式。

5.4　文本处理功能

直观明了的演示文稿少不了文字的说明，文字是演示文稿中至关重要的组成部分。本节将讲述在幻灯片中添加文本、修饰演示文稿中的文字、设置文字的对齐方式和添加特殊符号的方法。

5.4.1　占位符的基本编辑

　　占位符是包含文字和图形等对象的容器，其本身是构成幻灯片内容的基本对象，具有自己的属性。用虚线边框标识占位符 （占位符：一种带有虚线或阴影线边缘的框，绝大部分幻灯片版式中有这种框。在这些框内可以放置标题及正文，或者是图表、表格和图片等对象），如图 5-8 所示。用户可以在其中键入文本或插入图片、图表和其他对象 （对象：表、图表、图形、符号或其他形式的信息），也

可以对占位符本身进行大小调整、移动、复制、粘贴及删除等操作。只有在"幻灯片母版"中，用户才可以插入占位符，一般在某一张幻灯片上插入文本框可以代替占位符（不带占位符格式）。

　　占位符常见的操作状态有两种：文本编辑与整体选中。在文本编辑状态中，用户可以编辑占位符中的文本；在整体选中状态中，用户可以对占位符进行移动、调整大小等操作。

> 单击此处添加标题
>
> 单击此处添加副标题

图 5-8　虚线边框标识占位符

1.　复制、剪切、粘贴和删除占位符

　　用户可以对占位符进行复制、剪切、粘贴及删除等基本编辑操作。对占位符的编辑操作与对其他对象的操作相同，选中占位符之后，在"开始"选项卡的"剪贴板"组中选择"复制""粘贴""剪切"等相应命令即可。在复制或剪切占位符时，会同时复制或剪切占位符中的所有内容和格式，以及占位符的大小和其他属性。当把复制的占位符粘贴到当前幻灯片时，被粘贴的占位符将位于原占位符的附近；当把复制的占位符粘贴到其他幻灯片时，则被粘贴的占位符的位置将与原占位符在幻灯片中的位置完全相同。

　　占位符的剪切操作常用于在不同的幻灯片间移动内容。

　　选中占位符后按 Delete 键，可以把占位符及其内部的所有内容删除。

2.　设置占位符属性

　　在 PowerPoint 2010 中，占位符、文本框及自选图形等对象具有相似的属性，如颜色、线型等，设置它们属性的操作是相似的。在幻灯片中选中占位符时，功能区将出现"格式"选项卡，如图 5-9 所示。通过该选项卡中的各个命令即可设置占位符的属性。

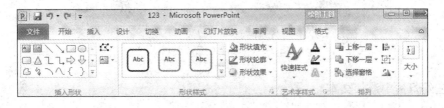

图 5-9　设置占位符的格式

3．旋转占位符

在设置演示文稿时，占位符可以任意角度旋转。选中占位符，在"格式"选项卡的"排列"组中单击"旋转"，在弹出的菜单中选择相应命令，即可实现指定角度的旋转，如图 5-10 所示。

4．对齐占位符

如果一张幻灯片中包含两个或两个以上的占位符，用户可以通过选择相应命令来左对齐、右对齐、左右居中或横向分布占位符。

在幻灯片中选中多个占位符，在"格式"选项卡的"排列"组中单击"对齐"，此时在弹出的菜单中选择相应命令，即可设置占位符的对齐方式，如图 5-11 所示。

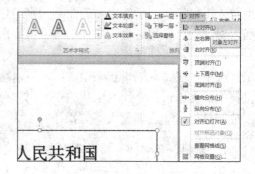

图 5-10　旋转占位符　　　　　　　　　　　　图 5-11　对齐占位符

5．设置占位符形状

占位符的形状设置包括"形状填充""形状轮廓""形状效果"设置。通过设置占位符的形状，可以自定义内部纹理、渐变样式、边框颜色、边框粗细、阴影效果、反射效果等。选中占位符，在"格式"选项卡中进行设置，如图 5-12 所示。

图 5-12　设置占位符形状

5.4.2　在幻灯片中添加文本

文本对演示文稿中主题、问题的说明及阐述作用是其他对象不可替代的。在幻灯片中添加文本的方法有很多，常用的方法有使用占位符直接输入、使用文本框插入文字和从外部导入文本三种。

1. 使用占位符直接输入

单击占位符内部，在光标处输入文字，如图 5-13 所示。用户可以对占位符中的文字进行编辑。

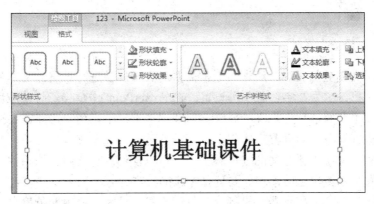

图 5-13　在占位符中添加文本

2. 使用文本框插入文字

文本框是一种可移动、可调整大小的文字容器，它与文本占位符非常相似。使用文本框可以在幻灯片中放置多个文字块，使文字按照不同的方向排列。也可以突破幻灯片版式的制约，实现在幻灯片中任意位置添加文字信息的目的。在占位符中，选择"插入"选项，选择"文本框"，用户可以根据需要选择插入的文本框类型，如图 5-14 所示。为方便起见，用户可以对文本框进行设置，选中文本框（单击其边框即可），右键设置文本框格式，其操作与 Word 文档中的操作一致。

图 5-14　使用文本框添加文本

3. 从外部导入文本

用户除了使用复制的方法从其他文档中将文本粘贴到幻灯片中，还可以在"插入"选项卡中选择"对象"命令，直接将文本文档导入到幻灯片中，使用户更加方便地输入已有文本。

5.4.3　文本的格式设置

1. 文本基本操作

PowerPoint 2010 的文本基本操作主要包括选择、复制、粘贴、剪切、撤销与重复、查找与替换等。掌握文本的基本操作是进行文字属性设置的基础，其操作方法与 Word 文档中的操作方法一致。

2. 设置文本的基本属性

为了使演示文稿更加美观、清晰，通常需要对文本属性进行设置。文本的基本属性设置包括字体、字形、字号及字体颜色等设置。在 PowerPoint 中，当幻灯片应用了版式后，幻灯片中的文字也具有了预先定义的属性。但在很多情况下，用户仍然需要按照自己的要求对它们重新进行设置，如设置字体和字号、字体颜色、特殊文本格式等。

为幻灯片中的文字设置合适的字体和字号，可以使幻灯片的内容清晰明了。与编辑文本一样，在设置文本属性之前，首先要选择相应的文本。

用户的输出设备（如显示器、投影仪、打印机等）都允许使用彩色信息，这样在设计演示文稿时就可以进一步设置文字的字体颜色。

在 PowerPoint 中，用户除了可以设置最基本的文字格式外，还可以在"开始"选项卡的"字体"组中选择相应命令来设置文字的其他特殊效果，如为文字添加删除线等。单击"字体"组中的对话框启动器，在"字体"对话框中也可以设置特殊的文本格式。

3. 插入符号和公式

在编辑演示文稿的过程中，除了输入文本或英文字符，在很多情况下还要插入一些符号和公式，如 α、β、ε 等，这时仅通过键盘是无法输入这些符号的。PowerPoint 2010 提供了插入符号和公式的功能，用户可以在演示文稿中插入各种符号和公式。

要在文档中插入符号，先将光标放置在要插入符号的位置，然后单击功能区的"插入"选项卡，在"文本"组中单击"符号"，打开如图 5-15 所示的"符号"对话框，在其中选择要插入的符号，单击"插入"即可。

图 5-15　插入符号

要在幻灯片中插入各种公式，可以使用公式编辑器输入统计函数、数学函数、微积分方程式等复杂公式。单击"插入"选项卡，在"文本"组中单击"对象"，在打开的对话框中选择公式编辑器即可，如图 5-16 所示。

图 5-16　插入公式

在幻灯片中还可以插入 Excel 运算表，单击"插入"选项卡，在"文本"组中单击"对象"，在打开的对话框中选择"Microsoft Excel 工作表"即可。此时，出现一个 Excel 工作表，同时出现 Excel 工作表的工作界面，用户可以用类似于对文本框的操作对工作表进行操作，同时还可以使用 Excel 的各项功能进行操作，如图 5-17 所示。如需退出工作表，单击工作表外面的占位符即可，如需进入工作表，可以双击工作表，如需拖动工作表，在退出的情况下，单击边框可以进行拖动。

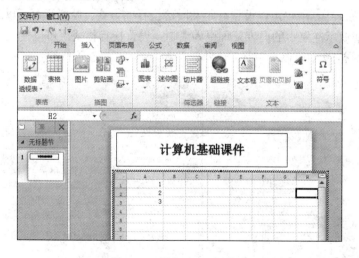

图 5-17　插入 Excel 工作表

5.5　段落处理功能

为了使幻灯片中的文本层次分明，条理清晰，可以为幻灯片中的段落设置格式和级别，如使用不同的项目符号和编号来标识段落层次等。本节主要介绍使用项目符号和编号设置段落级别、段落的对齐方式、缩进方式等。

段落格式包括段落对齐、段落缩进及段落间距设置等。掌握了在幻灯片中编排段落格式后，就可以为整个演示文稿设置风格相适应的段落格式。

1. 设置段落的对齐方式

段落对齐是指段落边缘的对齐方式，包括左对齐、右对齐、居中对齐、两端对齐和分散对齐，如图 5-18 所示。

左对齐时，段落左边对齐，右边参差不齐。右对齐时，段落右边对齐，左边参差不齐。居中对齐时，段落居中排列。两端对齐时，段落左右两端都对齐分布，但是段落最后不满一行的文字右边是不对齐的。分散对齐时，段落左右两边均对齐，而且当每个段落的最后一行不满一行时，将自动拉开字符间距使该行均匀分布。

选中占位符，在"开始"选项卡中的"段落"功能区中选择对齐方式，从左向右依次为"左对齐""居中""右对齐""两端对齐""分散对齐"等。

2. 设置段落的缩进方式和段落行距

在 PowerPoint 2010 中，可以设置段落与占位符或文本框左边框的距离，也可以设置首行缩进和悬挂缩进。使用"段落"对话框可以准确地设置缩进尺寸，在功能区单击"段落"组中的对话框启动器，即"段落"功能区右下角的箭头，将打开"段落"对话框，如图 5-19 所示。或在占位符中右击选择"段落"也可以选择缩进方式，可调节段前、段后、文本之前的缩进大小。

在 PowerPoint 中，用户可以设置行距及段落换行的方式。设置行距可以改变 PowerPoint 默认的行距，使演示文稿中的内容条理更为清晰；设置换行格式，可以使文本以用户规定的格式分行。在图 5-19 中可以调节行距大小，如单倍行距、1.5 倍行距等。

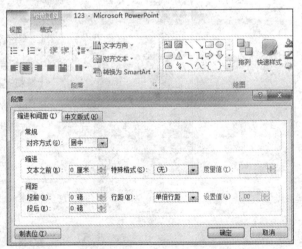

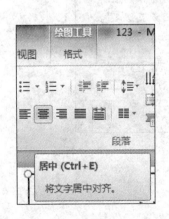

图 5-18　段落对齐方式　　　　　　　图 5-19　设置段落的缩进方式和段落行距

3. 使用项目符号

在演示文稿中，为了使某些内容更为醒目，经常要用到项目符号。项目符号用于强调一些特别重要的观点或条目，从而使主题更加美观、突出。常见的项目标号有常用项目符号、图片项目符号、自定义项目符号等。

将光标定位在需要添加项目符号的段落中，在"开始"选项卡的"段落"组中单击"项目符号"右侧的下拉箭头，打开"项目符号"菜单，在该菜单中选择需要使用的项目符号命令即可，如图 5-20 所示。

在"项目符号"的下拉菜单中，用户可以选择不同的类型，在"项目符号和编号"对话框中可供选择的项目符号类型共有七种，此外 PowerPoint 还可以将图片设置为项目符号，这样丰富了项目符号的形式，使项目编号更加美观，如图 5-21 所示。在"项目符号和编号"下选择"图片"即可将所需的图片设置为项目符号。

在 PowerPoint 中，除了系统提供的项目符号和图片项目符号外，还可以将系统符号库中的各种字符设置为项目符号。在"项目符号和编号"对话框中单击"自定义"，打开"符号"对话框进行设置，如图 5-22 所示。

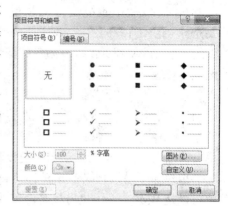

图 5-20　项目符号和编号

图 5-21　图片项目符号

图 5-22　自定义项目符号

在 PowerPoint 中，可以为不同级别的段落设置项目编号，使主题层次更加分明、有条理。在默认状态下，项目编号由阿拉伯数字构成。此外，PowerPoint 还允许用户使用自定义项目编号样式。要为段落设置项目编号，可将光标定位在段落中，然后打开"项目符号和编号"对话框的"编号"选项卡，根据需要选择编号样式即可。

5.6　图形处理功能

PowerPoint 2010 提供了大量实用的剪贴画，使用它们可以丰富幻灯片的版面效果。此外，用户还可以从本地磁盘插入图片到幻灯片中。使用 PowerPoint 2010 的绘图工具可以绘制各种简单的基本图形，这些基本图形可以组合成复杂多样的图案效果。使用艺术字和相册功能能在适当主题下为演示文稿增色。本节分别介绍剪贴画、图片、图形、艺术字等图形对象的处理功能。

5.6.1　在幻灯片中插入图片

在演示文稿中插入图片，可以更生动形象地阐述其主题和要表达的思想。在插入图片时，要充分考虑幻灯片的主题，使图片和主题和谐一致。用户可以选择插入剪贴画或插入来自文件的图片。PowerPoint 2010 附带的剪贴画库内容非常丰富，所有的图片都经过专业设计，它们能够表达不同的主题，适合于制作各种不同风格的演示文稿。要插入剪贴画，可以在"插入"选项卡的"插图"组中单击"剪贴画"，打开"剪贴画"任务窗格，如图 5-23 所示。"剪贴画"对话框还可以来回移动以调整至合适位置，在"搜索文字"中输入要搜索的类型，如背景，选择搜索范围为"所有收藏集"，就会出现许多的背景图片，选择用户所需的图片，单击该图片，在幻灯片中就会出现该图片，用户可以对图片进行编辑。

用户除了插入 PowerPoint 2010 附带的剪贴画之外，还可以插入磁盘中的图片。这些图片可以是 BMP 位图，也可以是由其他应用程序创建的图片，或从网上下载的或通过扫描仪及数码相机输入的图片等。在"插入"选项卡中选择"图片"，就打开如图 5-24 所示的对话框，用户可以方便地查找自己需要的图片。

图 5-23　插入剪贴画

图 5-24　插入来自文件的图片

5.6.2　编辑图片

在演示文稿中插入图片后，用户可以调整其位置和大小，也可以根据需要进行裁剪、调整对比度和亮度、添加边框、设置透明色等操作。

要调整图片位置，可以在幻灯片中选中该图片，然后按键盘上的方向键上、下、左、右移动图片。也可以按住鼠标左键拖动图片，待拖动到合适的位置后释放鼠标左键即可，如图 5-25 所示。在图片的上方有 1 个绿色的旋转控制点，拖动该控制点，可自由旋转图片。另外，在"格式"选项卡的"排列"组中单击"旋转"，可以通过相应的命令控制图片旋转的方向，如图 5-26 所示。

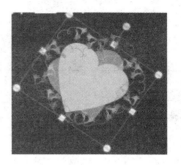

图 5-25　调整图片位置　　　　　　　　　　图 5-26　旋转图片

　　单击插入到幻灯片中的图片，图片周围将出现 8 个白色控制点，当鼠标移动到控制点上方时，鼠标指针变为双箭头形状，此时按下鼠标左键拖动控制点，即可调整图片的大小。当拖动图片 4 个角上的控制点时，PowerPoint 会自动保持图片的长宽比例不变，拖动 4 条边框中间的控制点时，可以改变图片原来的长宽比例，按住 Ctrl 键调整图片大小时，将保持图片中心位置不变，即成比例放大和缩小，如图 5-27 所示。

　　对图片的位置、大小和角度进行调整，只能改变整个图片在幻灯片中所处的位置和所占的比例。而当插入的图片中有多余的部分时，可以使用"裁剪"操作，将图片中多余的部分删除。选中图片，在"图片工具"下的"格式"对话框中选择"裁剪"，如图 5-28 所示。

图 5-27　调整图片大小　　　　　　　　　　图 5-28　裁剪图片

　　在 PowerPoint 中可以对插入的 Windows 图源文件（.wmf）等矢量图形进行重新着色。选中图片后，在"格式"选项卡的"调整"组中单击"颜色"的下拉按钮，出现"重新着色"选项，打开如图 5-29 所示的菜单，用户可以从中选择需要的模式为图片重新着色，以改变图片的主色调，在该对话框中还会出现该图片的颜色设置预览图。

　　图片的亮度是指图片整体的明暗程度，对比度是指图片中最亮部分和最暗部分的差别。用户可以通过调整图片的亮度和对比度，使效果不好的图片看上去更为舒适，也可以将正常的图片调高亮度或降低对比度以达到某种特殊的效果。在调整图片对比度和亮度时，首先应选中图片，然后在"调整"选项组中"更正"选项下的"亮度和对比度"中进行设置，如图 5-30 所示。在该选项组中还可以预览图片的亮度和对比度的效果图片。

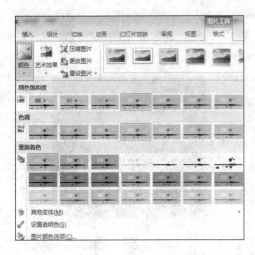

图 5-29　重新着色

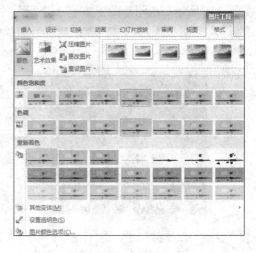

图 5-30　调整图片的对比度和亮度

　　PowerPoint 2010 提供改变图片外观的功能,该功能可以赋予普通图片形状各异的样式,从而达到美化幻灯片的效果。要改变图片的外观样式,应首先选中该图片,然后在"格式"选项卡的"图片样式"组中选择图片的外观样式,如图 5-31 所示。

　　为美化图片,用户还可以对图片设置不同的格式,选中图片,在"格式"选项卡中选择"图片样式"的右下角的箭头,打开如图 5-32 所示的对话框,对图片进行格式设置。

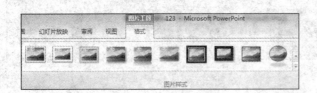

图 5-31　改变图片外观　　　　　　　　　　图 5-32　设置图片格式

　　用户可以根据需要设置图片的形状,使其更加形象化。选中图片,在"格式"选项卡中选择"大小"|"裁剪"|"裁剪为形状",从中选择所需要的类型,还可以在图片中插入"动作按钮"设置链接动画,如图 5-33 所示。在 PowerPoint 中,用户还可以对图片的边框进行设置,在"格式"选项卡中的"图片边框"中进行设置即可,如图 5-34 所示。不同使用情况下的图片有时需要一些效果,这样才能使得图片更加美观,用户可以选择图片效果进行设置,如图 5-35 所示。

　　在 PowerPoint 中,可以通过"压缩图片"功能对演示文稿中的图片进行压缩,以节省硬盘空间和减少下载时间。在压缩图片时,用户可以根据用途降低图片的分辨率,如用于屏幕放映的图像,可以将分辨率减少到 96dpi(点每英寸);用于打印的图像,可以将分辨率减少到 200dpi。

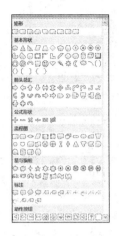

图 5-33　图片形状

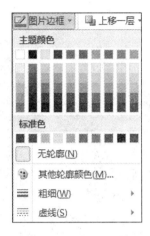

图 5-34　图片边框

图 5-35　图片效果

5.6.3　在幻灯片中绘制图形

PowerPoint 2010 提供了功能强大的绘图工具,利用绘图工具可以绘制各种线条、连接符、几何图形、星形以及箭头等复杂的图形。在一个占位符中,在功能区切换到“插入”选项卡,在“插图”组单击“形状”,在弹出的菜单中选择需要的形状绘制图形即可。也可在“开始”选项卡中选择“形状”,可以快速方便地插入各式各样的图形,如图 5-36 所示。

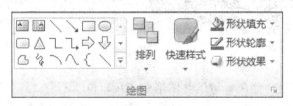

图 5-36　“绘图”工具栏

5.6.4　编辑图形

在 PowerPoint 中,可以对绘制的图形进行个性化的编辑。同其他操作一样,在进行设置前,首先应选中该图形。对图形最基本的编辑包括旋转图形、对齐图形、层叠图形和组合图形等。

旋转图形与旋转文本框、文本占位符一样,只要拖动其上方的绿色旋转控制点任意旋转图形即可。也可以在“格式”选项卡的“排列”组中单击“旋转”,在弹出的菜单中选择“向左旋转 90°”“向右旋转 90°”“垂直翻转”“水平翻转”等命令,如图 5-37 所示。

当在幻灯片中绘制多个图形后,选中这些图片,可在功能区的“排列”组中单击“对齐”(图 5-38),在弹出的菜单中选择相应的命令来对齐图形,其具体对齐方式与文本对齐相似。另外,在该选项中,对于多个图形可以设置自动均匀的横向或纵向分布。

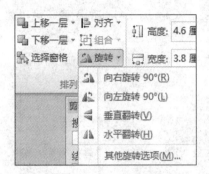

图 5-37　旋转图形　　　　　　　　　　　　图 5-38　对齐图形

对于绘制的图形，PowerPoint 将按照绘制的顺序将它们放置于不同的对象层中，如果对象之间有重叠，则后绘制的图形将覆盖在先绘制的图形之上，即上层对象遮盖下层对象。当需要显示下层对象时，可以通过调整它们的叠放次序来实现。要调整图形的层叠顺序，可以在功能区的"排列"组中单击"上移一层"和"下移一层"右侧的下拉箭头，在弹出的菜单中选择相应命令即可，如图 5-39 所示。设置后，文字就可以显示在图片的上方。

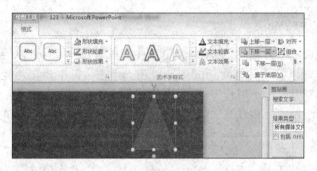

图 5-39　层叠图形

在绘制多个图形后，如果希望这些图形保持相对位置不变，选中需要组合的图片，在图片工具下的"格式"选项中，使用"组合"下的命令将其进行组合，如图 5-40 所示。也可以同时选中多个图形，右击，在弹出的快捷菜单中选择"组合"|"组合"命令，如图 5-41 所示。当图形被组合后，可以像一个图形一样被选中、复制或移动。

图 5-40　组合图形　　　　　　　　　　　图 5-41　右键组合图形

5.6.5　设置图形格式

PowerPoint 具有功能齐全的图形设置功能，可以利用线型、箭头样式、填充颜色、阴影效果和三维效果等进行修饰。利用系统提供的图形设置工具，可以使配有图形的幻灯片更容易理解。

1. 设置线型

选中绘制的图形，在"格式"选项卡的"形状样式"组中单击"形状轮廓"，在弹出的菜单中选择"粗细"和"虚线"命令，然后在其子命令中选择需要的线型样式即可。或选中图形，右键选择"设置图片格式"进行设置，如图 5-42 所示。

2. 设置线条颜色

在幻灯片中绘制的线条都有默认的颜色，用户可以根据演示文稿的整体风格改变线条颜色。单击"形状轮廓"，在弹出的菜单中选择颜色即可。

3. 设置填充颜色

为图形添加填充颜色是指在一个封闭的对象中加入填充效果，这种效果可以是单色、过渡色、纹理甚至是图片。用户可以通过单击"形状填充"，在弹出的菜单中选择满意的颜色，也可以通过单击"其他填充颜色"命令设置其他颜色。另外，根据需要选择"渐变"或"纹理"命令为一个对象填充一种过渡色或纹理样式。选中图形，右键选择"设置图片格式"进行设置即可，如图 5-43 所示。

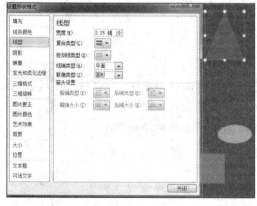

图 5-42　设置线性

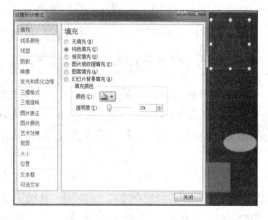

图 5-43　设置填充效果

4. 设置阴影及三维效果

在 PowerPoint 中可以为绘制的图形添加阴影或三维效果。设置图形对象阴影效果的方式是：首先选中对象，单击"形状效果"，在打开的面板中选择"阴影"命令，然后在如图 5-44 所示的菜单中选择需要的阴影样式即可。

设置图形对象三维效果的方法是：首先选中对象，然后单击"形状效果"按钮，在弹出的菜单中选择"三维旋转"命令，然后在如图 5-45 所示的"三维旋转"样式列表中选择需要的样式即可。其他设置如映像、发光、棱台等也可以在此进行设置，同时也可以选中图形用右键选择"设置图形格式"进行相应的设置。

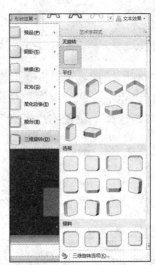

图 5-44　阴影设置　　　　　　　　　　　　　图 5-45　三维选择

5．在图形中输入文字

大多数自选图形允许用户在其内部添加文字。常用的方法有两种：选中图形，直接在其中输入文字；在图形上右击，选择"编辑文字"命令，然后在光标处输入文字。单击输入的文字，可以再次进入文字编辑状态对其进行修改。

5.6.6　插入与编辑艺术字

艺术字是一种特殊的图形文字，常被用来表现幻灯片的标题文字。用户既可以像对普通文字一样设置其字号、加粗、倾斜等效果，也可以像图形对象那样设置它的边框、填充等属性，还可以对其进行大小调整、旋转或添加阴影、三维效果等操作。

1．插入艺术字

在"插入"功能区的"文本"组中单击"艺术字"，打开艺术字样式列表。单击需要的样式，即可在幻灯片中插入艺术字。也可以选中已经输入的文字，再修改其艺术字的样式，如图 5-46 所示。

2．编辑艺术字

用户在插入艺术字后，如果对艺术字的效果不满意，可以对其进行编辑修改。选中艺术字，在"格式"选项卡的"艺术字样式"组中单击对话框启动器，在打开的"设置文本效果格式"对话框中进行编辑即可，如图 5-47 所示。

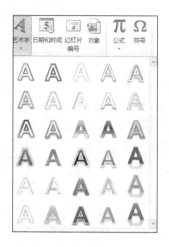

图 5-46 插入艺术字

图 5-47 设置文本效果格式

5.6.7 插入相册

随着数码相机的普及，使用计算机制作电子相册的用户越来越多。若用户没有制作电子相册的专门软件，使用 PowerPoint 也能轻松制作出漂亮的电子相册。在商务应用中，电子相册同样适用于介绍公司的产品目录，或者分享图像数据及研究成果。

在幻灯片中新建相册时，只要在"插入"选项卡的"插图"组中单击"相册"，在弹出的菜单中选择"新建相册"命令，然后从本地磁盘的文件夹中选择相关的图片文件插入即可。在插入相册的过程中可以更改图片的先后顺序、调整图片的色彩明暗对比与旋转角度，以及设置图片的版式和相框形状等，如图 5-48 所示。

对于建立的相册，如果不满意它所呈现的效果，可以单击"相册"，在弹出的菜单中选择"编辑相册"命令，打开"编辑相册"对话框重新修改相册的顺序、图片版式、相框形状、演示文稿设计模板等相关属性。设置完成后，PowerPoint 会自动帮助用户重新整理相册，如图 5-49 所示。

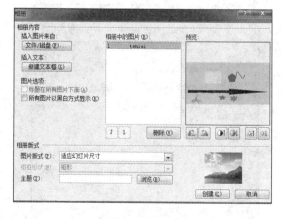

图 5-48 新建相册

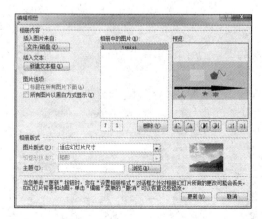

图 5-49 设置相册格式

5.7　美化幻灯片

PowerPoint 提供了大量的模板预设格式，应用这些格式，用户可以轻松地制作出具有专业效果的幻灯片演示文稿，以及备注和讲义演示文稿。这些预设格式包括设计模板、主题颜色、幻灯片版式等内容。本节首先介绍 PowerPoint 的三种母版的视图模式以及更改和编辑幻灯片母版的方法，然后介绍设置主题颜色和背景样式的基本步骤以及使用页眉页脚、网格线、标尺等版面元素的方法。

5.7.1　查看幻灯片母版

PowerPoint 2010 包含三个母版，它们是幻灯片母版、讲义母版和备注母版。当需要设置幻灯片风格时，可以在幻灯片母版视图中进行设置；当需要将演示文稿以讲义形式打印输出时，可以在讲义母版中进行设置；当需要在演示文稿中插入备注内容时，则可以在备注母版中进行设置。

1．幻灯片母版

幻灯片母版是存储模板信息的设计模板的一个元素。模板是指一个或多个文件，其中所包含的结构和工具构成了已完成文件的样式和页面布局等元素。例如，Word 模板能够生成单个文档，而 FrontPage 模板可以形成整个网站。幻灯片母版是模板的一部分，它存储的信息包括：文本和对象在幻灯片上的放置位置、文本和对象占位符的大小、文本样式、背景、颜色主题、效果和动画。用户通过更改这些信息，就可以更改整个演示文稿中幻灯片的外观。如果将一个或多个幻灯片母版另存为单个模板文件.potx，将生成一个可用于创建新演示文稿的模板。每个幻灯片母版都包含一个或多个标准或自定义的版式集。在功能区切换到"视图"选项卡，在"演示文稿视图"组中单击"幻灯片母版"，打开幻灯片母版视图，如图 5-50 和图 5-51 所示。

图 5-50　打开幻灯片母版　　　　　　　图 5-51　幻灯片母版样式

2. 讲义母版

讲义母版是为制作讲义而准备的，通常需要打印输出，因此讲义母版的设置大多与打印页面有关。它允许设置一页讲义中包含几张幻灯片，设置页眉、页脚、页码等基本信息。在讲义母版中插入新的对象或者更改版式时，新的页面效果不会反映在其他母版视图中，如图 5-52 所示。

3. 备注母版

备注母版主要用于设置幻灯片的备注格式，一般也是用于打印输出，所以备注母版的设置大多也与打印页面有关。切换到"视图"选项卡，在"演示文稿视图"组中单击"备注母版"，打开备注母版视图，如图 5-53 所示。

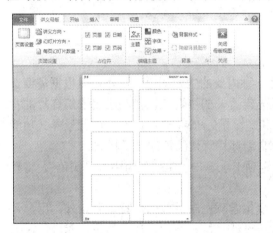

图 5-52 讲义母版

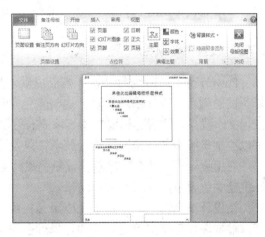

图 5-53 备注母版

5.7.2 设置幻灯片母版

幻灯片母版决定着幻灯片的外观，用以设置幻灯片的标题、正文文字等样式，包括字体、字号、字体颜色、阴影等效果；也可以设置幻灯片的背景、页眉页脚等。也就是说，幻灯片母版可以为所有幻灯片设置默认的版式。

在 PowerPoint 2010 中创建的演示文稿都带有默认的版式，这些版式一方面决定了占位符、文本框、图片、图表等内容在幻灯片中的位置，另一方面也决定了幻灯片中文本的样式。在幻灯片母版视图中，用户可以按照需要设置母版版式。

一个精美的设计模板少不了背景图片的修饰，用户可以根据实际需要在幻灯片母版视图中添加、删除或移动背景图片。例如，用户希望让某个艺术图形（公司名称或徽标等）出现在每张幻灯片中，只需将该图形置于幻灯片母版上，此时该对象将出现在每张幻灯片的相同位置上，而不必在每张幻灯片中进行重复添加，如图 5-54 所示。

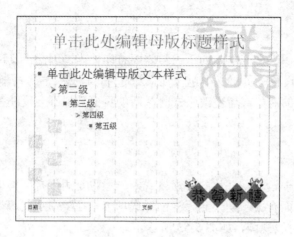

图 5-54　编辑背景图片

5.7.3　设置主题颜色和背景样式

　　PowerPoint 2010 为每种设计模板提供了几十种内置的主题颜色，用户可以根据需要选择不同的颜色来设计演示文稿。这些颜色是预先设置好的协调色，自动应用于幻灯片的背景、文本线条、阴影、标题文本、填充、强调和超链接。PowerPoint 2010 的背景样式功能可以控制母版中的背景图片是否显示，以及控制幻灯片背景颜色的显示样式。

　　应用设计模板后，在功能区显示"设计"选项卡，单击"主题"组中的"颜色"，将打开主题颜色菜单，如图 5-55 所示。

　　在设计演示文稿时，除了在应用模板或改变主题颜色时更改幻灯片的背景外，用户还可以根据需要任意更改幻灯片的背景颜色和背景设计，如删除幻灯片中的设计元素，添加底纹、图案、纹理或图片等，如图 5-56 所示。在"幻灯片母版"中选择"背景样式"，可以调节背景样式，设置背景格式。除了预设的背景样式外，用户还可以通过"设置背景格式"设计独具个性的背景。

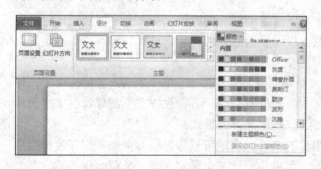

图 5-55　设置主题颜色菜单

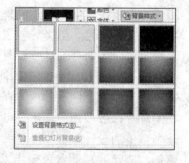

图 5-56　改变幻灯片的背景样式

5.7.4　使用其他版面元素

　　在 PowerPoint 2010 中可以借助幻灯片的版面元素更好地设计演示文稿，如使用页眉和页脚在幻灯片中显示必要的信息、使用网格线和标尺定位对象等。

1. 设置页眉和页脚

在制作幻灯片时，用户可以利用 PowerPoint 提供的页眉页脚功能，为每张幻灯片添加相对固定的信息，如在幻灯片的页脚处添加页码、时间、公司名称等内容。在"插入"选项下"文本"组中，单击"页眉和页脚"，打开"页眉和页脚"对话框，如图 5-57 所示。在设置好页眉和页脚后，单击"页眉"或"页脚"，出现"绘图工具"工具栏，在"格式"选项卡中可以对页眉和页脚进行格式设置。

2. 使用网格线和参考线

当在幻灯片中添加多个对象后，可以通过显示的网格线来移动和调整多个对象之间的相对大小和位置。在功能区显示"视图"选项卡，选中"显示/隐藏"组中的"网格线"复选框，当用户在"视图"选项卡的"显示/隐藏"组中选中的"标尺"复选框后，幻灯片中将出现标尺，如图 5-58 所示。从图 5-58 中可以看出，幻灯片中的标尺分为水平标尺和垂直标尺两种。利用标尺，用户可以方便、准确地在幻灯片中放置文本或图片对象，还可以移动和对齐这些对象，以及调整文本中的缩进和制表符。

图 5-57　设置页眉和页脚

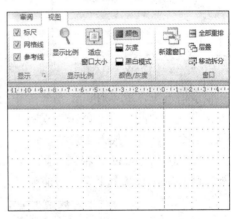

图 5-58　使用网格线和标尺

5.8　多媒体支持功能

在 PowerPoint 中可以方便地插入影片和声音等多媒体对象，使用户的演示文稿从画面到声音，多方位地向观众传递信息。在使用多媒体素材时，必须注意所使用的对象均应切合主题，否则会使演示文稿冗长、累赘。本节将介绍在幻灯片中插入影片及声音，以及对插入的这些多媒体对象设置控制参数的方法。

5.8.1　在幻灯片中插入影片

PowerPoint 中的影片包括视频和动画，用户可以在幻灯片中插入的视频格式有十几种，而可以插入的动画则主要是 GIF 动画。PowerPoint 支持的影片格式会随着媒体播放器的不同而有所不同。在 PowerPoint 中插入视频及动画的方式主要有从剪辑管理器插入和从文件插入两种。

插入剪辑管理器中的影片，具体操作步骤如下：

在功能区显示"插入"选项卡，在"媒体剪辑"组中单击"视频"下方的下拉箭头，在弹出的菜单中选择"剪辑管理器中的视频"命令，此时 PowerPoint 将自动打开"剪贴画"窗格，该窗格显示了剪辑中所有的影片，如图 5-59 和图 5-60 所示。

图 5-59　插入影片

图 5-60　插入剪辑管理器中的影片

很多情况下，PowerPoint 剪辑库中提供的影片并不能满足用户的需要，这时可以选择插入来自文件中的影片。单击"视频"下方的下拉箭头，在弹出的菜单中选择"文件中的视频"命令，打开"插入影片"对话框，如图 5-61 所示。PowerPoint 支持插入多种类型的视频，如*.avi、*.wmv 等格式的影片，用户还可以将自己录制的影片插入到幻灯片中。插入视频前必须在系统上事先安装能够打开该视频的软件。

图 5-61　插入文件中的影片

对于插入到幻灯片中的视频，用户不仅可以调整它们的位置、大小、亮度、对比度、旋转等操作，还可以进行剪裁、设置透明色、重新着色及设置边框线条等，这些操作都与图片的操作相同。选中影片，在出现的"视频工具"选项下，选择"格式"即可对影片的格式、播放形式进行设置，如图 5-62 所示。

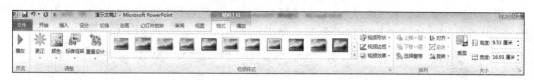

图 5-62　设置影片属性

5.8.2　在幻灯片中插入声音

在制作幻灯片时，用户可以根据需要插入声音，如插入 mp3 格式的音乐等，以增加向观众传递信息的通道，增强演示文稿的感染力。插入声音文件时，需要考虑到在演讲时的实际需要，不能因为插入的声音影响演讲及观众的收听。PowerPoint 可以让用户插入"文件中的音频""剪贴画音频""录制声音"。

1. 插入剪贴画音频

在"插入"选项卡中单击"音频"下方的下拉箭头，在打开的命令列表中选择"剪贴画音频"，此时 PowerPoint 将自动打开"剪贴画"窗格，该窗格显示了剪辑中所有的声音，如图 5-63 所示。

2. 插入文件中的音频

从文件中插入声音时，需要在命令列表中选择"文件中的音频"命令，打开"插入音频"对话框，从该对话框中选择需要插入的音频文件，如图 5-64 所示。

图 5-63　插入剪贴画音频

图 5-64　插入文件中的音频

3. 设置音频属性

用户每插入一个音频,系统都会自动创建一个音频图标,以显示当前幻灯片中插入的音频。用户可以单击选中的音频图标,也可以使用鼠标拖动来移动位置,或是拖动其周围的控制点来改变大小。在幻灯片中选中"声音"图标,功能区将出现"音频工具"选项卡,用户可以对音频的格式进行设置,如显示的颜色和艺术效果等,如图 5-65 所示。

图 5-65　设置音频格式

打开"音频工具"中的"播放"属性,用户可以对音频的播放进行设置,如图 5-66 所示。

5.8.3　插入录制音频

在 PowerPoint 中,用户可以在幻灯片中插入自己录制的声音,从而增强幻灯片的艺术效果,更好地体现演示文稿的个性化特点。利用录制音频功能,用户可以将自己现场录制的音频插入到幻灯片中。单击"音频",在打开的命令列表中选择"录制音频"命令,打开"录音"对话框,如图 5-67 所示。

图 5-66　设置音频播放属性

图 5-67　插入录制的音频

5.9　PowerPoint 的辅助功能

PowerPoint 除了提供绘制图形、插入图像等基本的功能外,还提供了多种辅助功能,如绘制表格、插入 SmartArt 图形、插入图表等。使用这些辅助功能可以使一些主题表达更为专业化。本章主要介绍在幻灯片中绘制表格的两种方法,如何使用 SmartArt 图形表现各种数据、人物关系,以及在幻灯片中插入与编辑 Excel 图表等。

5.9.1　在 PowerPoint 中绘制表格

使用 PowerPoint 制作一些专业型演示文稿时,通常需要使用表格,如销售统计表、个人简历表、财务报表、学生成绩表等。表格采用行列化的形式,它与幻灯片页面文字相比,更能体现内容的对应性及内在的联系。表格适合于表达比较性、逻辑性的主题内容。其操作方法类似于 Word 文档中对表格的处理方法。

1. 自动插入表格

PowerPoint 支持多种插入表格的方式，如可以在幻灯片中直接插入，也可以从 Word 和 Excel 应用程序中调入。自动插入表格功能可以方便地辅助用户完成表格的输入，以提高在幻灯片中添加表格的效率。

在占位符中，单击"插入"选项卡，选择"表格"，在下拉菜单中用鼠标调整表格的行数和列数，就可以插入所需的表格，如图 5-68 所示。

2. 手动绘制表格

当插入的表格不规则时，也可以直接在幻灯片中绘制表格。绘制表格的方法很简单，单击"插入"选项卡"表格"组中的下拉按钮，在弹出的菜单中选择"绘制表格"命令即可。选择该命令后，鼠标指针将变为笔形形状时，此时用户可以在幻灯片中进行绘制，如图 5-69 所示。

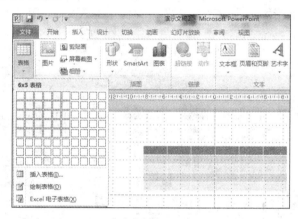

图 5-68　在 PowerPoint 中直接插入表格

图 5-69　手动绘制表格

3. 设置表格样式和版式

插入幻灯片中的表格不仅可以像文本框和占位符一样被选中、移动、调整大小及删除，还可以为其添加底纹、设置边框样式、应用阴影效果等。除此之外，用户还可以对单元格进行编辑，如拆分、合并、添加行、添加列、设置行高和列宽等。选中表格，出现"表格工具"栏，在"设计"和"布局"选项卡中对表格进行设置，如图 5-70 所示。

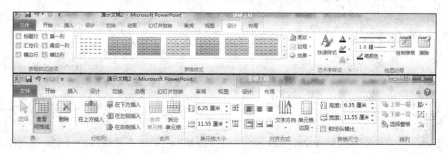

图 5-70　设置表格样式和版式

5.9.2　创建 SmartArt 图形

SmartArt 图形是信息的视觉表示形式，用户可以从多种不同布局中进行选择，从而快速轻松地创建所需形式，以便有效地传达信息或观点。创建 SmartArt 图形时，系统将提示用户选择一种 SmartArt 图形类型，如"流程""层次结构""循环""关系"。类型类似于 SmartArt 图形类别，而且每种类型包含几个不同的布局。选择了一个布局之后，可以很容易地更改 SmartArt 图形布局。新布局中将自动保留大部分文字和其他内容以及颜色、样式、效果和文本格式。使用 SmartArt 图形可以非常直观地说明层级关系、附属关系、并列关系、循环关系等各种常见关系，而且制作出来的图形美观精美，具有很强的立体感和画面感。

1.　选择插入 SmartArt 图形

在功能区显示"插入"选项卡，在"插图"组中单击"SmartArt"，打开"选择 SmartArt 图形"对话框，如图 5-71 和图 5-72 所示。选择需要的图形，在其中键入文字即可，也可以选择已经键入占位符的文字，将其转换成 SmartArt 图形，右击选择"转换为 SmartArt"，如图 5-73 所示，效果图如图 5-74 所示。

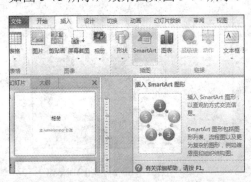

图 5-71　插入 SmartArt 图形

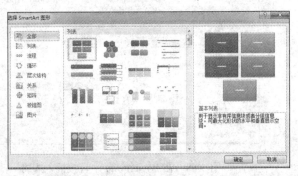

图 5-72　选择插入 SmartArt 图形

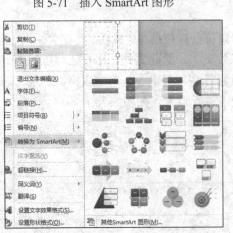

图 5-73　将文本转换成 SmartArt 图形

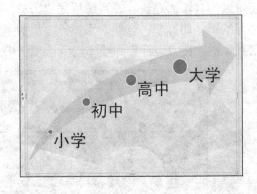

图 5-74　将文本转换成 SmartArt 图形的效果图

2．编辑 SmartArt 图形

根据需要用户可以对插入的 SmartArt 图形进行编辑，如添加、删除形状，设置形状的填充色、效果等，其使用方法类似于对图片的编辑。选中插入的 SmartArt 图形，功能区将显示"设计"和"格式"选项卡，通过选项卡中各个功能按钮的使用，可以设计出各种美观大方的 SmartArt 图形，如图 5-75 所示。

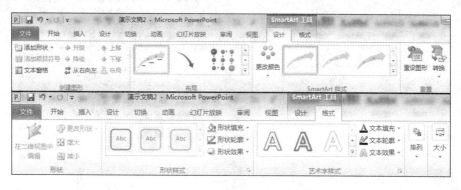

图 5-75　编辑 SmartArt 图形

5.9.3　插入 Excel 图表

与文字数据相比，形象直观的图表更容易让人理解，图表以简单易懂的方式反映了各种数据的关系。PowerPoint 附带了一种 Microsoft Graph 的图表生成工具，它能提供各种不同的图表来满足用户的需要，使得制作图表的过程更简便而且自动化。

1．在幻灯片中插入图表

插入图表的方法与插入图片、视频、音频等对象的方法类似，在功能区显示"插入"选项卡，在"插图"组中单击"图表"，将打开"插入图表"对话框，如图 5-76 所示，该对话框提供了 11 种图表类型，每种类型都可以分别用来表示不同的数据关系。

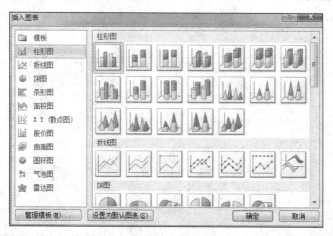

图 5-76　在幻灯片中插入图表

对插入的图表，用户可以进行一定的编辑，使图表能够更明确地表示出所需要表示的信息，如添加一个折线图，同时会出现一个表述此折线图数据的 Excel 表格，其中的数据为默认的数据，并不是用户所需要的，用户可以对其进行更改，以提供所需要的数据的折线图，如图 5-77 所示。当然用户也可以先插入 Excel 数据表格，再由该表格生成图表。

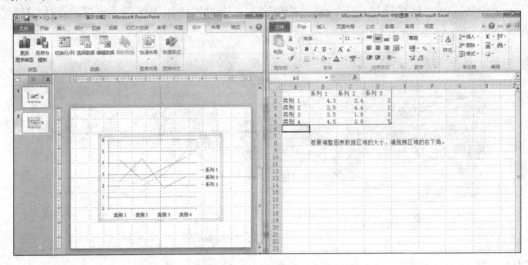

图 5-77　图表中数据的修改

2. 编辑与修饰图表

在 PowerPoint 中创建的图表，用户可以像其他图形对象一样对其进行移动、调整大小，还可以设置图表的颜色、图表中某个元素的属性等。PowerPoint 提供了设置快速样式、更改图表类型、改变图表布局等编辑方式。选中图表，在"图表工具"栏中，有"设计""布局""格式"三类编辑方式，用户可以根据需要编辑所需要的图形，如图 5-78 所示。

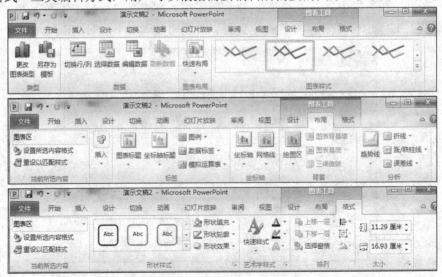

图 5-78　编辑与修饰图表

5.10　PowerPoint 的动画功能

在 PowerPoint 中，用户可以为演示文稿中的文本或多媒体对象添加特殊的视觉效果或声音效果，如使文字逐字飞入演示文稿，或在显示图片时自动播放声音等。PowerPoint 2010 提供了丰富的动画效果，用户可以设置幻灯片切换动画和对象的自定义动画。本节将介绍在幻灯片中为对象设置动画，以及为幻灯片设置切换动画的方法。

5.10.1　设置幻灯片的切换效果

幻灯片切换效果是指一张幻灯片如何从屏幕上消失，以及另一张幻灯片如何显示在屏幕上的方式。幻灯片切换方式可以是简单地以一个幻灯片代替另一个幻灯片，也可以使幻灯片以特殊的效果出现在屏幕上。用户可以为一组幻灯片设置同一种切换方式，也可以为每张幻灯片设置不同的切换方式。在 "切换" 选项栏下有多种 PowerPoint 自带的切换动画设置图案，如图 5-79 所示。

图 5-79　切换动画设置

5.10.2　动画设置

在 PowerPoint 中，除了幻灯片切换动画外，还包括一般的对象动画。所谓对象动画，是指为幻灯片内部各个对象设置的动画，它又可以分为项目动画和对象动画。其中，项目动画是指为文本中的段落设置的动画，对象动画是指为幻灯片中的图形、表格、SmartArt 图形等设置的动画。例如，在一张幻灯片的右下角添加▇▇▇按钮，可以在 "插入" 选项卡选择 "形状"，在最下面可以找到 "动作按钮"，单击该按钮，就出现在幻灯片上一个▇▇▇动作按钮，选中该按钮，在动画栏下选择 "动画"，如图 5-80 所示，弹出动画设置的对话框，用户可以选择不同的效果，还可以自己选择所想要的效果，若不满意则可以在 "更多进入（强调、退出）效果" 中添加进入（强调、退出）的效果，如图 5-81 所示。

图 5-80　自定义动画

1. 制作进入式的动画效果

进入动画可以使文本或其他对象以多种动画效果进入到放映屏幕，在添加动画效果之前需要选中对象。对于占位符或文本框来说，在用户选中占位符、文本框，以及进入其文本编辑状态时，都可以为它们添加动画效果。

2. 制作强调式的动画效果

强调动画是为了突出幻灯片中的某部分内容而设置的特殊动画效果。添加强调动画的过程和添加进入效果大体相同，选中对象后，在"动画"选项组中单击"添加动画"，选择"强调"组中的一些动画格式，即可为幻灯片中的对象添加"强调"动画效果。用户同样还可以选择"更多强调动画"选项，打开"添加强调效果"对话框，添加更多强调动画效果，如图 5-82 所示。

图 5-81　添加动画效果和制作进入式的动画效果　　　　图 5-82　制作强调式的动画效果

3. 制作退出式的动画效果

用户除了可以给幻灯片中的对象添加进入、强调动画效果外，还可以添加退出动画。退出动画可以设置幻灯片中的对象退出屏幕的效果。添加退出动画的过程与添加进入、强调动画效果大体相同，如图 5-83 所示。

4. 利用动作路径制作的动画效果

动作路径动画又称为路径动画，即用户可以指定文本等对象沿预定的路径运动。PowerPoint 中的动作路径动画不仅为用户提供了大量预设路径效果，还可以由用户自定义路径动画。在"动画"选项组中单击"添加动画"，选择"动作路径"组中的一些动画路径格式，即可为幻灯片中的对象添加动画显示的"路径"。通过"动作路径"组中的"自定义路径"，用户还可以自己设定一条路径，如画一条曲线等。除此之外，用户还可以在"更多动画路径"的对话框中选择其他更多的路径，如图 5-84 所示。

图 5-83 制作退出式的动画效果 　　　　图 5-84 利用动作路径制作的动画效果

5.10.3 设置动画选项

当用户为对象添加了动画效果后，该对象就应用了默认的动画格式。这些动画格式主要包括动画开始运行的方式、变化方向、运行速度、计时、延迟、重复次数等。为对象重新设置动画选项可以在"动画"任务窗格中完成。

1. 设置效果选项

在"动画"任务窗格中单击右下角的箭头，打开"效果选项"对话框，如图 5-85 所示。在该对话框中，用户可以对已经设置好的动画进行效果设置，如声音设置，可以使动画出现时伴有声音效果，为了突出某一对象，还可以将该对象的动画设置成"动画播放后"变暗的效果（颜色可以选择）。在"计时"选项中，可以对该动画设置开始的要求、延迟、期间（即播放速度）以及重复次数。

图 5-85 设置效果选项

2. 调整动画播放序列

在给幻灯片中的多个对象添加动画效果时，添加效果的顺序就是幻灯片放映时的播放次序。当幻灯片中的对象较多时，难免在添加效果时使动画次序产生错误，此时可以在动画效果添加完成后，再对其进行重新调整。

在"动画"任务窗格的列表中单击需要调整播放次序的动画效果，然后单击窗格底部的上移按钮或下移按钮来调整该动画的播放次序。其中，单击上移按钮表示可以将该动画的播放次序提前，单击下移按钮表示将该动画的播放次序向后移一位。

5.11　幻灯片放映

PowerPoint 2010 提供了多种放映和控制幻灯片的方法，如正常放映、计时放映、录音放映、跳转放映等。用户可以选择最为理想的放映速度与放映方式，使幻灯片的放映结构清晰、节奏明快、过程流畅。另外，在放映时用户还可以利用绘图笔在屏幕上随时进行展示或强调，使重点更为突出。本节将介绍交互式演示文稿的创建方法以及幻灯片放映方式的设置。

5.11.1　创建交互式演示文稿

在 PowerPoint 中，用户可以为幻灯片中的文本、图形、图片等对象添加超链接或者动作。当放映幻灯片时，可以在添加了动作的按钮或者超链接的文本上单击，程序将自动跳转到指定的幻灯片页面，或者执行指定的程序。演示文稿不再是从头到尾播放的线形模式，而是具有了一定的交互性，能够按照预先设定的方式，在适当的时刻放映需要的内容，或做出相应的反应。

1. 添加超链接

超链接是指向特定位置或文件的一种连接方式，利用它可以指定程序跳转的位置。超链接只有在幻灯片放映时才有效。在 PowerPoint 中，超链接可以跳转到当前演示文稿中的特定幻灯片、其他演示文稿中特定的幻灯片、自定义放映、电子邮件地址、文件或 Web 页上。在"插入"栏下选择"超链接"，如图 5-86 所示，在弹出的对话框中选择所需要插入的链接地址，单击"确定"即可，如图 5-87 所示。

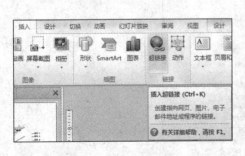

图 5-86　添加超链接

图 5-87　插入超链接

2. 添加动作按钮

动作按钮是 PowerPoint 中预先设置好的一组带有特定动作的图形按钮，这些按钮被预先设置为指向前一张、后一张、第一张、最后一张幻灯片、播放声音及播放电影等链接，应用动作按钮，可以实现在放映幻灯片时跳转的目的。在"插入"栏选择"形状"栏最下方的动作按钮区，如图 5-88 所示，从左向右依次为：后退或前一项、前进或下一项、开始、结束、第一张、信息、上一张、影片、文档、声音、帮助和自定义。在相应的位置添加动作按钮，还需要对其进行设置以表示其对应的位置，如图 5-89 所示。插入一个播放"影片"的动作按钮，弹出对话框"动作设置"，选中"超链接"，再选择"其他文件"，在磁盘下找到所要播放的影片，单击"确定"即可，在幻灯片放映时单击该按钮，即可播放影片。其他的动作按钮都可以进行类似的设置。

图 5-88　动作按钮区

3. 隐藏幻灯片

通过添加超链接或动作按钮将演示文稿的结构设置得较为复杂，但用户若希望在正常的放映中不显示这些幻灯片，只有单击指向它们的链接时才会被显示，要达到这样的效果，就可以使用幻灯片的隐藏功能。

在普通视图模式下，右击幻灯片预览窗口中的幻灯片缩略图，在弹出的快捷菜单中选择"隐藏幻灯片"命令，或者在功能区的"幻灯片放映"选项卡中单击"隐藏幻灯片"即可隐藏幻灯片。被隐藏的幻灯片编号上将显示一个带有斜线的灰色小方框，则该张幻灯片在正常放映时不会被显示，只有当用户单击指向它的超链接或动作按钮后才会显示，如图 5-90 所示。

图 5-89　添加动作按钮

图 5-90　隐藏幻灯片

5.11.2　演示文稿排练计时

当制作完成演示文稿内容之后，可以运用 PowerPoint 的"排练计时"功能来排练整个演示文稿放映的时间。在"排练计时"的过程中，演讲者可以准确了解并讲解每一页幻灯片需要的时间，以及整个演示文稿的放映时间。此时在每张幻灯片上所用的时间将被记录下来，可以保持计时，以后将其用于自动运行放映。

5.11.3　设置演示文稿的放映方式

PowerPoint 2010 提供了多种演示文稿的放映方式，最常用的是幻灯片页面的演示控制，主要有幻灯片的定时放映、连续放映、循环放映、自定义放映等。

1.　定时放映

用户在设置幻灯片切换效果时，可以设置每张幻灯片在放映时持续的时间，当等待到设定的时间后，幻灯片将自动向下放映，如图 5-91 所示。

图 5-91　定时放映幻灯片

2.　连续放映

在"切换"选项卡下的"计时"组中，为当前选定的幻灯片设置持续时间后，再单击"全部应用"，为演示文稿中的每张幻灯片设定相同的切换时间，这样就实现了幻灯片的连续自动放映。需要注意的是，由于每张幻灯片的内容不同，放映的时间可能不同，所以设置连续放映的最常见方法是通过"排练计时"功能完成。用户也可以根据每张幻灯片的内容，在"幻灯片切换"任务窗格中单独为每张幻灯片设定放映时间。

3.　循环放映

用户将制作好的演示文稿设置为循环放映，可以应用于展览会场等场合，让演示文稿自动运行并循环播放。在图 5-92 所示的"设置放映方式"对话框的"放映选项"选项区域中，选中"循环放映，按 Esc 键终止"复选框，则在播放完最后一张幻灯片后，会自动跳转到第一张幻灯片，而不是结束放映，直到用户按 Esc 键退出放映状态。

4.　自定义放映

自定义放映是指用户可以自定义演示文稿放映的张数，使一个演示文稿适用于多种观众，即可以将一个演示文稿中的多张幻灯片进行分组，以便该特定的观众放映演示文稿中的特定部分。用户可以用超链接分别指向演示文稿中的各个自定义放映，也可以在放映整个演示文稿时只放映其中的某个自定义放映。在"幻灯片放映"栏下选择"自定义幻灯片放映"的对话框，在弹出的"自定义放映"对话框中设置放映方式，如图 5-93 所示。选择"新建"，在提纲中找到需要开始的幻灯片，选择"放映"即可。

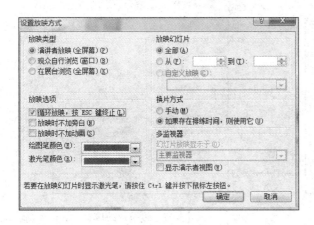

图 5-92　循环放映幻灯片

图 5-93　自定义放映幻灯片

5.11.4　控制幻灯片放映

幻灯片放映时，用户除了能够实现幻灯片切换动画、自定义动画等效果，还可以使用绘图笔在幻灯片中绘制重点、书写文字等。此外，用户还可以通过"设置放映方式"对话框设置幻灯片放映时的屏幕效果和绘图笔的色彩。在放映过程中，用户可以使用绘图笔对演示内容进行标识重点，绘图笔的作用类似于板书笔，常用于强调或添加注释。在 PowerPoint 2010 中，用户可以选择绘图笔的形状和颜色，也可以随时擦除绘制的笔迹，如图 5-94 和图 5-95 所示。

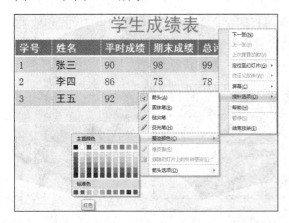

图 5-94　选择绘图笔

图 5-95　使用绘图笔

PowerPoint 2010 提供了演讲者放映、观众自行浏览和在展台浏览三种不同的放映类型。除此之外，在放映演示文稿的过程中，用户还可以使屏幕出现黑屏或白屏。在"幻灯片放映"选项下选择"设置幻灯片放映"，在打开的"设置放映方式"对话框中对放映方式进行设置，如图 5-96 所示。在放映过程中，用户还可以对放映的屏幕进行设置，在放映时右击，在打开的快捷菜单中选择"屏幕"进行设置，如图 5-97 所示。

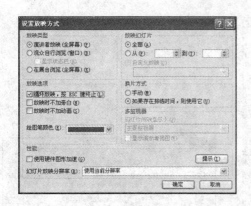 

图 5-96　设置放映方式　　　　　　　　图 5-97　设置放映屏幕

5.12　打印和输出演示文稿

PowerPoint 提供了多种保存、输出演示文稿的方法，用户可以将制作出来的演示文稿输出为多种形式，以满足不同环境的需要。本节将介绍打包演示文稿，按幻灯片、讲义及备注页的形式打印输出演示文稿，以及将演示文稿保存输出为幻灯片放映、Web 格式及常用图形格式的方法。

5.12.1　演示文稿的页面设置

在打印演示文稿前，可以根据自己的需要对打印页面进行设置，使打印的形式和效果更符合实际需要。在"设计"选项卡的"页面设置"组中单击"页面设置"，在打开的"页面设置"对话框（图 5-98）中对幻灯片的大小、编号和方向进行设置。

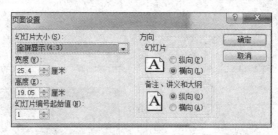

图 5-98　页面设置

5.12.2　打印演示文稿

在 PowerPoint 中，用户可以通过打印机将制作好的演示文稿打印出来。根据不同的目的，演示文稿可打印为不同的形式，常用的打印稿形式有幻灯片、讲义、备注和大纲视图。

在 PowerPoint 中，打印和打印预览集成一个界面以方便用户操作。用户在页面设置中设置好打印的参数后，在实际打印之前，可以利用"打印预览"功能先预览打印的效果。预览的效果与实际打印出来的效果非常相近，可以令用户避免不必要的损失。在"文件"

选项卡中选择"打印"，在打印界面的右侧可以看到打印效果，同时还可以对打印进行设置或打印操作，如图 5-99 所示。

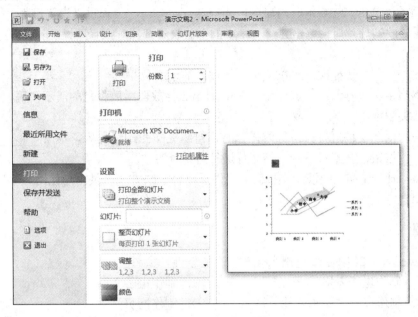

图 5-99　打印预览

在打印时，用户可以选择打印的范围，如"全部""当前幻灯片""自定义范围"。如果选择"自定义范围"，用户可以在"幻灯片"的输入栏内输入页码，以表示要打印的幻灯片。打印的内容可根据用户的需要进行设置，若选择讲义，用户还可以在"整页幻灯片"中选择每页的幻灯片数等。

习题 5

一、填空题

1．在 PowerPoint 2010 中，其默认的文件扩展名是_____。

2．在幻灯片浏览视图中，要同时选择多张幻灯片，应先按住_____键，再分别单击各个幻灯片。

3．在 PowerPoint 2010 中，可以对幻灯片进行移动、删除、复制、设置动画效果，但不能对幻灯片的内容进行编辑的视图是_____。

4．在 PowerPoint 2010 中，用户可以按_____键观看演示效果，按_____键随时退出播放效果。

5．在 PowerPoint 2010 中的普通视图中，分别有_____和_____两个选项卡。

6．在演示文稿的_____视图中，可以输入、查看每张幻灯片的主题、小标题以及备注，并且可以移动幻灯片中各项内容的位置。

7．在幻灯片中带有虚线边缘的框被称为_____。

8. 在 PowerPoint 2010 中，创建演示文稿的快捷键是_____；新建幻灯片的快捷键是_____。

9. 在 PowerPoint 2010 中，用户可以为幻灯片、_____和讲义设置母版。

10. 在放映幻灯片时，单击_____中的"放映幻灯片"，则可以从当前幻灯片开始放映文稿。

11. 按_____快捷键，可以从头开始放映演示文稿。

12. 将演示文稿打包后，若要使用 PowerPoint 播放器播放打包的演示文稿，则可以在打包的文件夹中单击_____文件。

13. 在对演示文稿进行排练计时操作时，排练完一张幻灯片后，单击_____工具栏中的_____按钮，开始对下一张幻灯片进行排练计时。

14. PowerPoint 在放映演示文稿时，提供了三种放映方式以供用户使用，即从头开始、_____和自定义放映。

二、选择题

1. PowerPoint 2010 主要是用来（　　）的软件。
  A. 制作电子表格　　　　　　　　B. 制作电子文稿
  C. 制作多媒体动画软件　　　　　D. 制作网页站点

2. 在幻灯片中，占位符的作用是（　　）。
  A. 表示文本长度　　　　　　　　B. 限制插入对象的数量
  C. 表示图形大小　　　　　　　　D. 为文本、图形预留位置

3. 在 PowerPoint 2010 中插入超链接，可以实现（　　）。
  A. 幻灯片之间的跳转　　　　　　B. 演示文稿幻灯片的移动
  C. 中断幻灯片的放映　　　　　　D. 在演示文稿中插入幻灯片

4. 在 PowerPoint 2010 中，要更改幻灯片的方向，可以在（　　）选项卡中，单击"页面设置"，打开"页面设置"对话框。
  A. 设计　　　　　B. 视图　　　　　C. 插入　　　　　D. 审阅

5. PowerPoint 2010 为用户提供的主题颜色不能对幻灯片的（　　）颜色进行更改。（　　）。
  A. 文本　　　　　B. 背景　　　　　C. 超链接　　　　　D. 阴影

6. 在 PowerPoint 2010 中，要应用幻灯片版式，可以单击（　　）组中的"版式"下拉按钮，选择所需的版式。
  A. 段落　　　　　B. 幻灯片　　　　　C. 页面设置　　　　　D. 开始

7. 在 PowerPoint 2010 中，关于主题颜色的描述正确的是（　　）。
  A. 内置的主题颜色不能删除
  B. 用户不能更改内置的主题颜色
  C. 用户可以更改主题颜色，但必须保存为标准色
  D. 应用新主题颜色，不会改变进行了单独设置颜色的幻灯片颜色

8. 不能在 PowerPoint 2010 中插入的视频文件类型是（　　）。
  A. avi　　　　　B. asf　　　　　C. wmv　　　　　D. rmvb

9. 要终止幻灯片的放映，可直接按（　　）键。

    A. F5   B. Ctrl   C. Esc   D. Tab

三、操作题

1. 设计一个自我介绍的幻灯片。

2. 设计一个多媒体课件的前两页，如下图所示。要求：文字对象的动画效果为"飞入"，第一张的"动作按钮"指向下一张，页面的底纹、背景和字体大小自行设置。

PowerPoint 2010 使用教程

第一章 使用界面

    PowerPoint2010与旧版本相比，界面有了较大的改变，它使用选项卡替代原有的菜单，使用各种组替代原有的菜单子命令和工具栏。本节将主要介绍PowerPoint2010的工作界面及各种视图方式。

    启动PowerPoint2010应用程序后，用户将看到全新的工作界面。PowerPoint2010的界面不仅美观实用，而且各个工具按钮的摆放更便于用户的操作。

PowerPoint 2010 使用教程

- 1. 标题栏
- 2. 工具栏
- 3. 菜单栏

第6章 计算机网络基础

6.1 计算机网络简介

6.1.1 计算机网络的基本概念

1. 基本概念

所谓计算机网络，就是利用通信设备和线路将地理位置不同、功能独立的多台计算机及其外部设备互连起来，以功能完善的网络软件（即网络通信协议、信息交换方式和网络操作系统等）实现网络中资源共享和信息传递的计算机系统。计算机网络具有可以实现数据信息的快速传输和集中处理、共享计算机系统资源、提高计算机的可靠性及可用性、均衡负载、互相协作等功能。

2. 特点

1）计算机网络中包含两台以上的地理位置不同且具有"自主"功能的计算机。

2）网络中各结点之间的连接需要有一条通道，即由传输介质实现物理互联。

3）网络中各结点之间互相通信或交换信息，需要有某些约定和规则，这些约定和规则的集合就是协议，其功能是实现各结点的逻辑互联。

4）计算机网络是以实现数据通信和网络资源（包括硬件资源和软件资源）共享为目的。

6.1.2 计算机网络的发展

计算机网络的发展总体分为以下四个阶段。

1. 远程终端联机阶段

20世纪60年代末期到70年代初期，可以称为面向终端的计算机网络，即局域网的萌芽阶段。计算机技术与通信技术相结合，形成了初级的计算机网络模型。这一阶段网络应用主要目的是提供网络通信及保障网络连通，如美国在1963年投入使用的飞机订票系统SABBRE-1就是这类系统的代表。其特点是：计算机是网络的中心和控制者，终端围绕中心计算机分布在各处，呈分层星型结构，各终端通过通信线路共享主机的硬件和软件资源，计算机的主要任务还是进行批处理。这一阶段，人们把计算机网络定义为"以传输信息为目的而连接起来，实现远程信息处理或进一步达到资源共享的系统"，但这样的通信系统已具备网络的雏形。在20世纪60年代出现分时系统后，计算机则具有交互式处理和成批处理能力。

2. 计算机通信网络阶段

20 世纪 60 年代中期至 70 年代，第二代计算机网络是以多个主机通过通信线路互联起来，为用户提供服务，兴起于 60 年代后期，典型代表是美国国防部高级研究计划局协助开发的 ARPANET。主机之间不是直接用线路相连，而是由接口报文处理机（IMP）转接后互联的。IMP 和它们之间互联的通信线路一起负责主机间的通信任务，构成了通信子网。通信子网互联的主机负责运行程序，提供资源共享，组成资源子网。这个时期，网络的概念为"以能够相互共享资源为目的互联起来的具有独立功能的计算机之集合体"，形成了计算机网络的基本概念。ARPA 网是以通信子网为中心的典型代表，在 ARPA 网中，负责通信控制处理的 CCP 称为接口报文处理机 IMP（或称结点机），以存储转发方式传送分组的通信子网称为分组交换网。分组交换网由通信子网和资源子网组成，以通信子网为中心，不仅共享通信子网的资源，还可共享资源子网的硬件和软件资源。网络的共享采用排队方式，即由结点的分组交换机负责分组的存储转发和路由选择，给两个进行通信的用户断续（或动态）分配传输带宽，这样就可以大大提高通信线路的利用率，非常适合突发式的计算机数据传输。

3. 计算机网络互联阶段

此阶段为开放式的标准化计算机网络的诞生。随着 20 世纪 70 年代中期局域网络的诞生并广泛使用，计算机网络技术快速发展，许多计算机公司相继推出自己的网络体系结构及实现这些结构的软硬件产品。但是由于没有统一的标准，导致各个不同结构网络之间不能互联，从而推动了标准化网络体系结构，即 TCP/IP 体系结构和国际标准化组织的 OSI 体系结构的产生。国际标准化组织提出了一个能使各种计算机在世界范围内互联成网的标准框架——开放系统互联基本参考模型 OSI。只要遵循 OSI 标准，一个系统就可以和位于世界上任何地方的、遵循同一标准的其他任何系统进行通信。这一阶段是具有统一的网络体系结构并遵守国际标准的开放式和标准化的网络。

4. 国际互联网与信息高速公路阶段

此阶段为高速计算机网络发展的阶段。20 世纪 90 年代至今的第四代计算机网络，由于局域网技术发展成熟，出现光纤及高速网络技术，多媒体网络，智能网络，整个网络就像一个对用户透明的、大的计算机系统，代表作是 Internet。其特点是采用高速网络技术，综合业务数字网的实现，多媒体和智能型网络的兴起。计算机网络向互联、高速、智能化和全球化发展，并且迅速得到普及，实现了全球化的广泛应用。

计算机网络技术发展的基本方向是开放、集成、高速、移动、智能以及分布式多媒体应用。美国 IBM 公司互联网技术和战略部门负责人迈克尔·纳尔逊，在 2002 年互联网协会年会上，列举了互联网发展面临的十大技术问题，即身份识别技术、保护知识产权技术、保护个人隐私技术、新一代互联网通信协议 IPv6 技术、被称为下一代互联网的网格技术、无线互联网技术、将传统电话网络和互联网相融合的技术、更有效地在网上进行视频传输的技术、防止垃圾邮件的过滤技术、网络安全技术。

6.1.3　计算机网络的组成

计算机网络按逻辑功能分为通信子网和资源子网两部分，而在物理结构上网络是由网络硬件和网络软件组成，如图 6-1 所示。

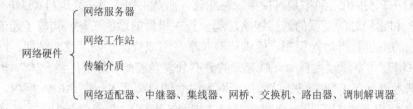

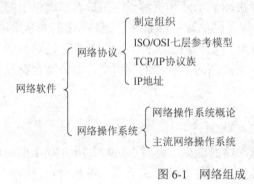

图 6-1　网络组成

1. 常用网络硬件介绍

（1）服务器（server）

在计算机网络中，最核心的组成部分是计算机。在网络中，计算机按其作用分为服务器和客户机两大类。

服务器是计算机网络中向其他计算机或网络设备提供某种服务的计算机，并按其提供的服务被给予不同的名称，如数据库服务器、邮件服务器等。常用的服务器有数据库服务器、邮件服务器、打印服务器、信息浏览服务器、文件下载服务器等。

用作服务器的计算机从其硬件本身来讲，除了处理能力较强之外并无本质区别，只是安装了相应的服务软件才具备了向其他计算机提供相应服务的功能。有时一台计算机可同时装有多种服务器软件而具有多种服务功能，如网络中某台计算机，同时装有数据库管理系统及邮件管理系统软件，因此，这台计算机在网络中既是数据库服务器也是邮件服务器。

（2）客户机（client）

客户机是与服务器相对的一个概念。在计算机网络中，享受其他计算机提供的某种服务的计算机就称为客户机。

一般情况下，由于服务器要向多个客户机提供服务，故要求服务器有较强的数据处理能力，因此一般用较高档次的计算机担当，并由此出现了称为专用服务器的计算机，这种计算机一般比较耐用，内存和主板采用特殊的技术，有较强的校验功能以防止意外死机。为了防止出现偶然的断电等问题，一般配备不间断电源系统（UPS）提供后备保护。

服务器与客户机在服务器和客户机上安装的系统软件存在差异。在服务器上安装的操作系统一般能够管理和控制网络上的其他计算机，如 Windows NT、Unix、VMS 等。在客户机上一般安装 Windows9X、DOS 等操作系统。当然，客户机上的操作系统必须被服务器上的操作系统所认可，才能实现相互的服务提供与服务享受。

在有些计算机网络中，计算机之间互为客户机与服务器，即它们互相提供类似的服务和享受这些服务，这种计算机网络称为对等网络。一般情况下，对等网络中的计算机都装有相同（或相似）的操作系统，如 Windows9X、Windows For Workgroup 等。

（3）网络连接设备

在计算机网络和互联网中，除了计算机外还有大量的用于计算机之间、网络与网络之间的连接设备，这些设备称为网络连接设备。本节主要介绍企业建设计算机应用系统时常用的网络连接设备，这些设备包括：网络适配器、网络传输介质、中继器、网桥、路由器、交换机等。其中，网络适配器（一般指网卡）在计算机网络中负责计算机之间的数据接收和发送。网络传输介质一般分为三种，即同轴电缆、双绞线和光纤，这些内容在前几章已讲述，这里不再赘述。

1）中继器（repeater）。在计算机网络中，信号在传输介质中传递时，由于传输介质的阻抗会使信号越来越弱，导致信号衰减失真，当网线的长度超过一定限度后，若想再继续传递下去，必须将信号整理放大，恢复成原来的强度和形状。中继器的主要功能就是将收到的信号重新整理，使其恢复原来的波形和强度，然后继续传递下去，以实现更远距离的信号传输。

中继器是最简单的网络连接设备，它连接同一个网络的两个或多个网段（图 6-2）。如用同轴电缆建立的总线型网络每段长度最大为 185m，最多可有 5 段，因此增加中继器后，总线型网络的地理范围可扩展到 185×5＝925m。

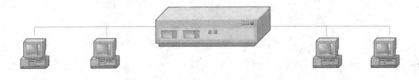

图 6-2　用中继器连接网络

2）网桥（bridge）。网桥是用于两个相似网络连接的设备，并可对网络的数据流进行简单管理，即它不但能扩展网络的距离和范围，而且可使网络具有一定的可靠性和安全性。

我们有时希望信号在计算机网络中传输时，某些信号只需要在网络的某个区域内传递，传递到不必要的区域，一方面是会徒增干扰，影响整体效率，另一方面对数据的安全性也不易保证。为了合理限制网络信号的传送，我们可使用网桥适当地分割网络。其原理是：当数据送达到网桥后，网桥会判断信号该不该传到另一端，假如不需要就把它拦截下来，以减少网络的负载，只有当数据需要穿过它送到另一端的计算机时，网桥才会放行。例如，在图 6-3 的网络中，当网络中的计算机 A 要传送数据给计算机 B 时，网桥发现 A、B 计算机在同一区中，信号没有必要传到网络 2 中，因此网桥将阻止信号传送到网络 2 中。若 A 计算机要传送数据给计算机 C，网桥便让信号通过。通过上面论述，我们可以看出网桥具有简单的过滤功能，当然为了利用好网桥的这种特性，必须设计好网桥的位置。

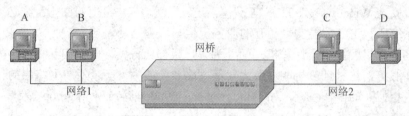

图 6-3　用网桥连接的网络

3）路由器（router）。路由器是用于连接不同技术网络的网络连接设备（图 6-4），它为不同网络之间的用户提供最佳的通信路径，因此路由器有时也俗称为"路径选择器"。

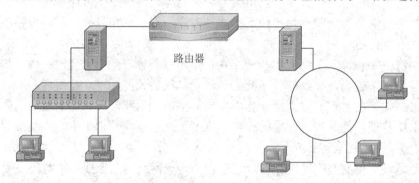

图 6-4　用路由器连接两个不同类型的网络

网桥具有的功能，路由器都有。在计算机网络中，路由器有自己的网络地址，而网桥没有，路由器实际上是一台具有特殊用途的计算机。

在大型的互联网上，为了管理网络，一般要利用路由器将大型网络划分成多个子网。全球最大的互联网 Internet 由各种各样的网络组成，路由器是一种非常重要的组成部分。在互联网络中，路由器通过它保存的路由表查找数据，确定从当前位置到目的地的正确路径，如果网络路径上发生故障，路由器可选择另一路径，以保证数据的正常传输。

4）交换机（switch）。和集线器类似，交换机也是一种多端口网络连接设备，其外观和接口与集线器一样，但交换机却更智能。交换机的这种智能体现在它会记忆哪些地址接在哪个端口上，并决定将数据送往何处，而不会送到其他不相关的端口，因此这些未受影响的端口可以同时向其他端口传送数据。

交换机采用上述技术突破了集线器同时只能有一对端口工作的限制，可缓解局域网中网络流量的瓶颈问题。

在实际应用中常用的方式是将网络划分成多个小的共享式网络，主要连接部分用交换机实现独享带宽，为每一节点提供尽可能大的带宽（图 6-5）。

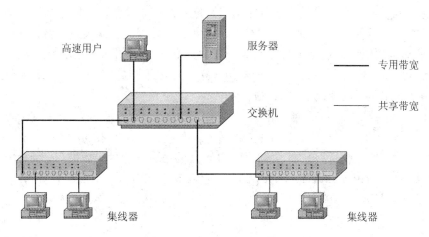

图 6-5　用交换机连接共享带宽的网络

2．通信子网与资源子网

为了简化设计，人们又将计算机网络分成通信子网和资源子网两个部分。从结构和功能上讲，计算机网络也可分成面向数据通信和面向计算机系统互联两大部分，如图 6-6 所示，虚线框内的为通信子网，虚线框外的为资源子网。

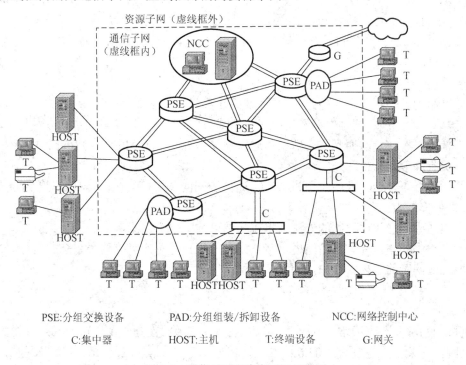

PSE:分组交换设备　　　PAD:分组组装/拆卸设备　　　NCC:网络控制中心

C:集中器　　　HOST:主机　　　T:终端设备　　　G:网关

图 6-6　通信子网和资源子网示意图

通信子网是在网络中面向数据通信的部分，它包括传输线路、节点交换机、网络控制中心。其中，节点交换机是一种专用计算机，负责数据转接，通信子网采用分组交换、存储转发的方式来转接数据。通信子网的任务是负责网络中的信息传递，即把报文从一个主机传送到另一个主机。它主要包括传输线路和交换单元（通信处理机、终端控制器和交换机）。

资源子网是面向用户的，也称用户资源子网，负责全网的面向应用数据处理工作，以最大限度地实现全网资源共享。资源子网由连接在通信子网外围的主机、终端设备以及建立在各地主机上的服务器和数据库组成。

6.1.4　计算机网络的分类

从网络的作用范围进行分类，我们可以将计算机网络划分为局域网（local area network，LAN）、城域网（metropolitan area network，MAN）、广域网（wide area network，WAN）、互联网（Internet）四种网络。

1. 局域网（LAN）

通常我们常见的 LAN 就是指局域网，这是我们最常见、应用最广的一种网络。目前，局域网随着整个计算机网络技术的发展和提高得到充分的应用和普及，几乎每个单位都有自己的局域网，甚至有的家庭中都有自己的小型局域网。所谓局域网，就是在局部地区范围内的网络，它所覆盖的地区范围较小。局域网在计算机数量配置上没有太多的限制，少的可以只有两台，多的可达几百台。在网络所涉及的地理距离上，一般来说可以是几米至10 公里以内。局域网一般位于一个建筑物或一个单位内，不存在寻径问题，不包括网络层的应用。IEEE 的 802 标准委员会定义了多种主要的 LAN 网：以太网（Ethernet）、令牌环网（Token Ring）、光纤分布式接口网络（FDDI）、异步传输模式网（ATM）以及最新的无线局域网（WLAN）。

局域网主要有以下特点：

1）网络地域范围不大，短距离传输（0.1~10km），通信媒体费用所占比重不大，常用的通信媒体有双绞线、同轴电缆及光缆。

2）信道具有较宽的通频带，数据传送率较高，分别为 10Mb/s、20Mb/s、100Mb/s。

3）具有高度互联性和伸缩性。

4）网络中不一定需要中央主机节点（通信子网的节点机），仅需向用户提供分散的有效的数据处理能力。

5）信道中信息传送控制的方法与机械简单可装，传输误码率低。

6）网络中的站点具有自治能力，某一站点发生故障不致影响整个系统的运行。

7）局域网不属于公共设施，为某个单位专用。

2. 城域网（MAN）

城域网的覆盖范围通常是几公里到几百公里，规模就像是一个城市，其运行方式类似于局域网，它采用的是 IEEE 802.6 标准，传播速率一般在 45～150Mb/s。MAN 与 LAN 相比，扩展的距离更长，连接的计算机数量更多，在地理范围上可以说 MAN 是 LAN 网络的延伸。在一个大型城市或都市地区，一个 MAN 网络通常连接着多个 LAN 网，如连接政府机构的 LAN、医院的 LAN、电信的 LAN、公司企业的 LAN 等。由于光纤连接的引入，使MAN 中高速的 LAN 互连成为可能。

3. 广域网（WAN）

广域网又称远程网，所覆盖的范围比城域网（MAN）更广，其覆盖范围一般是几十公里到几千公里，它一般是在不同城市之间的 LAN 或者 MAN 网络互联，地理范围可从几百公里到几千公里。其通信子网主要使用分组交换技术，它常借助公用分组交换网、卫星通信网和无线分组交换网，传播速率较低，一般为 1200b/s～45Mb/s 之间，主要依靠传统的公用传输，所以错误率较高。

4. 互联网（Internet）

互联网即"因特网"，是英文单词"Internet"的谐音。互联网发展迅速，目前它已经是我们每天都要打交道的一种网络，无论从地理范围还是从网络规模来讲，它都是较大的一种网络。从地理范围来说，它可以是全球计算机的互联，其最大的特点就是不定性，整个网络的计算机每时每刻随着人们网络的接入而在不断地变化。当用户将计算机连在互联网上时，该计算机可以算是互联网的一部分了，一旦用户断开计算机的互联网的连接时，该计算机就不属于互联网了。互联网的优点非常明显，其信息量大、传播广。

6.1.5　网络拓扑

拓扑（topology）是将各种物体的位置表示成抽象位置，网络拓扑属于一种几何图论的变异，它用点和线（其中点表示网络节点，线表示通信线路）表示整个网络的整体结构外貌和各模块（其中点表示网络设备）的结构关系，是对计算机网络高度概括的一种表示方法。网络中的计算机等设备要实现互联，就需要以一定的结构方式进行连接，这种连接方式就叫作拓扑结构，通俗地讲就是这些网络设备如何连接在一起的。拓扑结构反映了整个网络的设计、功能和可靠性。

计算机网络的拓扑结构可分为星型、总线型、树型、环型和分布式五种。其中，分布式结构属于广域网，前四种属于局域结构。

1. 星型结构

星型结构是指各工作站以星型方式连接成网。网络有中央节点，其他节点（工作站、服务器）都与中央节点直接相连，这种结构以中央节点为中心，因此又称为集中式网络，如图 6-7 所示。星型结构比较简单，面向小规模系统，利于采用结构化布线。它具有如下特点：结构简单，便于管理；控制简单，便于建网；网络延迟时间较小，传输误差较低。但其缺点也是明显的，成本高，可靠性较低，资源共享能力也较差。

2. 总线型结构

总线型结构是以一根同轴光缆或双绞线作为通信总线，两端接有终端匹配电阻，以防止信号的反射。构成节点的服务器和工作站用 T 型头连接到总线上面，如图 6-8 所示。总线型结构具有结构简单、可扩充性好的优点，但是需考虑总线的负载能力，可以采用中继器扩充总线负载能力。

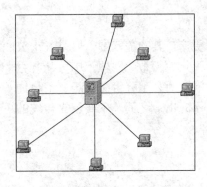

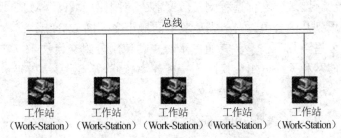

　　　图 6-7　星型结构　　　　　　　　　　　　　　图 6-8　总线型结构

　　总线型结构的网络特点如下：结构简单，可扩充性好。当需要增加节点时，只需要在总线上增加一个分支接口便可与分支节点相连，当总线负载不允许时还可以扩充总线；使用的电缆少，且安装容易；使用的设备相对简单，可靠性高；维护难，分支节点多，故障查找难。

　　3．树型结构

　　树型结构是集中式网络的变形，分级时按其经过的节点数，可分为一级和多级集中式网络，如图 6-9 所示。它的关键设备为信号变换器，用以变换传输的频率。网络中分正向信道和反向信道。各节点到变换器的传输为反向信道，采用 5075MHx RF，而变换器至节点的传输称为正向信道，采用 219MHz RF。这种结构较为复杂，在校园网中不宜采用。

　　4．环型结构

　　环型结构由网络中若干节点通过点到点的链路首尾相连形成一个闭合的环，这种结构使公共传输电缆组成环型连接，数据在环路中沿着一个方向在各个节点间传输，信息从一个节点传到另一个节点，如图 6-10 所示。环型结构具有以下优缺点：

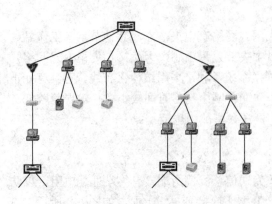

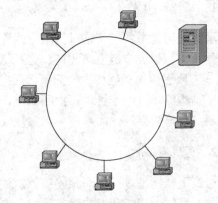

　　　图 6-9　树型结构　　　　　　　　　　　　　图 6-10　环型结构

　　1）信息沿环单向流动，大大简化了路径选择控制。
　　2）环路上各节点都有自举控制，控制软件比较简单。

3）环中节点过多时，将影响传输速率，网络的相应时间将延长。

4）环路为环闭系统，扩充性不好。

6.1.6　计算机网络新技术

1. 网格技术

网格（grid）是一种新兴的技术，正处在不断发展和变化当中。目前，学术界和商业界围绕网格开展的研究有很多，其研究的内容和名称也不尽相同，因而网格尚未有精确的定义和内容定位。中国科学院计算所原所长李国杰院士认为，网格实际上是继传统互联网、Web 之后的第三个大浪潮，可以称之为第三代互联网。网格是利用互联网把各种资源（包括计算资源、存储资源、带宽资源、软件资源、数据资源、信息资源、知识资源等）连成一个逻辑整体，就像一台超级计算机一样，为各类用户提供一体化信息和应用服务（计算、存储、访问等），虚拟组织最终实现在这个虚拟环境下进行资源共享和协同工作，实现最充分的实现信息共享。也就是说使用网格计算技术，可以将一组服务器、存储系统和网络组合成一套大的系统，并提供高质量的服务。对终端用户或者应用，网格计算像一个巨大的虚拟计算系统。

总的来说，网格技术就是要利用互联网把分散在不同地理位置的计算机组织成一台"虚拟的超级计算机"，实现各种资源的全面共享。其中，每一台参与的计算机就是一个节点，就像摆放在围棋棋盘上的棋子一样，而棋盘上纵横交错的线条对应于现实世界的网络，所以整个系统就叫作"网格"。网格技术允许组织、使用无数的计算机共享计算资源来解决问题。被解决的问题可能会涉及数据处理、网络或者数据存储。这个由网格技术结合在一起的系统，可能是在同一个房间，也可能是分布在世界各地，运行在不同的硬件平台，不同的操作系统，隶属于不同的组织。基本的思想是赋予某些用户执行一些特定的任务，网格技术将平衡这些巨大的 IT 资源，来完成任务。本质上，所有的网格用户使用一个巨大的虚拟系统工作。

网格由网格节点、数据库、贵重仪器、可视化设备、宽带网络系统及网格软件等六部分组成。网格节点是一些高性能的计算机；数据库是存储等信息和数据的"仓库"；贵重仪器是指科学仪器和精细的打印设备；网格计算软件包括网格操作系统、网格编程与使用环境以及网格应用程序。

根据 Ian Foster 于 2001 年提出了网格计算协议体系结构，认为网格建设的核心是标准化的协议与服务，该结构主要包括以下五个层次：构造层（fabric），连接层（connectivity），资源层（resource），汇集层（collective），应用层（application）。

2. 下一代 Internet 技术

Internet 2（I2）是指由美国 120 多所大学、协会、公司和政府机构共同努力建设的网络，它的目的是满足高等教育与科研的需要，开发下一代互联网高级网络应用项目。但在某种程度上，Internet 2 已经成为全球下一代互联网建设的代表名词。

Internet 2 计划在 1998 年秋季进行实际运作试验。Internet 2 的应用将贯穿高等院校的各个方面，有些是项目协作，有些是数字化图书馆，有些将促进研究，有些能用于远程学习。

Internet 2 也为各种不同服务政策提供了试验场所，如怎样对预留带宽进行收费等。同时也是衡量各种技术对 GigaPOP 效能的场所，如本地超高速缓存和复制服务器，以及卫星上行和下行链路对提高网络性能的作用。

除上述试验外，合作环境还将用于实时音频、视频、文本和白板讨论。还有支持新的协作方式的 3D 虚拟共享环境。远程医疗，包括远程诊断和监视也是 Internet 2 努力实现的目标。大量的交互式图形/多媒体应用也将是 NGI 的主要候选项目，其中包括科学研究可视化、合作型虚拟现实（VR）和 3D 虚拟环境等应用。

San Diego（CA）– 在 2007 年秋季的会员会议上，Internet 2 协会宣布已经完成了下一代互联网 Internet 2 的基础架构，并且已经开始运行，它可以面向科研机构和教育人员提供 100Gb/s 的传输速度。

3. 无线网络技术

所谓无线网络，就是利用无线电波作为信息传输的媒介构成的无线局域网（WLAN），与有线网络的用途十分类似，最大的不同在于传输媒介的不同，利用无线电技术取代网线，可以和有线网络互为备份。

无线网络是最近在笔记本电脑和个人数字助理上非常盛行的一种网络，它不同于前面的四种基本网络链接方式，无线网特别是无线局域网有很多优点，如易于安装和使用。但无线局域网缺点在于：它的数据传输率一般较低，远低于有线局域网；而且无线局域网的误码率比较高，站点之间相互干扰比较厉害。用户无线网的实现有不同的方法。例如，两个计算机之间可以直接通过无线局域网以数字方式进行通信实现，或者是利用传统的模拟调制解调器通过蜂窝电话系统进行通信。目前，在许多国家已能提供蜂窝式数字信息分组数据（cellular digital packet data，CDPD）的业务，可以直接通过 CDPD 系统直接建立无线局域网。

无线网的最大特点是用户可以在任何时间、任何地点接入计算机网络，而这一特性使其具有强大的应用前景和市场空间。当前已经出现了许多基于无线网络的产品，如个人通信系统（personal communication system，PCS）电话、无线数据终端、便携式可视电话、个人数字助理（PDA）等。

无线局域网作为一种灵活的数据通信系统，是固定局域网的有效的延伸和补充。WLAN 利用电磁波在空气中发送和接收数据，而不需要线缆介质。WLAN 的数据传输速率现在已经能够达到 11Mb/s，传输距离可远至 20km 以上，使网上的计算机具有可移动性，能快速方便地解决使用有线方式不易实现的网络连通问题。WLAN 技术采用 IEEE 802.11b 标准作为通用标准。

无线局域网系统包括为计算机终端配置的无线局域网卡，3Com 等公司都有基于网络教育资源该标准的无线网卡；进行数据发送和接受的设备，称为接入点（access poin，AP）；以及其他一些接入控制设备。对于希望得到无线局域网服务的终端用户而言，他所需做的工作只是插入专用的网卡，然后安装简单的驱动程序。

6.2　Internet 基础

6.2.1　Internet 概述

Internet 是目前世界上最大、覆盖面最广的计算机互联网络，但它本身不是一种具体的物理网络，把它称为网络是网络专家们为了让大家容易理解而给它加上的一种"虚拟"概念。事实上，Internet 是采用 TCP/IP 协议集，将全世界不同国家、不同地区、不同部门和机构、不同类型的成千上万的计算机、国家骨干网、广域网、局域网、数据通信网以及公用电话交换网等通过网络互联设备连接起来，组成一个跨越国界范围的庞大的互联网，因此也称为"网络的网络"。

Internet 是当今最大的和国际性资源网络。Internet 就像是在计算机和计算机之间架起的一条条高速公路，各种信息在上面快速传递，这种高速公路网遍及世界各地，形成了像蜘蛛网一样的网状结构，使得人们可以在全球范围内快捷地交换各种各样地信息。

Internet 可以说是人类历史上的一大奇迹，就连它的创导者们也没有预见到它所产生的如此巨大的社会影响力。可以说它改变了人们的生活方式，加速了社会向信息化发展的步伐。

6.2.2　Internet 的发展

Internet 起源于 20 世纪 60 年代末美国 DARPA 的一个研究项目。1962 年建立了第一个实验用的原形网络，称为 ARPA 网，使用 TCP/IP 协议。到 70 年代中期，联网主机的范围不仅跨越美国大陆，而且扩展到夏威夷、日本和西欧。从 70 年代后期起，放宽入网限制，规模扩大，到 1982 年，产生了以原 ARPAnet 为主干的 Internet。80 年代初，美国 NSF 建立了 NSFnet，使用 TCP/IP 协议。80 年代末 90 年代初，重建 NSFnet，并使之成为事实上的美国国家计算机网。到 1995 年底，Internet 已经连通 154 个国家和地区。

Internet 的前身是美国国防部高级研究计划局（ARPA）1968 年主持研制的用于支持军事研究的计算机实验网络（ARPAnet），建网的初衷是帮助美国军方工作的研究人员利用计算机进行信息交换，并让网络具有充分的抗故障能力，当网络的一部分由于遭受核战争或巨大的自然灾害而失去作用时，其他部分仍然能够维持正常通信，使得在核大战时能保证通信联络。

到 1983 年，ARPAnet 分裂成军用网 MILnet 和民用网 ARPAnet。民用网 ARPAnet 由美国国家科学基金会 NSF 来管理。1988 年底，NSF 把全美五大超级计算机中心用通信干线连接起来，组成基于 IP 协议的计算机通信网络 NSFnet，并以此作为 Internet 的基础，以实现同其他网络的连接。采用 Internet 的名称是在 MILnet 实现和 NSFnet 连接后开始的。以后，其他联邦部门的计算机网相继并入 Internet，如能源科学网 Esnet、航天技术网 NASAnet、商业网 COMnet 等。但是，Internet 的真正飞跃发展应该归功于 20 世纪 90 年代的商业化应用。此后，世界各地无数的企业和个人纷纷加入，终于发展演变成今天成熟的 Internet。

6.2.3　Internet 在中国的发展

Internet 在中国的发展大致可以分为两个阶段：

第一阶段为非正式的连接。从 1987 年到 1993 年，一些科研机构通过拨号线路与 Internet 联通电子邮件服务，并在小范围内为国内的单位提供电子邮件服务。

第二阶段为完全的 Internet 连接，提供 Internet 的全部功能。从 1994 年起，中国科学院主持建设的"北京中关村网络 NCFC"，以高速光缆和路由器连接主干网，正式开通了与国际 Internet 的专线连接，并以"CN"作为我国的最高域名在 Internet 网管中心登记注册，实现了真正的 TCP/IP 连接，正式加入国际 Internet。目前，国内的 Internet 主要由四大互联网组成。

1.　中国公用计算机互联网（Chinanet）

1995 年 4 月，前邮电部投资建设国家公用计算机互联网 Chinanet，是中国第一个商业化的计算机互联网。作为首期工程，北京、上海节点在 1995 年 6 月 28 日开通，经由 Sprint 公司的路由器进入 Internet，为社会公众提供各种 Internet 服务。1996 年 Chinanet 二期工程建设完成，建成了全国的 Internet 骨干网，包括 8 个网络中心和 31 个网络节点，覆盖全国 30 个省、市、自治区。1996 年底，Chinanet 山东网工程开始启动，目标是建成全省的 Internet 骨干网，包括 1 个网络中心和 18 个节点，覆盖全省 17 个地市。

2.　中国教育和科研网（Cernet）

Cernet 是由原国家计委批准立项，国家教委主持建设和管理的全国性教育和科研计算机互联网络。Cernet 的总体建设目标，是利用先进的计算机技术和网络通信技术，把全国大部分高等学校连接起来，推动这些学校校园网的建设和信息资源的交流，与现有的国际学术计算机网络互连，使 Cernet 成为中国高等学校进入世界科学技术领域的快捷方便入口。同时成为培养面向世界、面向未来高层次人才，提高教学质量和科研水平的重要的基础设施。

Cernet 是一个包括全国主干网、地区网和校园网在内的三级层次结构的计算机网络。其结构包括：连接 8 个地区网络的全国主干网和国际联网；全国网络中心、10 个地区网络中心和若干地区网点。Cernet 的网络中心建在清华大学，地区网络中心分别设在北京、上海、南京、西安、广州、武汉、成都、沈阳 8 个城市的北京大学和北京邮电大学、上海交通大学、东南大学、西安交通大学、华南理工大学、华中理工大学、电子科技大学、东北大学。这主要是考虑到地理位置而设置的，这五所学校周边地区的院校通过其中一个节点的校园网与 Internet 相连。

Cernet 逐步为用户提供丰富的网络应用资源。包括：国内外通达的电子邮件服务；提供查询网络用户信息的网络目录服务；文件访问和共享服务；图书科技情报查询服务；具有丰富的学科信息资源的电子新闻服务；能够帮助用户查询、获取并组织信息的信息发现服务；远程高速信息服务和计算服务；远程计算机教育；远程计算机协同工作；教育和科研管理信息服务等。

3. 中国科技网络（Cstnet）

Cstnet 是由中国科学院主持，与北京大学、清华大学合作共同完成的。Cstnet 是一个具有一定规模的光纤互联网络，包括中科院网 Casnet、北京大学校园 Punet 和清华大学校园网 Tunet。该工程于 1990 年 4 月开始建设，1993 年投入运行，可为 Cstnet 上的用户提供 Internet 的全功能服务。

4. 中国金桥信息网 （ChinaGBN）

ChinaGBN 是由国务院授权的另一个商业化计算机互联网，由原电子工业部归口管理。ChinaGBN 采用了卫星网和地面光纤网的互联互通，可以覆盖较偏远的省份和地区。目前，ChinaGBN 有三条 Internet 国际线路。

6.2.4　Internet 的结构特点和接入方式

1. Internet 的结构特点

Internet 采用了目前最流行的客户机/服务器工作模式，凡是使用 TCP/IP 协议，并能与 Internet 的任意主机进行通信的计算机，无论是何种类型、采用何种操作系统，均可看成是 Internet 的一部分。

严格地说，用户并不是将自己的计算机直接链接到 Internet 上，而是连接到其中的某个网络上，再由该网络通过网络干线与其他网络相连。网络干线之间通过路由器互连，使得各个网络上的计算机都能相互进行数据和信息传输。例如，用户的计算机通过拨号上网，连接到本地的某个 Internet 服务提供商（ISP）的主机上。而 ISP 的主机由通过高速干线与本国及世界各国各地区的无数主机相连，这样，用户仅通过一阶 ISP 的主机，便可遍访 Internet。由此也可以说，Internet 是分布在全球的 ISP 通过高速通信干线连接而成的网络。

Internet 的这样结构形式，使其具有如下众多的特点：

1）灵活多样的入网方式。这是由于 TCP/IP 成功地解决了不同的硬件平台、网络产品、操作系统之间的兼容性问题。

2）采用了分布网络中最为流行的客户机/服务器模式，大大提高了网络信息服务的灵活性。

3）将网络技术、多媒体技术融为一体，体现了现代多种信息技术互相融合的发展趋势。

4）方便易行。任何地方仅需通过电话线、普通计算机即可接入 Internet。

5）向用户提供极其丰富的信息资源，包括大量免费使用的资源。

6）具有完善的服务功能和友好的用户界面，操作简便，无须用户掌握更多的专业计算机知识。

2. ISP 接入方式

（1）帧中继方式

帧中继的主要特点是：低网络时延、高传输速率以及在星型和网状网上的高可靠性连接。这些特点是帧中继特别适用于 Internet 的不可预知的、大容量的和突发性数据业务，如

E-mail、客户机/服务器等系统。但是，帧中继还不适用于传送大量的大容量（100MB）文件、多媒体部件或连续型业务量的应用。

（2）专线（DDN）方式

DDN（digital data network）是通过数字信道为用户提供语音、数据、图像信号传输的数据网。DDN 可为公共数据交换网及各种专用网络提供用户数据信道，为帧中继、局域网及各类不同网络的互联提供网间连接。DDN 具有速度快、质量高的特点，但使用上不及模拟方式灵活，且投资成本较大。

（3）ISDN 方式

ISDN 是数字技术和电信业务结合的产物，可用于取代租用线路实现域网间的互联。在这种连接方式中，ISDN 可以为用户提供高速、可靠的数字连接，并是主机或网络端口分享多个远程设备的接入。从窄带 ISDN（N-ISDN）发展而来的宽带 ISDN（B-ISDN），还能支持不同类型、不同速率的业务，不但包括连续性宽带业务，也包括突发型宽带业务。

（4）ADSL 方式

ADSL（asymmetric digital subscriber line）是非对称数字式用户线路，之所以称之为非对称，是由于其实现的速率是上行小于 1Mb/s，下行小于 7Mb/s。它是一种可以让家庭或小型企业利用现有电话网采用高频数字压缩方式，对网络服务商提供 ISP 进行宽带接入的技术。因此，它的这种接入方式是一种非对称的方式，即从 ISP 端到用户端（下行）需要大带宽来支持，而从用户端到 ISP 端（上行）只需要小量带宽即可。ADSL 是专线接入，不用拨号，直接上网，上网更方便。传输速度非常快，是普通调制解调器的几十倍。既能上网又能打电话，实现上网打电话两不耽误。

3. 用户接入方式

（1）仿真终端方式

终端可以通过电话线与远程主机相连，普通计算机安装相应的仿真软件后，也能像真正的终端一样实现与 ISP 主机的连接。这种接入方式简单、经济，且对用户计算机无特殊要求。但存在的缺点是：用户端没有 IP 地址，无法运行高级接口软件，用户的各类文件和电子邮件均存放在 ISP 主机上，影响了上网速度和时间。

（2）拨号 IP 方式

拨号 IP 方式也称 SLIP/PPP 方式，该方式采用串行网间协议 SLIP（serial line Internet protocol）或点一点协议 PPP（point to point protocol），通过电话线拨号将用户计算机与 ISP 主机连接起来。拨号 IP 方式的优点是用户端有独立的 IP 地址，用户可以使用自己的环境和用户界面（如 Windows、Unix、Macintosh 等）进行联网操作。目前，大多数个人用户采用这种方式上网。因为用户计算机上要运行大量接口软件，所以对计算机的要求相对比较高。

（3）局域网连接方式

有两种方式可以实现局域网与 Internet 主机的连接。一种方法是通过局域网的服务器，使用高速 MODEM 经电话线路与 Internet 主机连接。在这种方法中，所有的工作站共享服务器的一个 IP 地址。另一种方法是通过路由器将局域网与 Internet 主机相连，使整个局域网加入到 Internet 中成为一个开放式局域网。在这种方法中，局域网中的所有工作站都可以有自己的 IP 地址。

6.2.5　Internet 的关键技术

1．TCP/IP 技术

TCP/IP 是 Internet 的核心，利用 TCP/IP 协议可以方便地实现多个网络的无缝连接。TCP/IP 协议是 Internet 上最基本的协议。其中 IP 协议是一个关键的底层协议，它提供了能适应各种网络硬件的灵活性，任何一个网络只要能够传送二进制数据，就可以使用 IP 协议加入 Internet。TCP 协议是端对端传输层内重要的协议之一，它向应用程序提供可靠的通信连接，它能够自动使用网上的各种变化，即使在网络暂时出现阻塞的情况下，TCP 也能保证通信的可靠。IP 协议只保证计算机能发送和接受分组数据，单 IP 并不能解决数据传输中可能出现的问题，这个问题由 TCP 协议很好地解决了。TCP 与 IP 是在同一时期作为一个系统来设计的，并且在功能上也是相互配合、相互补充的，也就是说 Internet 的计算机必须同时使用这两个协议。因此，在实际中常把这两个协议称作 TCP/IP 协议。

2．IP 地址

在 Internet 中，为了实现网上不同计算机之间的通信，除了使用相同的通信 TCP/IP 之外，每台计算机都必须有一个唯一的地址以供他人发送电子邮件、传送文件、查询信息和进行"交谈"。这个地址就是 Internet 地址，也称为 IP 地址。

IP 规定连入 Internet 的每台计算机都被分配一个唯一的 32 位二进制数地址，称为 IP 地址，它是 Internet 上主机的数字式标志。

IP 地址由以下三部分组成：

1）类别字段：用来区分地址的类型。

2）网络号码字段 net-id：用来标志哪个网络。

3）主机号码字段 host-id：用来标志该网上的哪台主机。

IP 地址由四个字节组成，分成四组，每组一个字节，组与组之间用圆点分隔。例如，某台计算机的 IP 地址为：11001010.01100011.01100000.10001100.。为了便于记忆，通常把 IP 地址写成四组用小数点隔开的十进制正数。这样这台主机的 IP 地址就是 202.99.96.140.。Internet 是一个网际网，每个网所含的主机数目各不相同，有的网络拥有很多主机，而有的网络主机数目很少，网络规模大小不一。为了便于对 IP 地址进行管理，充分利用 IP 地址以适应主机数目不同的各种网络，对 IP 地址进行了分类，共分为 A、B、C、D、E 五类地址，如表 6-1 所示。

其中，IP 地址中网络号前面的二进制位用来表示网络类型，如 A 类地址用 0 表示，B 类地址用 10 表示，C 类地址用 110 表示，D 类地址被称为组播（Multicast）地址，用 1110 表示，E 类地址用 11110 表示。目前，大量使用的地址是 A、B、C 类三种。A 类为大型网络，B 类为中型网络，C 类为小型网络。

表 6-1　IP 地址的分类

位	0	1	2	3	4	5	6	7	8……15	16……23	24……31
A 类	0	网络号，占 7 位							主机号，占 24 位		
B 类	1	0	网络号（数目中），占 14 位							主机号，占 16 位	
C 类	1	1	0	网络号（数目多），占 21 位							占 8 位
D 类	1	1	1	0	多点广播地址，占 28 位						
E 类	1	1	1	1	0	留作实验或将来使用					

3. 子网掩码

在 IP 地址的某个网络标识中，可以包含大量的主机（如 A 类地址的主机标识域为 24 位、B 类地址的主机标识域为 16 位），而在实际应用中不可能将这么多的主机连接到单一的网络中，这将给网络寻址和管理带来不便。为解决这个问题，可以在网络中引入"子网"的概念。

子网掩码与 IP 地址一样，也是一个 32 位的二进制数码。凡是 IP 地址的网络标识和子网标识部分，用二进制数 1 表示；凡是 IP 地址的主机标识部分，用二进制数 0 表示。如果一个 A 类或 B 类或 C 类地址表示一个单一的物理网络，则它相应的子网掩码如表 6-2 所示，我们一般的计算机网络使用的是 C 类地址。

表 6-2　子网掩码

地址类别	子网掩码的二进制形式	十进制形式
A 类地址	11111111.00000000.00000000.00000000	255. 0. 0. 0
B 类地址	11111111.11111111.00000000.00000000	255. 255. 0. 0
C 类地址	11111111.11111111.11111111.00000000	255. 255. 255. 0

4. 域名系统

为了便于记忆和表达，Internet 上主机通常使用名字，而不是 IP 地址来代表。给主机命名的是域名系统（DNS），域名系统使用分层结构，由几个子域名组成，每个子域名均是一个具有明确意义的名字。域名地址从右到左分别说明不同国家或地区的名称、组织类型、组织名称、单位名称和主机名称等。域名的一般格式如下：

主机名.商标名（企业名）.单位性质或地区代码.国家代码。

其中，商标名或企业名在注册时确定，我国的域名注册由中国网络信息中心统一管理。

例如：在 news.cernet.edu.cn 域名地址中，最左边的 news 为主机名，其后分别表示中国教育科研网、教育机构、中国。作为 Internet 用户，只需记忆要进行通信联系的计算机域名即可。

当用户输入主机的域名时，负责管理的计算机则把它送到"域名服务器"上，由域名服务器把域名翻译成相应的 IP 地址。因此，用户既可以用该主机的 IP 地址连接入网，也可以用该主机的域名表示，其效果是一样的。

6.3　Internet 的接入

上文已经介绍过 Internet 的结构特点和接入方式，对于一般用户来讲，局域网连接方式是最为常见的，本节将以 Windows 7 系统为基础介绍局域网的接入。

通过局域网接入 Internet 可按下列过程进行。

1. 安装网卡

物理安装：在断电的情况下将网卡插入到计算机主板扩展槽内。

安装网卡驱动程序：Windows7 中的网卡一般都是以"即插即用"方式安装的，即将网卡物理安装后，系统会自动检测到有硬件插入，并同时弹出要安装驱动程序的对话框，按提示安装即可，或在"控制面板"中通过"设备管理器"进行安装（属于硬件的安装问题，注意需要安装驱动程序）。详细安装过程请大家参阅第 2 章内容。安装的网卡在"设备管理器"下的"网络适配器"中出现。

2. 配置 TCP/IP 协议

要接入网络，就需要配置 TCP/IP 协议，在 Windows7 上配置 TCP/IP 协议的过程如下：

打开"控制面板"，在"网络和 Internet"下打开"网络和共享中心"，便可打开"查看基本网络信息并设置连接"对话框，如图 6-11 所示。

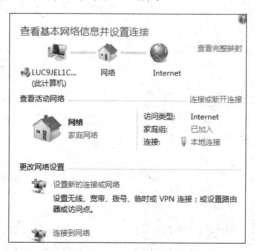

图 6-11　网络和共享中心

如图 6-12 所示，选择用户所连接的接入方式，一般选择"本地连接"，打开"本地连接状态"对话框，会显示"本地连接状态"，显示速度、连接方式以及活动等信息。单击"属性"，打开"本地连接 属性"对话框，如图 6-13 所示。

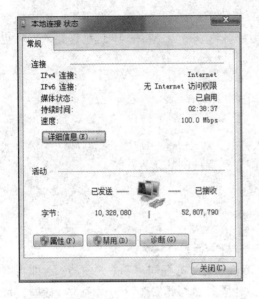

图 6-12　本地连接状态　　　　　　　图 6-13　本地连接属性

　　在"本地连接 属性"对话框中选择"Internet 协议版本 4"，再单击"属性"，在"Internet 协议属性"对话框中，选择"使用下面的 IP 地址"，输入相应的 IP 地址即可，一般 IP 地址都是事先已经分配好的，有时不需要确定的 IP 地址，可以选择"自动获得 IP 地址"，子网掩码一般会自动生成，如常见的子网掩码 255.255.255.0，默认网关一般都是本机所处局域网络的网关，是提前已知的，DNS 是指本机所处局域网络的服务器的 IP 地址，有首选和备用两种，如果首选不能使用，可以选择备用，一般只输入首选即可，如图 6-14 所示。

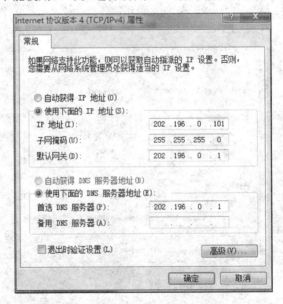

图 6-14　输入 IP 地址

3. 安装调制解调器

目前，接入 Internet 的方式很多，常见的有通过调制解调器接入和专线接入两种，它们的区别在于：前者需要安装调制解调器并使用拨号上网，需要一台电话机，通过电话线接入；而专线上网是直接连接一条上网的专线，不需要调制解调器和电话线，其网络传送速度很快，但价格也比较昂贵。如果使用专线上网，一般不需要设置 IP 地址，它会自动获得，其主要适用于个人家庭上网，目前中国网通和中国电信等都开通了此类上网方式，如 ADSL 一线通，但用户需要安装上网专用的客户端。如果用户是在单位的局域网上连接，也不需要调制解调器，只需一根专线而已，此时 IP 地址是已经分配给各个计算机了。

对于一些用户可能使用调制解调器和电话线接入网络，以拨号的方式入网可以说是最为常见也是非常简单的方式。

用户通过拨号的方式上网时，首先要有一条电话线和一个调制解调器（modem），之后要向本地的 Internet 服务提供商（简称 ISP，如中国电信）申请一个合法的 Internet 账号及一个 E-mall 地址；在计算机中安装 modem 的硬件，并将电话线连在 modem 上。利用 "Internet 连接向导" 设置计算机与 Internet 连接，再设置好网络服务器等信息即可。

4. 设置新的连接和网络

硬件安装完成以及 TCP/IP 协议设置完成以后，经过登录或拨号即可连接网络，此时打开 "本地连接" 会显示出目前连接的状态，此时的连接状态是 "已连接上"，在 "活动" 下的发送和收到表示传输的字节数。此时，本计算机已经可以使用网络，如果需要设置新的网络和连接，可在 "网络和共享中心" 中选择 "设置新的连接或网络"，如图 6-15 所示。打开 "设置新的连接或网络"，可以选择需要进行的 "连接选项"，如图 6-16 所示。如选择 "连接到 Internet"，单击 "下一步" 打开 "连接到 Internet" 的设置对话框，单击 "下一步"，选择 "仍然设置新连接"，如图 6-17 所示，可以建立宽带或拨号的连接，如图 6-18 所示。

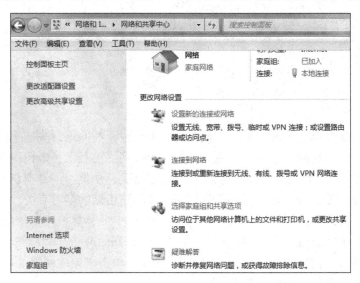

图 6-15　设置新的连接或网络

图 6-16　选择连接选项

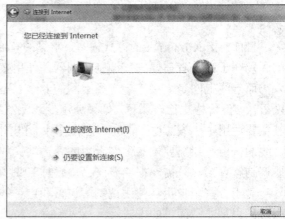

图 6-17　设置新连接

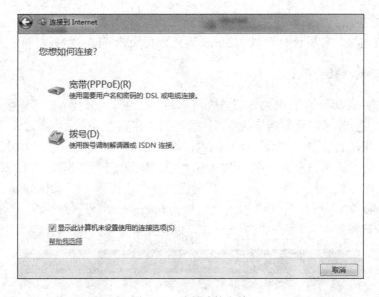

图 6-18　选择连接方法

5. 无线网络连接

目前，一般计算机都带有无线网卡或在网卡上集成无线网卡，安装无线网卡后，用户可以利用无线网络寻找网络资源。首先，需要有无线网络信号，一般情况下，可以通过有线的连接一个路由器（可发射无线信号的），利用连接到路由器上的计算机对路由器进行相关的设置，主要是设置用户名与密码，具体的设置与路由器的型号有关。设置完成后，开启路由器便会发射出无线信号，在附近的且具有无线网卡的计算机可以使用这一无线网络。无线网卡硬件安装完成后，在"控制面板"｜"网络和 Internet"｜"网络和共享中心"下，会出现"无线网络连接"的信息栏，如图 6-19 所示。单击"无线网络连接"，打开"无线网络连接状态"对话框，如图 6-20 所示。

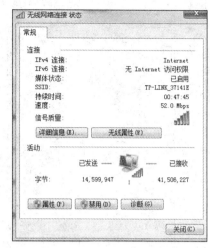

图 6-19 无线网络连接   图 6-20 无线网络状态

单击打开"无线属性"的对话框，可以对无线网络进行设置，如图 6-21 所示。在"连接"选项卡中，设置"当此网络在范围内时自动连接"时，无线网络便会自动连接，用户无须管理，在有多个无线网络都可连接时，设置"连接到更合适的网络"时，无线网卡会自动寻找信号最好的网络连接。在"安全"选项卡中，用户可以根据路由器上的无线网络设置来选择"安全类型"和"加密类型"，并根据路由器上设置的密码输入"网络安全密钥"，如图 6-22 所示。

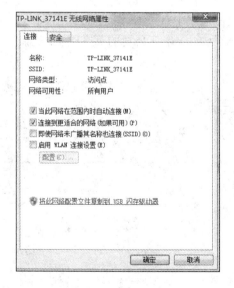

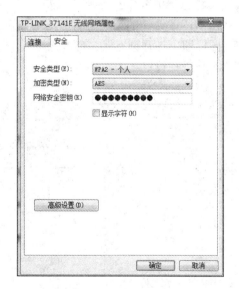

图 6-21 无线网络属性—连接   图 6-22 无线网络属性—安全

在 Windows 7 操作系统界面的右下角，会出现网络连接的状态显示图标，如果是无线网络信号，一般显示为 图标。单击该图标，可出现无线网络连接及可用连接的信息，如图 6-23 所示。根据自动连接的设置，系统会选择信号最强的无线网络进行连接。首次连接一般需要输入密码（即密钥），如图 6-24 所示，成功输入密码后会连接到该网络。

图 6-23　无线网络连接信息　　　　　　　　　图 6-24　输入密码

6.4　IE 浏览器

　　用户设置好网络以后就可以上网了，上网时需要安装 IE（Internet Explorer）浏览器，Windows 7 系统自身带有 Microsoft 公司开发的 IE 浏览器。

　　IE 浏览器的界面及打开方式如下：

　　在 Windows 7 的桌面上有 IE 浏览器的图标或在程序中打开 IE 浏览器，如图 6-25 所示，双击图标即可打开浏览器。初始状态下，IE 的主页为 Microsoft 公司的英文主页，当然用户可以对其进行设置，如图 6-26 所示。

图 6-25　打开 IE 浏览器　　　　　　　　　图 6-26　IE 的初始界面

IE 窗口由以下几部分组成：①标题栏，显示当前用户所在页的主题；②菜单栏，提供浏览器的所有功能；③工具栏，用于执行最常用的功能，使操作更加方便；④地址栏，用于输入 URL 地址；⑤主窗口，用来显示 Web 页面；⑥状态栏，显示信息传送进展情况。

在 IE 浏览器界面的最上方是标题栏，显示网页的标题，下方是菜单栏，为 IE 的操作功能区，菜单栏的下方是"标准按钮"，为常见的简单操作的快捷按钮，主要有以下几类。

后退：返回前一网页。

前进：进入下一网页。

刷新：刷新当前网页。

停止：停止当前网页继续打开。

主页：打开主页。

搜索：搜索需要的网页或网络信息。

收藏夹：打开用户自定义的收藏夹，打开收藏夹并可以打开"历史记录"：今天之前的已经使用过的网页历史记录。

打印：打印网页。

在 IE 浏览器的地址栏中直接输入 URL，URL 称为统一资源定位器。URL 完整地描述了 Internet 上超媒体文档的地址，简单地说，URL 就是 Web 地址，俗称"网址"。URL 作为网页的世界性标准化名字，它从左到右由以下部分组成：

http://www.163.com/public/index.htm

其中，http 为 Internet 协议名称，指出 WWW 用来访问的协议是英语 world wide web 首字母的缩写形式；www.163.com 为主机地址，表示要访问的 Web 服务器主机（服务器）域名；public/index.htm 为路径/文件名，指明服务器上某个页面文件的位置和文件名。

打开"文件"，可以对网页进行一些操作，如图 6-27 所示，如在"新建"中用户可以新建一个 IE 窗口或选项卡。如果用户需要打印网页可以进行页面设置、打印预览和打印等，单击"属性"可以显示该网页的一些属性，如协议、类型、地址大小等。"脱机工作"使用户可以在不登录网络的情况下查看网页上的信息，但如果再单击其他网页就需要登录了，"关闭"可以直接关闭浏览器。选择"编辑"，用户可以对网页进行一些简单的编辑，如复制、查找、全选等，如果用户要将网页的信息复制到文档中或查找某一信息就需要使用"编辑"，如图 6-28 所示。

有时用户在浏览网页的过程中会看到许多非常漂亮或精美的图片，如果要保存 Web 网页中的精美图片，可按以下步骤进行：

1）打开该 Web 网页。

2）将鼠标指针指向想要保存的图片上，在出现的弹出式菜单上单击"保存此图像"图标，或右键单击要保存的图片，在弹出的快捷菜单中选择"图片另存为"命令，将打开"保存图片"对话框，如图 6-29 所示。

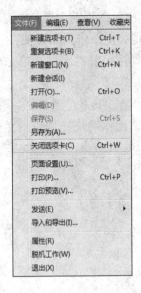

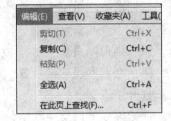

図 6-27　"文件"的使用　　　　　　　　　図 6-28　"编辑"的使用

图 6-29　保存 Web 页上的图片

　　3）在该对话框中，用户可设置图片的保存位置、名称及保存类型等。设置完毕后，单击"保存"按钮即可。

　　单击"查看"，用户可以对浏览器的界面和网页进行一些设置，如图 6-30 所示。在工具栏中有"菜单栏""状态栏""收藏夹栏""锁定工具栏""命令栏"等，如果在相应的栏目前打钩，表示在当前浏览器上就显示出相应的栏目，在"菜单栏"上右键单击鼠标可以打开"自定义"，这是自定义工具栏的选项，单击"自定义"可以对当前浏览器上显示的快捷按钮进行添加或删除等操作，如图 6-31 所示。

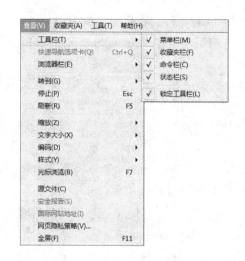

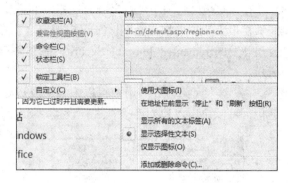

图 6-30　"查看"的使用　　　　　　　　图 6-31　"自定义"选项

　　状态栏主要在网页的最下方显示网页的打开状态，如"正在打开""完毕"等。"浏览器栏"主要包含了浏览器的一些操作，如图 6-32 所示。"转到"是选择网页的操作栏，如前进、后退、主页或打开已经使用过的网页。"文字大小"可以改变网页显示文字的大小，"编码"可以使网页显示为简体中文或其他字体，如英文、日文等。单击"源文件"可以打开网页编辑的源文件代码，如图 6-33 所示。

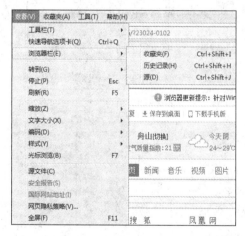

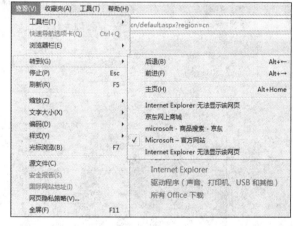

图 6-32　浏览器栏　　　　　　　　　　图 6-33　"转到"选项

　　单击"收藏"菜单，用户可以对收藏夹进行设置，如"添加到收藏夹"可以将当前网页添加到收藏夹中，选择"整理收藏夹"，用户可以对收藏夹中的网页进行整理。
　　在"工具"选项（图 6-34）中，用户可以使用 IE 工具对浏览器进行设置，如邮件和新闻，用户可以发送网页或邮件等，Windows Update 表示的是进行 Windows 在线升级。重置 Web 设置可以使用户将浏览器的设置还原为默认情形。"Internet 选项"是对浏览器进行一些详细的内部设置，如图 6-35 所示，用户可以对 IE 浏览器进行设置，如"常规"中用户可以对主页、临时文件、历史记录进行设置。在长时间使用 IE 后，系统会自动将每一个网页的 Cookies 保存到临时文件夹中，用户可以删除临时文件，在历史记录中用户可以自行设置保存历史记录的时间长短。单击"删除文件"按钮，所有"Temporary Internet Files"文件夹中的文件都被删除。

在"安全"选项中，用户可通过相应的设置来自定义诸如 ActiveX、JavaScript 等选项，能够在很大程度使用户上网时变得更加安全。当然，如果想得到更加专业的服务，Symantec 公司开发的Symantec Internet Security 系列杀毒软件可以更好地解决安全问题，如图 6-36 所示。

在"连接"选项中，用户可以根据需要进行设置，如图 6-37 所示。如果要建立 Internet 连接，可以单击"建立连接"进行设置，其他连接用户可以根据提示进行。

图 6-34　"工具"选项

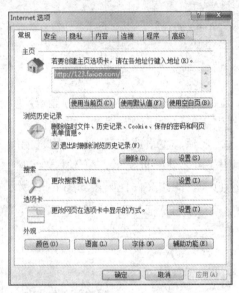

图 6-35　Internet 选项

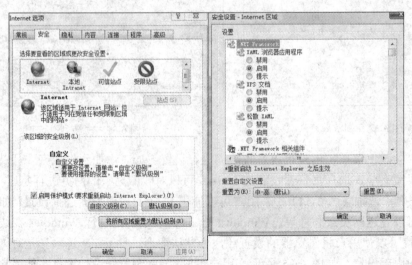

图 6-36　安全设置

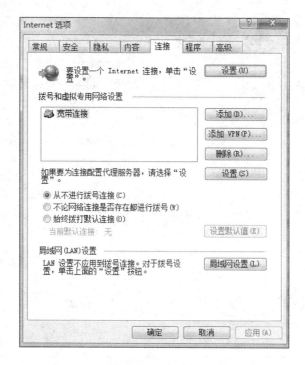

图 6-37　网络连接

6.5　网上搜索与网络下载

安装好网络后，用户就可以在网上浏览各类信息、聊天、下载喜欢的歌曲软件等，本节将以常见的网上浏览进行举例说明。

6.5.1　网上搜索

目前流行的网络搜索引擎很多，按常用的有中文百度、中文雅虎、搜狐、搜狗等，其搜索方式大致一样，此处仅以百度搜索为例说明如何使用搜索引擎。中文百度的网址为www.baidu.com，打开 IE 浏览器，在网址中输入该网址即可打开网站，在搜索栏中输入要搜索的关键字，单击"百度一下"即可打开搜索结果，如图 6-38 所示。

如果需要搜索的是网页，会显示网页为黑色字体，如果要搜索新闻等单击其他项目，再单击"百度一下"按钮或直接按回车键即可打开搜索到的网页，结果是根据目前网络上含有该关键字的网页浏览率的高低进行排序的，如果在搜索中有多个关键字，用户可以用空格将不同的关键字分开输入。在搜索结果中，用户可以添加新的搜索条件，只要单击"在结果找"即可，如要搜索奥运的历史，可以先输入"奥运"进行搜索，在搜索结果中的输入栏中输入"历史"并单击"在结果中找"就可以找到关于"奥运历史"的网页，也可以直接输入"奥运 历史"进行搜索，如图 6-39 所示。

图 6-38 百度搜索界面

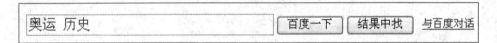

图 6-39 百度搜索栏

6.5.2 网络下载

用户经常需要在网络上下载一些软件或硬件的驱动程序，如下载"搜狗拼音输入法"或声卡的驱动程序等，Windows 7 自带的 IE 浏览器提供了下载功能，如在 http://pinyin.sogou. com/网页上下载"搜狗拼音输入法 7.6 正式版"，在网页上会出现带有下载字样的图标，右键单击图标，选择"目标另存为"，即可下载保存该文件到磁盘中，如图 6-40 所示。也可以直接单击鼠标左键，弹出"文件下载"的对话框，如图 6-41 所示，单击"目标另存为"，选择需要保存的本地磁盘及文件夹保存即可，不过这样的下载方式速度比较慢。

为了提高网络下载的速度，出现了许多专门提供下载服务的下载软件，如迅雷、快车、网络传输带、网络蚂蚁等，其使用非常方便，下载速度很快，此处仅以迅雷为例简要说明如何使用下载软件。首先，用户需要在网络上下载迅雷软件，迅雷的官方网站上可以提供免费的迅雷下载软件，其主页为 http://www.xunlei.com，打开主页，利用 IE 浏览器自带的下载功能下载到本地磁盘中，下载完毕后，在下载的位置中找到下载的文件，如图 6-42 所示。一般双击安装文件即可进行安装，安装过程按照提示进行即可，安装的默认目录是 C:\Program Files\，用户也可以自行调整安装目录，如图 6-43 所示。安装完毕后，用户就可以使用迅雷下载网络上的各种文件了，并且 IE 的使用上新增了迅雷下载工具，右键选择要下载的文件，单击使用迅雷下载即可，一般单击下载图标，系统会直接打开迅雷软件进行下载。

图 6-40 网络下载示例 　　　　　　　　　　　　　图 6-41 文件下载

图 6-42 下载到本地磁盘的文件

　　如在网络上下载搜狗拼音输入法，用户单击下载图标，即可直接打开下载对话框，如图 6-44 所示，在下载对话框中用户可以选择下载的目录以及更改存储的文件名称，设置完成后，单击"确定"即可开始下载。图 6-45 所示的是迅雷下载的界面，用户可以对迅雷的下载进行设置。下载完成后，用户可以在"已下载"栏目中查看已经下载的文件。

图 6-43　安装迅雷　　　　　　　　　　图 6-44　下载对话框

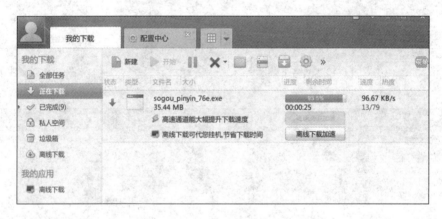

图 6-45　迅雷下载界面

6.6　病毒与网络安全

6.6.1　计算机病毒

1. 计算机病毒的概念及特征

计算机病毒（computer virus）在《中华人民共和国计算机信息系统安全保护条例》中被明确定义为："指编制或者在计算机程序中插入的破坏计算机功能或者破坏数据，影响计算机使用并且能够自我复制的一组计算机指令或者程序代码。"

计算机病毒是人为编写的，具有自我复制能力，是未经用户允许而执行的代码。一般正常的程序是由用户调用，再由系统分配资源，完成用户交给的任务，其目的对用户是可见的、透明的。而计算机病毒具有正常程序的一切特性，它隐藏在正常程序中，当用户调用正常程序时，它窃取到系统的控制权，先于正常程序执行，病毒的动作、目的对用户是未知的和未经用户允许的。它的主要特征有以下几点。

（1）传染性

正常的计算机程序一般是不会将自身的代码强行连接到其他程序之上的。而病毒却能够使自身的代码强行传染到一切符合其传染条件的程序之上。计算机的信息需要存取、复制、传送，病毒作为信息的一种形式可以随之繁殖、感染、破坏。并且，当病毒取得控制权之后，他们会主动寻找感染目标，使自己广为流传。计算机病毒可以通过各种可能的渠道，如移动磁盘、光盘和计算机网络等渠道去传染给其他的计算机。当用户在一台机器上发现了病毒时，往往曾经在这台计算机上使用过的移动磁盘也已感染上了病毒，而与这台机器相联网的其他计算机或许也被该病毒侵染了。是否具有传染性是判别一段程序是否为计算机病毒的最重要条件。

（2）隐蔽性

计算机病毒具有很强的隐蔽性，病毒一般是具有很高编程技巧、短小精悍的一段程序，通常潜入在正常程序或磁盘中，有的可以通过病毒软件检查出来，有的根本就查不出来，有的时隐时现、变化无常，这类病毒处理起来通常很困难。病毒程序与正常程序不容易被区别开来，在没有防护措施的情况下，计算机病毒程序取得系统控制权后，可以在很短的时间内感染大量程序。而且受到感染后，计算机系统通常仍能正常运行，用户不会感到任何异常。正是由于其隐蔽性，计算机病毒才得以在用户没有察觉的情况下扩散到其他计算机中。大部分病毒的代码之所以设计得非常短小，也是为了隐藏。多数病毒一般只有几百或几千字节，而计算机对文件的存取速度比这要快得多。病毒将这短短的几百字节加入到正常程序之中，使人不易察觉。

（3）潜伏性

大部分病毒在感染系统之后不会马上发作，它可以长时间隐藏在系统中，只有在满足其特定条件时才启动其表现（破坏）模块。只有这样，它才可以进行广泛地传播。例如，"PETER-2"在每年 2 月 27 日会提 3 个问题，答错后将会把硬盘加密。著名的"黑色星期五"在逢 13 号的星期五发作。国内的"上海一号"会在每年三、六、九月的 13 日发作。当然，最令人难忘的便是 4 月 26 日发作的 CIH 病毒。这些病毒在平时会隐藏得很好，只有在发作日才会露出本来面目。

（4）破坏性

任何病毒只要侵入系统，都会对系统及应用程序产生不同程度的影响。计算机中毒后，可能会导致正常的程序无法运行，把计算机内的文件删除或受到不同程度的损坏。良性病毒可能只显示些画面或发出点音乐、无聊的语句，或者根本没有任何破坏动作，只是会占用系统资源。恶性病毒则有明确的目的，或破坏数据、删除文件，或加密磁盘、格式化磁盘，有的甚至对数据造成不可挽回的破坏。

（5）不可预见性

从对病毒的检测方面来看，病毒还有不可预见性。不同种类的病毒，其代码千差万别，但有些操作是共有的，如驻留内存、改中断。有些人利用病毒的这种共性，制作了声称可以查找所有病毒的程序。这种程序的确可以查出一些新病毒，但由于目前的软件种类极其丰富，而且某些正常程序也使用了类似病毒的操作甚至借鉴了某些病毒的技术。使用这种方法对病毒进行检测势必会产生许多误报。而且病毒的制作技术也在不断地提高，病毒对反病毒软件永远是超前的。

2. 病毒的产生与发展

（1）病毒的起源

1983 年 11 月 3 日，弗雷德·科恩博士研制出一种在运行过程中可以复制自身的破坏性程序，伦·艾德勒曼（Len Adleman）将它命名为计算机病毒（computer viruses）。1986 年初，在巴基斯坦的拉合尔（Lahore），巴锡特（Basit）和阿姆杰德（Amjad）两兄弟编写了 Pakistan 病毒，即 C-BRAIN，该病毒在一年内流传到了世界各地。由于当地盗拷软件的风气非常盛行，他们的目的主要是为了防止他们的软件被任意盗拷。只要有人盗拷他们的软件，C-BRAIN 就会发作，将盗拷者的硬盘剩余空间给吃掉。业界认为，这是真正具备完整特征的计算机病毒的始祖。

1988 年 11 月 2 日，美国 6000 多台计算机被病毒感染，导致 Internet 不能正常运行。这是一次非常典型的计算机病毒入侵计算机网络的事件，该事件迫使美国政府立即做出反应，国防部成立了计算机应急行动小组。这次事件中遭受攻击的涉及 5 个计算机中心和 12 个地区节点，连接着政府、大学、研究所和拥有政府合同的 250000 台计算机。在这次病毒事件中，计算机系统直接经济损失达 9600 万美元。这个病毒程序的设计者罗伯特·塔潘莫里斯（Robert T.Morris）当年 23 岁，为康奈尔（Cornell）大学攻读学位的研究生。他也因此被判 3 年缓刑，罚款 1 万美元，还被命令进行 400 小时的社区服务。

（2）病毒的产生

计算机病毒的产生是计算机技术和以计算机为核心的社会信息化进程发展到一定阶段的必然产物。其产生的过程为：程序设计、传播、潜伏、触发、运行、实行攻击。究其产生的原因主要有以下几种：

1）一些程序设计者出于好奇或兴趣，也有的是为了满足自己的表现欲，故意编制出一些特殊的计算机程序，让别人的计算机出现一些动画，或播放声音，或别的恶作剧，以显示自己的才干。而这种程序流传出去就演变成了计算机病毒，此类病毒破坏性一般不大。

2）产生于个别人的报复心理，如台湾的学生陈盈豪就是属于这种情况。他因曾购买的一些杀毒软件在使用时发现，这些杀毒软件并非厂家所说的那么厉害，查杀不了什么病毒，于是就想亲自编写一个能避过各种杀毒软件的病毒，CIH 就这样诞生了。这种病毒对计算机用户曾一度造成灾难。

3）来源于软件保护。某些商业软件公司为了不让自己的软件被非法复制和使用，就运用加密技术编写一些特殊程序附在正版软件上，如遇到非法使用，则此类程序自动被激活，于是又会产生一些新病毒，如巴基斯坦病毒。

4）产生于游戏。编程人员在无聊时互相编制一些程序输入计算机，让程序去销毁对方的程序，如最早的"磁芯大战"，这样，新的病毒又产生了。

5）由于政治、商业和军事等特殊目的。一些组织或个人也会编制一些程序用于进攻对方系统，给对方造成灾难或直接性的经济损失。

（3）病毒的发展

在病毒的发展史上，病毒的出现是有规律的，一般情况下一种新的病毒技术出现后，病毒迅速发展，接着反病毒技术的发展会抑制其流传。操作系统进行升级时，病毒也会调整为新的方式，产生新的病毒技术。例如，随着微软宏技术的应用，宏病毒成了简单而又容易制作的流行病毒之一；随着 Internet 网络的普及，各种蠕虫病毒如爱虫、SirCAM 等疯狂传播。21 世纪初甚至产生了集病毒和黑客攻击于一体的病毒，如"红色代码（CordRed）"病毒、Nimda 病毒和"冲击波"病毒等。

在网络技术飞速发展的今天，病毒的发展呈现出以下趋势：

1）病毒与黑客技术相结合。网络的普及与网速的提高，使得病毒与黑客技术结合以后产生的危害更为严重。

2）蠕虫病毒更加泛滥。其表现形式是邮件病毒、网页病毒，利用系统存在漏洞的病毒会越来越多。

3）病毒破坏性更大。计算机病毒不再仅仅以侵占和破坏单机的资源为目的。木马病毒的传播使得病毒在发作的时候有可能自动联络病毒的创造者（如爱虫病毒），或者采取攻击微软服务器程序的漏洞（如"红色代码"病毒）。而蠕虫病毒则会抢占有限的网络资源，造成网络堵塞（如 Nimda 病毒），如有可能，还会破坏本地的资料（如针对 911 恐怖事件的 Vote 病毒）。

4）制作病毒的方法更简单。各种功能强大而易学的编程工具使用户可以轻松编写一个具有极强杀伤力的病毒程序。用户通过网络甚至可以获得专门编写病毒的工具软件，只需要通过简单的操作就可以生成具有破坏性的病毒。

5）病毒传播速度更快，传播渠道更多。目前，上网用户已不再局限于收发邮件和网站浏览，此时，文件传输成为病毒传播的另一个重要途径。随着网速的提高，在数据传输时间变短的同时，病毒的传送时间会变得更加微不足道。同时，其他的网络连接方式，如 ICQ、IRC 也成了传播病毒的途径。

6）病毒的检测与查杀更困难。病毒可能采用一些技术防止被查杀，如变形、对源程序加密、拦截 API 函数、甚至主动攻击杀毒软件等。

3. 计算机病毒的分类命名

反病毒公司为了方便管理，通常会按照病毒的特性，将病毒进行分类命名。虽然每个反病毒公司的命名规则都不太一样，但大体上都是采用一种统一的命名方法。一般格式为：<病毒前缀>.<病毒名>.<病毒后缀>。

1）病毒前缀：指一个病毒的种类，用来区别病毒的种族分类。不同种类的病毒，其前缀也不同。例如，常见的木马病毒的前缀是 Trojan，蠕虫病毒的前缀是 Worm，黑客病毒前缀名一般为 Hack，宏病毒的前缀是 Macro，脚本病毒的前缀是 Script，系统病毒的前缀为 Win32、PE、Win95、W32、W95 等，捆绑机病毒的前缀是 Binder，后门病毒的前缀为 Backdoor。

2）病毒名：指一个病毒的名称，用来区别和标识病毒家族，如著名的 CIH 病毒的家族名都是统一的 CIH，"振荡波"蠕虫病毒的家族名是 Sasser。

3）病毒后缀：指一个病毒的变种特征，用来区别具体某个家族病毒的某个变种。一般采用英文中的 26 个字母来表示，如 Worm.Sasser.B 就是指振荡波蠕虫病毒的变种 B，因此一般称为"振荡波 B 变种"或者"振荡波变种 B"。如果该病毒变种非常多，可以采用数字与字母混合表示变种标识。

4. 计算机感染病毒的症状

当计算机感染病毒后，主要表现在以下几个方面：
1）系统无法启动、启动时间延长、重复启动或突然重启。
2）出现蓝屏、无故死机或系统内存被耗尽。
3）屏幕上出现一些乱码。
4）出现陌生的文件、陌生的进程。
5）文件时间被修改，文件大小变化。
6）磁盘文件被删除、磁盘被格式化等。
7）无法正常上网或上网速度很慢。
8）某些应用软件无法使用或出现奇怪的提示。

5. 病毒的传播途径

计算机病毒的传染性是计算机病毒最基本的特性，病毒的传染性是病毒赖以生存繁殖的条件，如果计算机病毒没有传播渠道，则其破坏性小，扩散面窄，难以造成大面积流行。

计算机病毒的传播主要通过文件复制、文件传送、文件执行等方式进行。文件复制与文件传送需要传输媒介，文件执行则是病毒感染的必然途径（Word、Excel 等宏病毒通过 Word、Excel 调用间接地执行）。因此，病毒传播与文件传输媒体的变化有着直接关系。计算机病毒的传播途径主要有以下几种：

1）软盘、光盘和 USB 盘。它们作为最常用的交换媒介，在计算机应用的早期对病毒的传播发挥了巨大的作用，因为那时计算机应用比较简单，可执行文件和数据文件系统都较小，许多执行文件均通过相互复制安装，这样病毒就能通过这些介质传播文件型病毒；另外，在利用它们列目录或引导机器时，引导区病毒会在软盘与硬盘引导区内互相感染。

2）硬盘。带病毒的硬盘在本地或移到其他地方使用或维修时，将干净的软盘、USB 盘感染并再次扩散。

3）网络。非法者设计的个人网页，容易使浏览网页者感染病毒；用于学术研究的病毒样本，可能成为别有用心的人的使用工具；散见于网站上大批病毒制作工具、向导、程序等，使得无编程经验和基础的人制造新病毒成为可能；聊天工具如 QQ 的使用，导致有专门针对聊天工具的病毒出现；即使用户没有使用前面的工具，只要计算机处于网络中，且系统存在漏洞，针对该漏洞的病毒就有可能感染该台计算机。

6. 反病毒技术

病毒的出现是必然的，病毒也必将长期存在。反病毒技术因病毒的出现而出现，并因病毒技术的发展而发展，也必将长期存在下去。

第一代反病毒手段主要是针对单机 DOS 操作系统下的防毒杀毒。使用的操作系统主要是 DOS 操作系统，计算机用户面临的病毒主要是通过软盘和光盘传播的文件病毒和引导区病毒。用户需要为每一台计算机单独安装防毒产品，并单独进行维护。单机版的防毒软件，个人用户比较多。

第二代反病毒手段是网络防毒，针对的是某个局部网络，主要是 Windows 操作系统下的防毒杀毒。计算机网络迅速发展，人们可以通过网络，在任何时间、任何地点同连接在网络上的任何人进行交流。而网络病毒的发展，促使以防网络病毒为主的网络级反病毒产品大量涌现。这样的反病毒产品通常分为服务器端和客户端，客户端软件相当于一个增强型的单机版反病毒产品。它不但能防、查、杀客户机的病毒，还能执行来自服务器端产品的命令。服务器端产品一般完成对网络服务器上病毒的监测和对客户端产品的管理。它将网络中的计算机全部统一起来，使得网络病毒只要在网络中出现，就能被统一部署的网络级反病毒产品捕获并清除，使得病毒无法再通过一台计算机侵入到另一台计算机，维护了整个网络的安全。目前，网络防毒软件更多地应用于单位的局部网络。

第三代反病毒手段是网关防毒。它是目前乃至以后都非常重要的一种新型反病毒手段。随着计算机网络的空前发展，计算机网络已经从辅助地位进入到了主导地位。与此同时，网络规模的越来越大，网络结构越来越复杂，网络之间传递的信息量也越来越大，因此，网络效率就变得至关重要，由此便产生了网关防毒手段。目前的多数网关防毒产品可以实现以下功能：

1）对邮件及其附件中的各种病毒进行有效的查杀。

2）对 HTTP、FTP 数据中恶意的 Java、ActiveX 的下载可适时中断。

3）支持超深压缩文件检测，并有详尽的病毒检测活动日志，便于系统管理人员追踪病毒来源。

4）支持防杀多种病毒代码，支持全系列的网关平台。

6.6.2　网络安全

为了防止病毒感染计算机，用户需要对计算机进行保护，Windows7 系统可提供自身的保护技术，在该系统中有 Windows 安全中心可以帮助用户进行网络安全的一些保护，如防火墙技术能够有效地防止一些病毒的感染。现在出现的病毒查杀软件也可以有效地查杀一些病毒。

1. 防火墙

防火墙是一种用来加强网络之间访问控制的特殊网络设备，它对两个或多个网络之间传输的数据包和连接方式按照一定的安全策略进行检查，以决定网络之间的通信是否被允许。防火墙能有效地控制内部网络与外部网络之间的访问及数据传输，从而达到保护内部网络的信息不受外部非授权用户的访问和过滤不良信息等目的。

Windows 防火墙又称 ICF（Internet connection firewall），已经具备个人防火墙的基本功能，它是一种能够阻截所有传入的未经请求的流量的状态防火墙。这些流量既不是响应计算机请求而发送的流量（请求流量），也不是事先指定允许传入的未经请求的流量（异常流量）。这有助于使计算机更加安全，使用户可以更好地控制计算机上的数据。并且它和 Windows 良好的兼容性及可靠性是其他防火墙所不能比拟的。Windows 防火墙使用的全状态数据包监测技术会把所有由本机发起的网络连接生成一张表，并用这张表跟所有的入站数据包作对比，如果入站的数据包是为了响应本机的请求，那么就被允许进入。除非有实施专门的过滤器以允许特定的非主动请求数据包，否则所有其他数据包都会被阻挡。

1）打开 Windows 控制面板，单击"Windows 防火墙"按钮即可启动防火墙，界面如图 6-46 所示。左侧单击"打开或关闭 Windows 防火墙"，弹出"自定义设置"对话框，如图 6-47 所示。

2）设置 Windows 防火墙中的几个重要选项。在"防火墙"界面左侧打开"允许程序或功能通过 Windows 防火墙"对话框，如图 6-48 所示。用户可以设置通过防火墙的程序。在设置某一程序通过防火墙之后，该程序将不被防火墙拦截，对于可靠的程序可以开设绿色通道，以便用户快速使用。

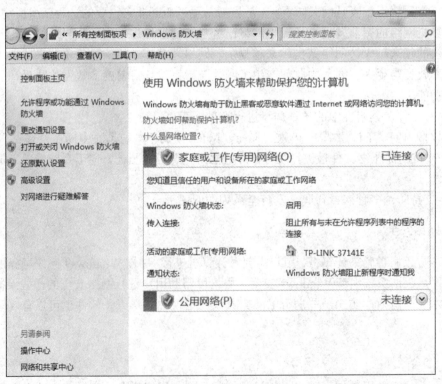

图 6-46　Windows 防火墙

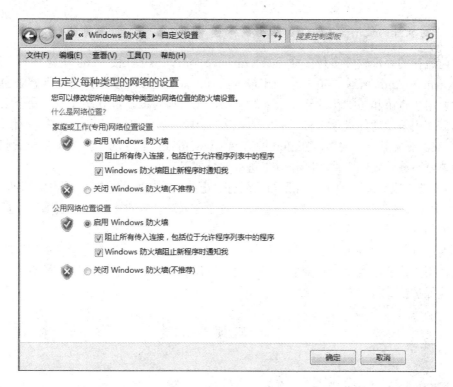

图 6-47 防火墙自定义设置

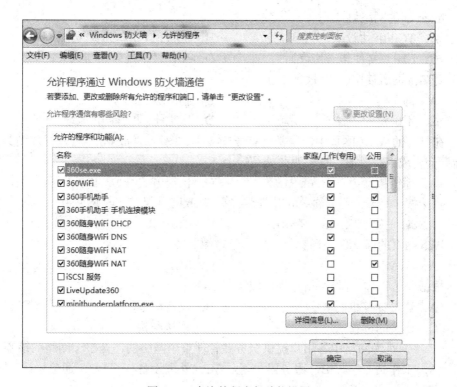

图 6-48 允许的程序与功能设置

2. 杀毒软件的使用

目前流行的杀毒软件多种多样，如 Symantec AntiVirus、江民、360 安全卫士、瑞星等，其中 Symantec AntiVirus、360 安全卫士最为流行，前者主要用于查杀电脑上感染的病毒。后者主要用于查杀和防护移动磁盘带来的病毒，如木马病毒。本节仅以 360 安全卫士为例介绍如何使用杀毒软件查杀病毒。360 安全卫士的操作界面简洁明了，方便用户使用。

1）360 安全卫士的安装。在 360 的官网 www.360.cn 上可以下载 360 安全卫士，下载完成后单击下载的安装文件"inst.exe"进行安装即可。

2）安装完成后即可使用。常见的功能有"电脑体检""木马查杀""电脑清理""系统修复""优化加速"等。其中，"木马查杀修复"可以对计算机中出现的病毒进行查杀，对系统出现的问题可以进行修复。

其他选项，用户都可以进行相应的操作，如需查看软件，单击"软件管家"即可。对于该软件用户需要注意至少每周要升级一次，以保证病毒库和软件程序是最新的，从而能够很好地保护计算机。

习题 6

一、选择题

1. Internet 的网络协议是（　　　）。
　　A. TCP/IP 协议　　　　　　　　　B. SMTP（简单邮件传送协议）
　　C. FTP（文件传送协议）　　　　　D. ARP（地址转换协议）

2. 匿名上网所使用的 IP 地址是（　　　）。
　　A. 固定的　　　　　　　　　　　　B. 临时分配的
　　C. 不确定的　　　　　　　　　　　D. 匿名上网没有 IP 地址

3. 在打开的 Web 网页中，常常会有一些文字、图片、标题等，将鼠标放到其上面，鼠标指针会变成"👆"形，这表明此处是一个（　　　）。
　　A. 超链接　　　　B. URL　　　　C. 快捷方式　　　D. 按钮

4. 直接按（　　）组合键，可快速将当前 Web 网页保存到收藏夹中。
　　A. Alt＋R　　　　B. Shift＋Y　　　C. Ctrl＋R　　　D. Ctrl＋D

5. Web 网页的源文件是通过（　　）语言编写的。
　　A. HTML　　　　B. 汇编　　　　C. SQL　　　　D. FrontPage

6. 根据（　　），可将网络分为广域网和局域网。
　　A. 连接计算机的多少　　　　　　B. 连接范围的大小
　　C. 连接的位置　　　　　　　　　D. 连接结构

7. （　　）是为网络中各用户提供服务并管理整个网络的，是整个网络的核心。
　　A. 工作站　　　B. 服务器　　　　C. 外围设备　　　D. 通信协议

8．在局域网中，常见的网络结构有（　　）网络和工作站|服务器型网络两种。

　　A．总线型　　　　　B．星型　　　　　C．环型　　　　　D．对等型

9．（　　）网络通信协议是为小型非路由局域网而设计的，较为适合由几台至两百台左右的 PC 机所组成的单网段的小型局域网。

　　A．NetBEUI 网络通信协议　　　　B．IPX/SPX 网络通信协议

　　C．TCP/IP 网络通信协议　　　　　D．NetBIOS 网络通信协议

10．（　　）协议是目前网络中最常用的一种网络通信协议，它不仅应用于局域网，同时也是 Internet 的基础协议。

　　A．NetBEUI　　　B．IPX/SPX　　　　C．TCP/IP　　　　D．NetBIOS

二、操作题

1．安装调制解调器的驱动程序是浏览 Web 网页的前提，请叙述安装调制解调器的步骤。

2．Internet 是一个开放的网络，各网页中既有好的、积极向上的内容，也有不好的、消极的内容。这时用户可通过对 Internet 浏览内容进行设置，将一些不好的、消极的内容隔离在浏览范围之外。请叙述限制浏览内容的操作步骤。

3．网络协议规定了网络中各用户之间进行数据传输的方式。配置网络协议是组建网络的一个基础操作，请根据本章所讲，叙述配置网络协议的具体操作。

三、简答题

1．什么是计算机网络？列举计算机网络应用的实际示例。

2．计算机网络的目的是什么？

3．计算机网络如何分类？常见的分类有哪些？

4．解释广域网、城域网及局域网，并说明它们之间的区别。

5．简述局域网常用的拓扑结构。

6．IEEE802 标准是由哪些标准组成？

7．常用的网络传输介质的连接配件有哪些？

8．Internet 网络提供了哪些基本服务？

9．如何通过拨号方式连入 Internet？

10．使用除百度外的其他网络搜索引擎搜索"计算机网络"，并查看搜索到的信息。

11．使用迅雷下载"360 安全卫士"，并简述该软件的安装操作。

第 7 章　多媒体信息处理技术及应用

多媒体技术使计算机具有综合处理文字、声音、图像和视频信息的能力，是当代信息技术的重要发展方向之一。多媒体技术更新了人们对事物认识的方式和速度，使计算机能够更深入人们的学习和生活。通过多种媒体获取、传递和交换信息是信息处理的重要内容。本章介绍多媒体技术的概念及各种多媒体素材的获取方式，主要包括多媒体技术概述、图形图像素材处理、音频素材处理、视频素材处理、动画制作等内容。

7.1　多媒体技术概述

7.1.1　多媒体的概念

媒体（medium）是信息的载体，是用于展现信息的手段、方法、工具、设备或装置。媒体在计算机领域有两种含义，即媒质和媒介。媒质是存储信息的物理实体，如磁盘、光盘、磁带、半导体存储器等。媒介是信息的存在和表现形式，如数字、文字、声音、图形和图像等。

通常人们沿用 CCITT（国际电报电话咨询委员会）对媒体的分类标准，将媒体分为以下五种类型。

（1）感觉媒体（perception medium）

感觉媒体是能直接作用于人们的感觉器官，从而使人产生直接感觉的媒体，如语音、音乐、各种图像、动画和文本等。

（2）表示媒体（representation medium）

表示媒体是为了传送感觉媒体而人为研究出来的媒体。借助此种媒体，人们能更有效地存储或传送感觉媒体，如语音编码、电报码等。

（3）显示媒体（presentation medium）

显示媒体用于在通信中，可使电信号和感觉媒体之间产生转换，如输入/输出设备，包括键盘、鼠标、显示器和打印机等。

（4）传输媒体（transmission medium）

传输媒体用于传输某些媒体，如电话线、电缆、光纤等。

（5）存储媒体（storage medium）

存储媒体用于存放某种媒体，如纸张、磁带、磁盘和光盘等。

多媒体（multimedia）一词由 multiple 和 media 复合而成，是指两个或两个以上媒体的有机组合，其核心词是媒体。而多媒体技术是指将文字、声音、图形、图像及视频等多种媒体利用计算机进行数字化采集、获取、加工、存储和传播而综合为一体的技术，使信息表现声、图、文并茂。多媒体技术包括信息数字化处理技术、数据压缩和编码技术、高性能大容量存储技术、多媒体网络通信技术、多媒体系统软硬件核心技术、多媒体同步技术、超媒体技术、超文本技术等。其中，信息数字化处理技术是基本技术，数据压缩和编码技术是核心技术。在多数情况下，认为多媒体和多媒体技术是同义词。

除了多媒体之外，还存在着超媒体（hyper media）的说法。超媒体是超级媒体的简称，即以多媒体的方式呈现相互链接的文件信息，是超文本利用超级链接引用其他不同类型的多媒体文件，是具有声音、图像、动画等超文本和多媒体在信息浏览环境下的结合。

7.1.2　多媒体技术的特点

多媒体技术的主要特点可概括为以下四个方面。

（1）数字化

数字化是指文字、数字、图形、图像、动画、音频和视频等多种媒体，都是以数字的形式表示，依赖于计算机进行存储和传播，而且便于修改和保存。

（2）交互性

交互性是指用户可以与计算机的多媒体信息进行交互操作，并能有效地控制和使用信息。与传统信息处理手段相比，它允许用户主动地获取和控制各种信息。

（3）多样化

多样化是指计算机所能处理的信息媒体的多样化，包括图形、图像、动画、声音和视频信号等多种媒体信息。

（4）集成性

集成性是指以计算机为中心综合处理多种信息媒体，包括信息媒体的集成和处理这些媒体的硬件、软件的集成。

7.1.3　多媒体数据的类型

多媒体技术处理的信息包括以下几种类型。

（1）文本信息

文本信息是由文字编辑软件处理的文本文件，由汉字、英文或其他文字符号构成。文本是人类表达信息的最基本的方式，具有字体、字号、样式、颜色等属性。在计算机中，表示文本信息主要有点阵文本和矢量文本两种方式。目前，计算机中主要使用的是矢量文本。

（2）图形图像

在计算机中，图片信息分为两类，一类是由点阵构成的位图图像，另一类是用数学方法描述形成的矢量图形。由于对图片信息的表示存在两种不同的方式，对它们的处理手段也是截然不同的。

（3）音频信息

音频信息即声音信息。声音是人们用于传递信息较简便的方式，主要包括人的语音、音乐、自然界的各种声音、人工合成声音等。

（4）视频信息

连续的随时间变化的图像称为视频图像，也叫运动图像。人们依靠视觉获取的信息占依靠感觉器官所获得信息总量的 80%，视频信息具有直观和生动的特点。

（5）动画

动画是通过一系列连续画面来显示运动的技术，通过一定的播放速度，来达到运动的效果。利用各种各样的方法制作或产生动画，是依靠人的"视觉暂留"功能来实现的，将一系列变化微小的画面，按照一定的时间间隔显示在屏幕上，就可以得到物体运动的效果。

7.1.4　多媒体技术的应用和发展

1．多媒体技术的应用

就目前而言，多媒体技术已在教育与培训、电子出版、商业服务、多媒体通信和声像演示等方面得到了充分应用。

（1）教育与培训

多媒体计算机的文本、图形、视频、音频及其交互式的特点，适合学习者通过多种感官来接受信息，加速了理解和接受知识信息的学习过程。学习者可以根据自己的实际情况，主动地进行创造性地学习，使学习者在学习中占据主导地位，这种方式成为当前国内外教育技术发展的新趋势。

多媒体技术使编写包括文字、图像、视频和语音等信息的立体化教材成为可能，不仅促进了教育表现形式的多样化，也促进了交互式远程教学的发展。

（2）电子出版

多媒体技术使数字媒体进入人们的学习和生活。E-book（电子图书）、E-newspaper（电子报纸）、E-magazine（电子杂志）等电子出版物大量涌现，传统的出版业由单一的纸介质媒体向多媒体电子出版转化。电子出版物具有容量大、体积小、成本低、检索快、易于保存和复制、能存储图文声像等特点，是影响社会发展的新一代核心信息技术之一。

（3）多媒体通信

多媒体技术在通信方面的应用主要有可视电话、视频会议、视频点播等。计算机的交互性、信息的分布性和多媒体的现实性相结合，将构成继电报、电话和传真之后的新的通信手段。

（4）商业服务

利用多媒体技术可为各类咨询提供服务，如旅游、邮电、交通、商业、气象等公共信息服务。基于多媒体技术的电子商务在商业领域的作用越来越突出。

除此之外，多媒体技术还可广泛应用于办公自动化、多媒体视频会议、多媒体远程医疗、娱乐等领域，该技术将越来越多地影响人们的学习和生活。

2．多媒体技术的发展方向

未来多媒体技术的发展主要体现在以下几方面。

（1）多媒体通信网络环境的研究和建立

多媒体技术和网络技术结合，使多媒体技术从单机单点向分布式、网络、协同多媒体环境发展，将在世界范围内建立一个可全球自由交互的多媒体通信网。对网络及其设备的研究、网上分布应用、信息服务研究与多媒体技术结合将成为热点。

（2）促进计算机的智能化

多媒体技术与人工智能（artificial intelligence，AI）技术的结合，促进了计算机智能化的发展。多媒体技术将增加计算机的智能，利用图像理解、语音识别、全文检索等技术，研究多媒体基于内容的处理，从而开发出能进行基于内容的处理系统是多媒体信息管理的重要方向。

（3）把多媒体技术和计算机系统结构融合

计算机产业的发展趋势是把多媒体和通信技术融合到 CPU 芯片中。传统计算机结构设计考虑较多的是计算功能，现在随着多媒体技术、网络计算机、计算机网络技术的发展，计算机系统结构设计中增加多媒体和通信功能是计算机体系结构的发展方向之一。

（4）多媒体虚拟现实技术的发展

虚拟现实是一种计算机的应用系统，它是基于计算机及其外围设备，创造一种可由用户进行动态控制的可感知环境，用户感觉这种环境似乎是真实的，其实质是一种虚拟环境。基于多媒体的虚拟现实技术和可视化技术相互补充，并与语音、图像识别、智能接口等技术相结合，建立高层次的虚拟现实环境。

7.2　图形图像处理技术

计算机中的图片有两种格式，即图形和图像。除了用于静态信息表现外，它们也是构成动画或视频的基础。

7.2.1　图形图像基础知识

1. 图像

图像即位图图像，简称位图，它是指在空间和亮度上已经离散化的图像。可以把一幅位图图像理解为一个矩形，矩形中的任一元素都对应图像上的一个点，在计算机中对应于该点的值是它的灰度或颜色等级。这种矩形的每一元素就称为像素，像素的颜色等级越多则图像越逼真。因此，图像是由许许多多像素组合而成的。

位图图像适合表现细致、层次和色彩丰富，包含大量细节的图像。位图图像占用存储空间较大，一般需要进行数据压缩，但是在缩放时图像的清晰度降低并且会出现锯齿。

影响位图显示质量的因素主要有分辨率和颜色深度。

（1）分辨率

分辨率包括屏幕分辨率、图像分辨率和像素分辨率三个不同概念，在处理位图图像时要理解这三者之间的区别。

1）屏幕分辨率。指某一特定显示方式下，计算机屏幕上最大的显示区域，以水平方向和垂直方向的像素数表示。确定扫描图片的目标图像大小时，要考虑屏幕分辨率。

2）图像分辨率。指数字化图像的大小，以水平方向和垂直方向的像素数表示。图像分辨率与屏幕分辨率可能不同，例如，图像分辨率为 400×320 像素，屏幕分辨率为 800×640 像素，则该图像在屏幕上显示时只占据屏幕的 1/4 大小。当图像大小与屏幕分辨率相同时，图像刚好充满整个屏幕。如果图像的分辨率大于屏幕分辨率，屏幕上只能显示该图像的一部分。

3）像素分辨率。指一个像素的长和宽的比例，也称为像素的长宽比。在像素分辨率不同的机器间传输图像时，图像会产生畸变，所以在不同的图形显示方式或计算机系统间转移图像时，要考虑像素分辨率。例如，捕捉图像的设备使用长宽比为 2:1 的长方形像素，而捕捉到的图像在使用长宽比为 1:1 的正方形像素的设备上显示时，这幅图像就会发生变形。这种像素分辨率不一致的情况一般不会经常发生，因为多数图像显示设备都使用长宽比为 1∶1 的正方形像素。

（2）颜色深度

颜色深度是指位图中每个像素所占的二进制位（bit）数。屏幕上的每一个像素都占有一个或多个位，用来存放与它相关的颜色信息。颜色深度决定了位图中出现的最大颜色数。目前，颜色深度分别为 1、4、8、24 和 32。若颜色深度为 1，表明位图中每个像素只有一个颜色位，也就是只能表示两种颜色，即黑与白，或亮与暗，或其他两种色调（或颜色），这通常称为单色图像或二值图像。若颜色深度为 8，则每个像素有 8 个颜色位，位图可支持 256 种不同的颜色。自然界中的图像通常至少要 256 种颜色。如果颜色深度为 24，位图中每个像素有 24 个颜色位，可包含 16 777 216 种不同的颜色，称为真彩色图像。

颜色深度值越大，显示的图像色彩越丰富，画面越自然、逼真，但数据量也随之增大。

（3）图像文件的大小

图像文件的大小是指在外部存储器上存储整幅图像所占用的空间，单位是字节（B），它的计算公式为

$$图像文件的存储空间=图像分辨率×图像深度/8$$

其中，图像分辨率=高×宽。高是指垂直方向上的像素个数，宽是指水平方向上的像素个数。例如，一幅 640×480 像素的真彩色图像（24 位）的数据量为

$$640×480×24/8=921\ 600（B）=900（KB）$$

显然，图像文件所需要的存储空间较大，在多媒体应用软件的制作中，一定要考虑图像的大小，适当地调整图像的宽、高和图像的深度。必要时可对文件进行数据压缩处理。

常用的位图图像编辑软件有 Adobe Photoshop、画图等，常用的位图图像文件扩展名有 bmp、pcx、tif、gif 和 jpg 等。

2. 图形

图形又称矢量图形或几何图形，它是用一组指令来描述的，这些指令给出构成该画面的所有直线、曲线、矩形、椭圆等的形状、位置、颜色等各种属性和参数。这种方法实际上是用数学方法来表示图形，然后变成许许多多的数学表达式，再编制程序，用计算机语言来表达。计算机在显示图形时从文件中读取指令并转化为屏幕上显示的图形效果。

由于矢量图像是由点和线组成的，图像文件记录的是图形中每个点的坐标及相互关系。当放大或缩小矢量图像时，图像的质量不受损失。矢量图像占用空间小，基于矢量的图像清晰度与分辨率无关。

例如，同样是在屏幕上画一个圆，位图必须要描述和存储组成图像的每一个点的位置和颜色信息，矢量图的描述则非常简单，如圆心坐标（180，180），半径 80。矢量图形的优点在于不需要对图上每一点进行量化保存，只需要让计算机知道所描绘对象的几何特征即可。

通常图形绘制和显示的软件称为绘图软件，如 CorelDraw、Freehand 和 Flash 等。它们可以由人工操作交互式绘图，或是根据一组或几组数据画出各种几何图形，并可以对图形的各个组成部分进行缩放、旋转、扭曲和上色等编辑和处理工作。

3. 图像的数字化

人眼看到的各种图像，如风景、人物、存在于纸介质上的图片、光学图像等，它们有

一个共同的特点，即图像的亮度变化是连续的，这是传统的模拟图像。而计算机只能处理数字信息，要使计算机能处理图像信息，需要将模拟图像转化为数字图像，这一过程称为模拟图像的数字化。

图像数字化过程包括下面两个步骤。

（1）采样

采样就是将二维空间上模拟图像的连续亮度信息转化为用一系列有限的离散数值来表示。具体做法就是设置一定的宽度（通常称为抽样间隔），在水平和垂直方向上将图像分割成矩形点阵的网状结构。采样结果是整幅图像画面被划分为由 m×n 个像素点构成的离散像素点集合。正确选择 m、n 的值，可以减少图像数字化的质量损失，显示时才能得到较好的显示效果。

（2）量化

量化就是将亮度取值空间划分成若干个子区间，在同一子区间内的不同亮度值都用这个子区间内的某一确定值代替，这就使得取值空间离散化为有限个数值。这个实现量化的过程就是模/数转换过程，相反，把数字数据恢复到模拟数据的过程称为数/模转换。

图像的数字化过程使连续的模拟量变成离散的数字量，相对原来的模拟图像，数字化过程带来了一定的误差，会使图像重现时有一定程度的失真。影响图像数字化质量的主要参数就是前面提到的分辨率和颜色深度。

7.2.2　常见的图形图像格式

数字图像的格式有很多种，常见文件格式包括 BMP 格式、JPEG 格式、GIF 格式、PSD格式等。

1．BMP 格式

BMP（bitmap）格式是 Windows 环境中交换与图有关的数据的一种标准，因此在Windows 环境中运行的图形图像软件都支持 BMP 图像格式，扩展名为.bmp。

BMP 格式的每个文件存放一幅图像，可以用多种颜色深度保存图像，根据用户需要可以选择图像数据是否采用压缩形式存放，通常 BMP 格式的图像是非压缩格式。

2．JPEG 格式

JPEG（joint photographic experts group）是联合图像专家组的缩写，是常用的图像文件格式，是一种有损压缩格式，文件扩展名为.jpg 或 .jpeg。JPEG 格式文件能够将图像压缩在很小的存储空间，图像中重复或不重要的数据会丢失，因此容易造成图像数据的损伤。

JPEG 格式是目前较流行的图像格式，广泛应用于网络图像传输和光盘读物上。鉴于JPEG 格式的文件尺寸较小、下载速度快，目前各类浏览器均支持 JPEG 图像格式。

3．GIF 格式

GIF（graphics interchange format）即图形交换格式，是由 CompuServe 公司于 1987 年开发的图像文件格式，扩展名为.gif。目前，大多数图像软件支持 GIF 文件格式，它特别适合用于动画制作、网页制作，以及演示文稿制作等领域。GIF 格式的文件对灰度图像表现最佳，图像文件短小，下载速度快。

4. PSD 格式

PSD（photoshop document）是 Adobe 公司的图像处理软件 Photoshop 中建立的标准文件格式，扩展名为.psd。这种格式可以存储 Photoshop 中所有的图层、通道、颜色模式等信息。在保存图像时，若图像中包含有层，则一般都用该格式保存。PSD 格式所包含图像数据信息较多，因此比其他格式的图像文件要大得多。由于 PSD 文件保留所有原图像数据信息，因而修改起来较为方便，大多数排版软件不支持 PSD 格式的文件。

5. TIFF 格式

TIFF（tagged image file format），文件扩展名为.tif 或.tiff，是一种通用的位图文件格式，具有图形格式复杂、存储信息多的特点。多用于高清晰数码照片的存储，所占空间较大。动画制作软件 3DS Max 中的大量贴图就是 TIFF 格式的。

6. PNG 格式

PNG 是一种新兴的网络图形格式，具有存储形式丰富的特点。Macromedia 公司的 Fireworks 的默认格式就是 PNG。

7.2.3　图形图像素材处理

1. 图形图像素材获取

图形图像素材可以通过以下几种途径获取。

（1）使用工具绘制图像

利用画图、Photoshop、CorelDraw 等图形软件去创作所需要的图形，是常用的图像获取方法。这些软件具有大致相同的功能，可以用鼠标（或数字化仪）描绘各种形状的图形，并可填色、填图案、变形、剪切及粘贴，也可标注各种文字符号。用这种方法可以很方便地生成一些简单的画面，如图案、标志等。

（2）用数字化设备获取数字图像

数字化设备指数码相机和数字摄像机。用这些数字化设备可以直接拍摄图像，按数字格式存储。数码相机和数字摄像机都带有标准接口与计算机相连，可以将拍摄的数字图像和影像数据转换成计算机中的图像文件和影像文件。

（3）用数字转换设备或软件获取数字图像

这种方式可以将模拟图像转换成数字图像。使用截图软件或视频采集卡截取动态视频，得到的一帧就是一幅画面。而对于平面图像，最常用的设备是扫描仪，它可以将各种照片、平面图画、幻灯片、艺术作品等变换成不同质量的图像。

（4）从数字图像库中获取图像

目前数字图像库越来越多，它们存储在 CD-ROM 光盘、磁盘或 Internet 网络上。图像的内容、质量和分辨率等都可以选择，然后对已有的数字图像再作进一步的编辑和处理。

2. 使用 Photoshop 绘制图像示例

（1）Photoshop 简介

Adobe 公司开发的 Photoshop 是一款使用方便的图像制作和处理工具。它可处理来自扫描仪、幻灯片、数字照相机或摄像机的图像。从功能上看，Photoshop 对图像的处理可分为图像编辑、图像合成、图像色彩修正和特效制作。

图像编辑是图像处理的基础，包括对图像进行各种变换，如放大、缩小、旋转、倾斜、镜像、透视等，也可进行复制、去除斑点、修补、修饰图像的残损等。

图像合成则是将几幅图像通过图层操作合成完整的具有明确意义的图像，这是平面设计中经常使用的方法。

颜色修正是 Photoshop 中常用的功能之一，可方便快捷地对图像进行亮度、对比度、色相、色阶和饱和度等的调整和校正，可以对不同的颜色模式进行转换，以满足图像在网页设计、印刷、多媒体应用系统等不同领域的应用。

特效制作在 Photoshop 中主要由滤镜、通道及工具综合应用完成，包括图像的特效创意和特效字的制作，如油画、浮雕、石膏画、素描等常用的传统美术技巧都可使用 Photoshop 特效制作完成。

（2）Photoshop CS 的工作窗口

目前，常用的 Photoshop 软件是 CS 版本，CS 是 creative suite 的意思， creative suite 是 Adobe 公司正式发布的系列套装软件，Photoshop CS2 也可称为 Photoshop 9。

Photoshop CS 中文版的工作窗口如图 7-1 所示。

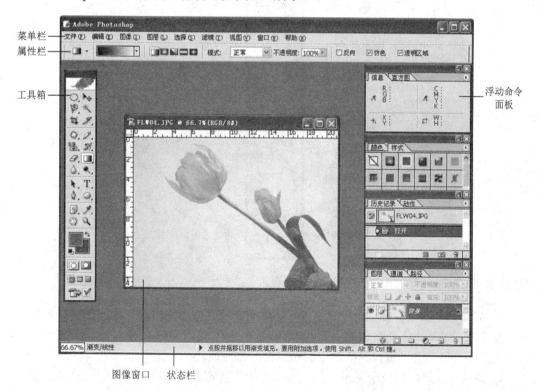

图 7-1　Photoshop CS 窗口

Photoshop 窗口主要由以下各部分组成。

1）菜单栏。菜单栏包含了 Photoshop 的所有编辑制作命令，包括"文件""编辑""图像""图层""选择""滤镜""视图""窗口""帮助"九个菜单。

2）工具箱。工具箱是用户最常使用的部分，Photoshop 提供了一套用于编辑处理图形图像的工具，图 7-1 的左侧为工具箱，其中的大多数工具已经成为平面设计类软件的标准工具。

工具箱中的工具可以用来选择、绘制、编辑，以及查看图像，还可以选择前景色和背景色、创建快速蒙版、跳转到 Image Ready，以及更改屏幕显示模式等操作。如果要选择工具箱中的工具，只要用鼠标单击该工具即可。有些工具按钮的右下角带有黑色的箭头，表示其中包含一组工具。可以单击其右下角按钮显示子工具箱。

工具箱中各类工具的功能如图 7-2 所示。

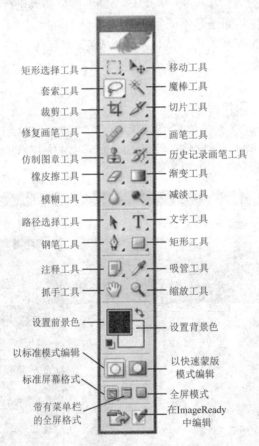

图 7-2　Photoshop 的工具箱

3）浮动命令面板。浮动命令面板是 Photoshop 特有的图像用户界面的控件，它们以浮动面板的形式浮动在工作界面的上方。Photoshop 共有 12 个面板，要打开某个面板，可以通过选择菜单栏中的"窗口"菜单中的相应命令来完成。

4）属性栏。属性栏位于菜单栏的下方，当用户选定某个工具后，属性栏就会改变成相应工具的属性设置选项，用户可以很方便地更改工具或对象的属性。

5）图像窗口。图 7-1 中间的窗口是图像窗口，它是 Photoshop 的主要工作区，用来显示图像文件，供用户浏览、编辑。图像窗口带有自己的标题栏，提供了打开的图像文件的基本信息，包括文件名、缩放比例、颜色模式等。Photoshop 可以同时打开多个图像窗口，每个图像窗口可以任意移动，可以通过单击图像窗口进行切换。

（3）Photoshop 的常用术语

1）选区。如果需要处理图像的某一部分，就要先选定这个处理的区域，这个像素区域称为选区。利用选区可以对图像的局部进行移动、复制、填充颜色，或者设置一些特殊效果等操作。Photoshop 的大多数操作与选区密切相关。

2）图层。图层是一组可以用于绘制图像和存放图像的透明层。可以将图层想象为透明的幻灯片，在每层上都可以绘图，将它们叠加到一起后，可以形成合成的图像效果。在 Photoshop 中，一幅图像可以由很多个图层构成，最下面的图层是背景图层，默认时背景图层是不透明的，而其他图层是透明的。图层上有信息的部分会遮挡下面图层的内容，叠在一起的图层是有顺序的，修改顺序可以形成不同的叠加合成图像。

3）路径。在 Photoshop 中，路径是由贝塞尔（Bezier）曲线组成的，上面有 Bezier 曲线、锚点等元素，通过锚点延伸出来的控制线和控制点可以控制路径外观。路径不同于用选框工具建立的选区，它不会固定在屏幕的背景像素上，因此可以容易地改变位置和形状，路径可以是封闭的，也可以是不封闭的。路径的主要功能有两点：一是路径可以绘制精确的选取框线，通过使用钢笔工具、自由钢笔工具、增加锚点和删除锚点工具绘制建立路径；二是可以通过路径存储选区并相互转换。

4）通道。在 Photoshop 环境下，将图像的颜色分离成摹本的颜色，每一个基本的颜色就是一条基本的通道。当打开一幅以颜色模式建立的图像时，"通道"面板将为其色彩模式和组成它的原色分别建立通道。通道用于表示选区时，可以利用分离通道比较精确地选择选区；还可以代表颜色强度，可以在分离的通道中观察颜色的亮度，不同通道的亮度通常是不同的；通道的设置可以改变颜色的深浅，从而达到改变透明度的效果。

（4）Photoshop 的基本操作

1）文件操作。Photoshop 的文件操作主要包括新建、打开、关闭、存储、存储为等，在"文件"菜单中选择相应的命令即可。可以通过选择缩放工具改变图像窗口中图像的缩放比例，如果要更改图像文件中图像的实际大小，可以选择"图像"|"图像大小"命令，在显示的对话框中修改图像的实际大小和分辨率。如果要在 Photoshop 中更改图像文件格式，可以选择"文件"|"存储为"命令，在显示的对话框中，选择要转换的文件格式完成操作。

2）选区操作。在 Photoshop 中，创建选区的工具很多，包括四种选框工具、三种套索工具和魔棒工具，这些工具都在工具箱内。创建选区后，可以对选区中的内容进行移动、复制（包括复制选区）；通过自由变换，可以对选区进行各种变换，如压缩、拉伸、旋转、扭曲和透视等。

创建规则选区可使用工具箱中的矩形选框工具、椭圆选框工具、单行选框工具和单列选框工具。选区操作时，可以使用 Alt 键或 Shift 键同时选定多个选区，按住 Shift 键可以画正方形或圆。创建不规则选区时，可使用工具箱中的套索工具、多边形套索工具或磁性套索工具。创建特殊选区可使用魔棒工具，根据图像中像素颜色的差异程度确定将哪些像素包含在选区内。

　　用鼠标拖曳或使用方向键可以移动选区,如果连内容一起移动,可以使用工具箱中的移动工具。使用移动工具的同时,按住 Alt 键,则将完成复制操作。完成选区的移动和复制操作也可以利用剪贴板来完成。

　　3) 图像色彩调整。选择"图像"菜单中的"调整"子菜单中的命令,可以调整图像的整体色阶、调整亮度和对比度、调整色彩平衡、调整色相/饱和度等。

　　设置背景色和前景色是常用的操作,单击工具箱下端的设置背景色和前景色工具,打开"拾色器"对话框,在对话框中单击需要的颜色或输入精确的颜色分量值,再单击"好"完成背景色或前景色的设置。

　　4) 图形绘制操作。Photoshop 提供了基本的图形绘制能力,在工具箱中有六种基本图形绘制工具,即矩形工具、圆角矩形工具、椭圆工具、多边形工具、直线工具、自定形状工具,基本操作方法和 Word、CorelDraw 等软件的绘制工具的操作方法类似。

　　5) 文本编辑处理。在 Photoshop 中可以方便地添加文本并设置格式。选择文字工具,单击欲添加文本的位置,在插入点处输入文字内容。这时属性栏的内容已经变成文字工具的属性栏,利用文字工具属性栏可以对所选择文字的字体、大小、颜色等属性进行设置。

　　6) 滤镜效果。滤镜是 Photoshop 中最有特色的工具。Photoshop 提供数十种滤镜,可以制作出各种特殊的图像效果。Photoshop 允许使用其他软件开发商生产的第三方滤镜,如 EyeCandy、KPT 等。滤镜都包含在"滤镜"菜单中,选定图像的某个图层后,选择"滤镜"菜单中的命令,就可以直接添加相应的滤镜效果。

　　(5) Photoshop 操作实例

　　用图 7-3 中的人物图片和图 7-4 中的树、鸟图片,合并成如图 7-5 所示的图片。基本处理过程如下。

图 7-3　人物图片　　　　　　　　　　　　　图 7-4　树鸟图片

图 7-5　合并后的图片

① 首先，新建一张空白图片。

② 把图 7-3 中的人物复制下来，粘贴到空白图片的左下角。

③ 把图 7-4 中的树、鸟复制下来，粘贴到空白图片的右上角。

④ 在空白处输入相应的文字，并设置文字格式。

具体操作步骤如下。

第 1 步，将图 7-3 中的人物图片复制到空白图片中。

① 打开 Photoshop 窗口后，执行"文件"|"新建"命令，文件名称为"合成图片"，文件参数为 640×480 像素、分辨率为 72 dpi、RGB 色彩模式、背景为白色。

② 执行"文件"|"打开"命令，打开如图 7-3 和图 7-4 所示的图片。

③ 选择工具栏中的矩形选框工具，在选项栏中设置羽化值为 0，选中如图 7-3 所示的人物图片，执行"编辑"|"拷贝"命令。

矩形选框工具可以在图像或图层中选取矩形选区，属性栏如图 7-6 所示。其中的"新选区"可以删除旧选区，建立新选区；"增加到选区"可以在原有的选区上再增加新的选区；"从选区减去"可以在原有的选区上减去新选区的部分；"与选区交叉"可以选择新旧选区重叠的部分。羽化文本框用于设定选区边框的羽化程度。

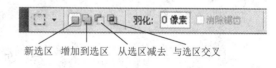

新选区　增加到选区　从选区减去　与选区交叉

图 7-6　"矩形选框工具"属性栏

选择矩形选框后，按 Shift 键可以选择正方形选区，双击可以取消选区。

④ 单击"合成图片"的窗口，执行"编辑"|"粘贴"命令，把人物粘贴到新画面中。另外，也可以利用移动工具，按住鼠标左键不放，将选中的人物图片直接拖动到文件"合成图片"中来。

⑤ 选择工具栏中的移动工具，拖动人物到适当的位置。

第 2 步，将图 7-4 中的树、鸟图片复制到空白图片中。

① 将图 7-4 树、鸟图片置为当前窗口，选择工具栏中的多边形套索工具，拖动鼠标选择图 7-4 中树鸟的图片，执行"编辑"|"拷贝"命令。再重复第 1 步中的④⑤操作，将树、鸟粘贴到"合成图片"文件中，并将图片移动到合适的位置，如图 7-5 所示。

　　套索工具的属性栏和矩形选框工具的属性栏类似，套索工具包括普通套索、多边形套索和磁性套索三种。

　　· 普通套索。使用普通套索工具时，按住鼠标左键在图像上拖动，移动的轨迹为选区，一般用于精度要求不高的选择。

　　· 多边形套索。使用多边形套索工具时，只要沿着选择的图像边界多次单击鼠标，新的鼠标落点与前一个落点间出现一条连线。最后鼠标移回起点，当鼠标图标右下角出现一个小圆圈时，单击鼠标，闭合曲线，构成选择区。

　　· 磁性套索。使用磁性套索工具时，在图像边界与背景颜色差别大的部分，可沿边界拖动鼠标，套索工具会根据颜色的差别自动勾画选区；在图像边界与背景颜色差别不大的部分，用单击的方法勾选边界。磁性套索工具主要根据图像边界像素点的颜色来决定选择。

　　② 选中"树、鸟"图片后，执行"图像"|"调整"|"亮度/对比度"命令，在出现的"亮度/对比度"对话框中，单击对图片的"亮度""对比度"进行调整，直到满意为止。

　　③ 执行"图层"|"拼合图层"命令，将人物图层和树、鸟图层合并。

　　第3步，给"合成图片"添加文字。

　　① 选择工具栏中的文字工具**T**，在画面中单击，输入如图7-5所示的文字。

　　文本工具属性栏如图7-7所示。可以在该属性栏中设置文本的基本属性，如字体、字号、对齐方式等。也可以在"字符"调板或"段落"调板中进行设置，单击按钮可以切换"字符和段落"调板。

图7-7　"文本工具"属性栏

　　② 选择工具栏中的移动工具，将文字移动到合适的位置。

　　③ 执行"文件"|"存储为"命令，保存图片，完成操作。

7.3　音频处理技术

　　音频即声音，是携带信息的媒体，是多媒体的重要内容之一。音频素材处理包括音频信息采集、音频数字化、音频传输等技术。

7.3.1　声音数字化

　　声音是一种具有一定的振幅和频率、随时间变化的声波，麦克风可以将声音转换成电信号，但这种电信号是一种模拟信号，不能由计算机直接处理，需要先进行数字化，即将模拟的声音信号经过模/数转换变换成计算机所能处理的数字声音信号，然后利用计算机进行存储、编辑或处理。现在几乎所有的专业化声音录制、编辑都是数字的。在数字声音回放时，进行数/模转换，将数字声音信号变换为实际的声波信号，经放大由扬声器播出。

　　把模拟声音信号转变为数字声音信号的过程称为声音的数字化，它是通过对声音信号进行采样、量化和编码来实现的，声音数字化的过程如图 7-8 所示。

图 7-8　声音的数字化过程

从声音数字化的角度考虑，影响声音质量主要有三个因素。

1. 采样频率

采样频率就是一秒钟内采样的次数。采样频率越高，时间间隔划分越小，单位时间内获取的声音样本数就越多，数字化后的音频信号就越好，当然所需要的存储量也越大。目前，对声音进行采样的三个标准采样频率分别为 44.1kHz、22.05kHz 和 11.025kHz。根据抽样理论，数字音响系统可恢复的音响频率只能达到采样频率的一半，所以用 44kHz 的采样频率对声音进行采样时，所录制的声音的最高频率只有 22kHz。

2. 采样精度

采样过程每取得一个声波样本，就表示一个声音幅度的值，表示采样值的二进制位数称为采样精度，也叫量化位数，即每个采样点能够表示的数据范围和精度。量化位数的多少决定了采样值的精度。目前一般使用 8 位和 16 位两种量化位数。例如，8 位量化位数可表示 256 个等级不同的量化值；16 位量化位数可表示 65536 个不同的量化值。

由此可见，对同一个采样而言，使用的位数越多，得到的数字波形与原来的模拟波形越接近，同时需存储的信息量也越多，数字音频的音质也就越好。

3. 声道数

声道数是指一次采样所记录产生的声音波形个数，分为单声道和双声道。如果是单声道，则只产生一个声音波形。而双声道（双声道立体声）产生两个声音波形，立体声音色、音质好，但所占用的存储容量成倍增长。

通过对上述三个影响声音数字化因素的分析，可以得出音频数据量的计算公式为

音频数据量=采样频率×采样精度×声道数/8×时间

其中，音频数据量的单位是字节（B）；采样频率的单位是赫兹（Hz）；采样精度的单位是位（bit）。

根据上述公式，用 44.1kHz 的采样频率进行采样，采样精度选择 16 位，录制 1s 的立体声节目，其波形文件所需的音频数据量为

$$44\ 100\times16\times2/8\times1=176\ 400（B）$$

7.3.2　音频的文件格式

音频数据是以文件的形式保存在计算机中。音频文件主要有 WAVE、MP3、RA 和 WMA 等格式。

1. WAVE 格式

WAVE 格式是一种通用的音频数据文件格式，是 Windows 操作系统专用的数字音频文件格式，扩展名为.wav，即波形文件。WAVE 文件没有采用压缩算法，因此多次修改和剪辑也不会失真，而且处理速度也相对较快，大多数播放器能播放 WAVE 格式的音频文件。但其波形文件的数据量比较大，数据量的大小直接与采样频率、量化位数和声道数成正比。

Windows 本身所带的应用程序"录音机"是录制、播放和简单处理 WAVE 音频文件的基本工具。

2. MP3 格式

MP3（MPEG audio layer 3）是按 MPEG 标准的音频压缩技术制作的数字音频文件格式，MP3 是一种有损压缩，它的压缩比可达到 10：1 甚至 12：1，因其压缩率大，是目前最流行的网络声音文件格式。一般说来，1 分钟 CD 音质的 WAVE 文件约需 10MB，而经过 MPEG audio layer 3 标准压缩可以压缩为 1MB 左右且基本保持不失真。

目前，大多数媒体播放工具支持 MP3 格式。

3. RA 格式

RA（realaudio）是由 RealNetworks 公司开发的一种具有较高压缩比的音频文件格式，扩展名为.ra。RA 文件的压缩比可达到 96：1，由于其压缩比高，因此文件小，适合于采用流媒体的方式实现网上实时播放，即边下载边播放。同样也由于其压缩比高，声音失真也比较严重。

4. WMA 格式

WMA（windows media audio），是微软公司推出的与 MP3 格式齐名的一种新的音频格式，扩展名.wma。

WMA 文件可以保证在只有 MP3 文件一半大小的前提下，保持相同的音质。同时，现存的大多数 MP3 播放器支持 WMA 文件的播放。

5. MIDI 文件

MIDI（musical instrument digital interface）即音乐乐器数字接口。MIDI 实际上是一种技术规范，是把电子音乐设备与计算机相连的一种标准，以及控制计算机与具有 MIDI 接口的设备之间进行信息交换的一整套规则。

把一个带有 MIDI 接口的设备连到计算机上，就可记录该设备产生的声音，这些声音实际上是一系列的弹奏指令。将电子乐器的弹奏过程以命令符号的形式记录下来，形成的文件就是 MIDI 文件，扩展名是.mid。MIDI 文件中存储的不是声音的波形数据，因此文件紧凑，要求的存储空间较小。

7.3.3　音频素材采集处理

音频素材的获取可以利用现有的音频数据库，也可以从网上下载。获取音频素材的另一种方法是自己录制音频数据。

1．使用现有的音频数据

可以从录音带、CD 唱盘上直接得到音频信息，或使用存储在光盘上的音频素材库，然后再利用音频编辑软件进行处理。

通常，随声卡携带的音频软件可以对波形音频数据编辑处理。一些功能强大的音频处理软件，如 Adobe Audition、CoolEdit 等也可以进行专业的高质量的处理。对于波形音频数据的编辑处理主要包括波形的剪辑、声音强度调节、添加声音的特殊效果等。

2．录制音频数据

音频数据的录制的方法很多，如 Windows 操作系统"附件"中的"录音机"程序，可以录制 WAVE 波形音频文件。通常，声卡携带的音频应用软件可以用于录制波形音频文件。另外，现在有许多功能强大的声音处理软件包，如著名的音频编辑软件 CoolEdit，可以提供具有专业水准的录制效果，可以使用多种格式录制，并可以对录制的声音进行复杂的编辑和制作各种特技效果。如果所需要的音频数据质量很高，也可以考虑在专业的录音棚中录音，获得 CD 音质的音频数据。

3．使用"录音机"软件采集波形声音

利用 Windows 操作系统自带的"录音机"软件，可以实现简单的声音采集和编辑工作，下面介绍具体操作过程。

第 1 步，设定录音音源。

① 打开控制面板，执行"硬件和声音"｜"声音"命令，打开"声音"窗口，如图 7-9 所示。

图 7-9　"声音"窗口

② 在"声音"对话框中,打开"录制"选项卡。在"录制"选项卡中,将麦克风设置为默认设备,即设置麦克风为录音的音源,如图 7-10 所示。

第 2 步,启动"录音机"程序,进行录音。

① 执行"开始"|"所有程序"|"附件"|"录音机"命令,打开"录音机"窗口,如图 7-11 所示。

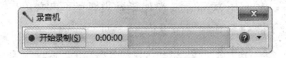

图 7-10　设置麦克风为录音的音源　　　　　图 7-11　"录音机"窗口

② 在"录音机"窗口中,单击红色的"开始录音"按钮▣就可以开始录音了,通过麦克风计算机能够将输入的声音采集成为 WAVE 文件,采集完毕后单击"停止录音"按钮则停止录音。

第 3 步,声音的编辑。

用户可以执行"编辑"菜单中的"复制""粘贴""与文件混音"等命令编辑声音;可以使用"效果"菜单中的命令修改未压缩的声音文件,并产生新文件。

第 4 步,保存文件。

在"声音"窗口中,执行"文件"|"保存"命令,出现"保存"对话框,选择合理的路径和文件名就完成了声音文件的保存。

如果要录制质量比较高的音频作品,可以租用专门的数字录音棚来获取自己所想得到的音频文件,来完成高质量的音频作品。获得的音频文件可以使用音频处理软件进行各种音频文件格式之间的转换。

7.4　视频处理技术

从传统意义上讲,以电视、录像等代表的视频技术属模拟电子技术范畴。随着计算机多媒体技术的发展,动态视频逐步采用数字技术。对视频数据采集和处理是多媒体技术的重要内容之一。

7.4.1　视频的基础知识

1. 视频的概念

视频是随时间连续变化的一组图像，其中的每一幅称为一帧（frame）。当帧速率达到 12 帧/秒（12fps）以上时，可以产生连续的视频显示效果。电影、电视通过快速播放每帧画面，再加上人眼视觉暂留效应便产生了连续运动的效果。通常视频还配有同步的声音，所以，视频信息需要巨大的存储容量。

视频分为模拟视频和数字视频两类。早期的电视视频信号的记录、存储和传输都采用模拟视频方式，属于电子技术的范畴；现在的 VCD、DVD、数字式摄像机中的视频信号都属于数字视频范畴。

在模拟视频中，常用两种视频标准，即 NTSC 制式（30 帧/秒，525 行/帧）和 PAL 制式（25 帧/秒，625 行/帧），我国采用 PAL 制式。

2. 视频的数字化

数字视频的获取可以通过对模拟视频的数字化获得。当视频信号数字化后，就能实现许多模拟信号不能实现的操作。例如，不失真地无限次复制、长时间保存无信号衰减、更有效地编辑、创作和特殊效果艺术加工、用计算机播放视频、倒序播放等。

视频数字化和音频数字化过程相似，在一定的时间内以一定的速度对单帧视频信号进行采样、量化、编码，通过视频捕捉卡或视频处理软件来实现模/数转换、色彩空间变换和编码压缩等。

视频数字化后，如果视频信号不加以压缩，数据量根据帧乘以每幅图像的数据量大小来计算。例如，要在计算机连续显示分辨率为 1 024×768 像素的 24 位真彩色高质量的视频图像，按每秒 24 帧计算，显示 1 分钟，需要的数据存储空间为

$$1024（列）×768（行）×3（B）×24（帧/秒）×60（s）=3.2（GB）$$

一张 650MB 的光盘只能存放 12s 左右的视频图像，这就带来了图像数据的压缩问题，也是多媒体技术中一个重要的研究课题。可以通过压缩、降低帧速、缩小画面尺寸等来降低数据量。

3. 视频的文件格式

（1）AVI 格式

音视频交互格式（audio-video interleaved format，AVI）文件是 Windows 操作系统的标准格式，是 Video For Windows 视频应用程序中使用的格式。AVI 很好地解决了音视频信息的同步问题，采用有损压缩方式，可以达到很高的压缩比，是目前比较流行的视频文件格式。

（2）MOV 格式

MOV 格式是 Apple 公司在 Macintosh 计算机中使用的音视频文件格式，现在已经可以在 Windows 环境下使用，使用 QuickTime For Windows 进行播放。MOV 采用 Intel 公司的 INDEO

有损压缩技术，以及音视频信息混合交错技术，MOV 格式视频图像质量优于 AVI 格式。

（3）MPEG 格式

MPEG 格式是采用 ISO/IEC 国际标准化组织颁布的运动图像压缩算法国际标准进行压缩的视频文件格式。MPEG 平均压缩比 50：1，最高达 200：1，该格式质量好、兼容性好。VCD 光盘上的电影、卡拉 OK 的音视频信息就是采用这种格式进行存储的，播放时需要 MPEG 解压卡或 MPEG 解压软件支持。

（4）流媒体视频格式（流媒体技术）

互联网的普及和多媒体技术在互联网上的应用，迫切要求能解决实时传送视频、音频、计算机动画等媒体文件的技术。在这种背景下，产生了流式传输技术及流媒体。流媒体是为实现视频信息的实时传送和实时播放而产生的用于网络传输的视频格式，视频流放在缓冲器中，可以边传输边播放。Internet 使用较多的流媒体视频格式有以下几种。

1）.rm 格式。由 RealNetworks 公司推出，它包括 RealAudio（RA）、RealVideo（RV）和 RealFlash（RF）三种格式。其中，RA 格式用来传输接近 CD 音质的音频数据；RV 格式主要用来在低速率的网络上实时传输活动视频影像；RF 则是 RealNetworks 公司与 Macromedia 公司最近联合推出的一种高压缩比的动画格式。

2）.qt 格式。由 Apple 公司推出，是一种用 QuickTime 播出的视频格式，用于保存音频和视频信息，具有先进的音频和视频功能，由包括 Apple Macintosh OS、Microsoft Windows 在内的所有主流计算机操作系统支持。

3）.asf 格式。由 Microsoft 公司推出的高级流格式。音频、视频、图像，以及控制命令脚本等多媒体信息通过 ASF 格式，以网络数据包的形式传输，实现流式多媒体内容发布。

4. 视频素材的制作

视频素材的制作需要硬件与软件配合得以实现。

（1）获取数字视频文件

可以通过视频卡和数码摄像机来获取视频文件，也可以使用软件来制作视频文件。

1）用视频卡获取模拟视频输入，把模拟视频信号接到视频卡输入端，经转换成为数字视频图像序列。

2）利用数码摄像机直接获取视频数字信号，并保存在数码摄像机存储卡上，然后通过 USB 接口直接输入计算机中。

3）使用软件制作数字视频是另外一种获取视频的方法。可以利用超级解霸软件来截取 VCD 上的视频片段，获得高质量的视频素材。也可以使用三维动画软件制作视频文件。

（2）视频素材的编辑处理

在对视频信号进行数字化采样后，可以对视频信号进行编辑和加工。例如，可以对视频信号进行删除、复制、改变采样频率，或改变视频、音频格式等。

目前，常见的视频编辑软件有 Adobe 公司的 Premiere 和 Microsoft 公司的 Video For Windows。视频软件 Premiere 是功能较强的编辑工具，可以编辑各种视频片断，处理各种特技、过渡效果，实现字幕、图标和其他视频效果，配音并对音频进行编辑调整。

视频文件的播放需要安装解压软件或解压卡，常用的软件有超级解霸、RealPlayer、暴风影音等，利用 Windows 中的媒体播放器也可播放视频文件。

7.4.2　数据压缩技术

1. 数据压缩技术简介

数据压缩技术是多媒体技术发展的关键技术之一，是计算机处理语音、静止图像和视频图像数据，进行数据网络传输的重要基础。未经压缩的图像及视频信号数据量是非常大的。例如，一幅分辨率 640×480 像素的 256 色图像的数据量为 300KB 左右，数字化标准的电视信号的数据量约每分钟 10GB。这样大的数据量不仅超出了多媒体计算机的存储和处理能力，更是当前通信信道速率所不能及的。因此，为了使这些数据能够进行存储、处理和传输，必须进行数据压缩。由于语音的数据量较小，其基本压缩技术已成熟，目前的数据压缩研究主要集中在图像和视频信号的压缩方面。

2. 无损压缩和有损压缩

数据压缩是通过改善编码技术来降低数据存储时所需的空间，当需要使用原始数据时，再对压缩文件进行解压缩。如果压缩后的数据经解压缩后，能准确地恢复压缩前的数据来分类，称为无损压缩。否则称为有损压缩。

无损压缩是通过统计被压缩数据中重复数据的出现次数来进行编码。无损压缩由于能确保解压后的数据不失真，一般用于文本数据、程序以及重要图片和图像的压缩。无损压缩比一般为 2∶1 到 5∶1，压缩比例小，因此不适合实时处理图像、视频和音频数据。典型的无损压缩软件有 WinZip、WinRAR 软件等。

有损压缩利用了人类视觉对图像的某些频率成分不敏感的特性，允许压缩过程中损失一定的数据。虽然不能完全恢复原始数据，但是所损失的部分对理解原始数据的影响极小，却换来了大得多的压缩比。目前，国际标准化组织和国际电报电话咨询委员会已经联合制定了两个压缩标准，即 JPEG 和 MPEG 标准。

3. JPEG 和 MPEG

JPEG（joint photographic experts group）即联合图像专家组。该标准适用于连续色调和多级灰度的静态图像。一般对单色和彩色图像的压缩比通常分别为 10∶1 和 15∶1。常用于 CD-ROM、彩色图像传真和图文管理，多数 Web 浏览器支持 JPEG 图像文件格式。

MPEG（moving picture experts group）即运动图像专家组。该标准不仅适用于运动图像，也适用于音频信息，它包括了 MPEG 视频、MPEG 音频、MPEG 系统（视频和音频的同步）三部分，MPEG 视频是 MPEG 标准的核心。MPEG 已发布了 MPEG-1、MPEG-2、MPEG-4、MPEG-7 和 MPEG-21 等多种标准。

习题 7

一、选择题

1. 下面操作系统中，不属于多媒体操作系统的是（　　　　）。

　　A．Windows XP　　　　　　　　B．DOS

　　C．Amiga OS　　　　　　　　　D．Macintosh

2. 在动画制作中，一般帧速率选择为（　　）。

　　A．15 帧/秒　　　　B．30 帧/秒　　　C．60 帧/秒　　　D．90 帧/秒

3. 下面选项中，不是多媒体计算机中常用的图像输入设备的是（　　）。

　　A．数码照相机　　　　　　　　　B．彩色绘图仪

　　C．视频信号数字化仪　　　　　　D．彩色摄像机

4. 下面选项中，不是常用的音频文件的后缀的是（　　）。

　　A．.wav　　　　　　B．.mod　　　　　C．.mp3　　　　D．.doc

5. 下面选项中，不是常用的图像文件的后缀的是（　　）。

　　A．.gif　　　　　　B．.bmp　　　　　C．.mid　　　　D．.tif

6. WAVE 文件格式是 Microsoft 公司的音频文件格式，该文件数据来源于对模拟声音波形的采样。其文件的扩展名是（　　）。

　　A．.bmp　　　　　　B．.wav　　　　　C．.txt　　　　D．.doc

7. 下列计算机设备中，属于多媒体输出设备的是（　　）。

　　A．扫描仪　　　　　B．数码相机　　　C．音箱　　　　D．CD-ROM

8. 可以反复刻录的光盘是（　　）。

　　A．CD-ROM　　　B．DVD-ROM　　C．CD-R　　　　D．CD-RW

9. 目前，通用静态图像压缩编码的国际标准是（　　）。

　　A．JPEG　　　　　B．MPEG　　　　　C．MP3　　　　D．DVD

10. MPEG 压缩标准主要面向的压缩对象是（　　）。

　　A．视频　　　　　　B．音频　　　　　C．视频与音频　　D．电视节目

二、简答题

1. 什么是多媒体？媒体与多媒体的主要区别是什么？

2. 什么是多媒体技术？多媒体技术的特点有哪些？

3. 简述多媒体计算机系统的逻辑结构。

4. 说明图像数字化的过程。如何估算数字化后图像文件的大小？

5. 什么是矢量图？什么是位图？两者之间有什么区别？

6. 试述数字图像获取的方法。

7. 常用的流媒体视频格式有哪些？各有什么特点？

8. 什么是 MIDI？

9. 在声音数字化过程中，影响声音质量的因素有哪些？

10. 视频文件格式有哪些？

第 8 章　医学信息系统及应用

随着计算机和信息技术的迅速发展，计算机技术应用不断深入到各个领域，在医学领域的发展与应用也日臻成熟。经历了 30 多年的研究和发展，计算机技术已成为现代医学发展中的一个新的学科，称为医药信息学（medical informatics）。通过计算机技术和医学的紧密结合，不断推动医学的发展。

8.1　计算机在医学中的应用概述

计算机在医学中的应用主要体现在以下几个方面。

1. 计算机辅助诊断和辅助决策系统（CAD&CMD）

计算机辅助诊断和辅助决策系统可以帮助医生缩短诊断时间；避免疏漏；减轻劳动强度；提供其他专家诊治意见，以便尽快做出诊断，提出治疗方案。诊治的过程是医生收集病人的信息（症状、体征、各种检查结果、病史包括家族史以及治疗效果等），在此基础上结合医生的医学知识和临床经验，进行综合、分析、判断，做出结论。计算机辅助诊断系统则是通过医生和计算机工作者相结合，运用模糊数学、概率统计以及人工智能技术，在计算机上建立数学模型，对病人的信息进行处理，提出诊断意见和治疗方案。这样的信息处理过程，速度较快，考虑因素较全面，逻辑判断也较严谨。

2. 辅助诊治系统

利用人工智能技术编制的辅助诊治系统，一般称为"医疗专家系统"。人工智能是当代计算机应用的前沿。医疗专家系统是根据医生提供的知识，模拟医生诊治时的推理过程，为疾病的诊治提供帮助。医疗专家系统的核心由知识库和推理机构成。知识库包括书本知识和医生的临床经验，以规则、网络、框架等形式表示知识，存储于计算机中。推理机是一个控制机构，根据病人的信息，决定采用知识库中的什么知识，采用何种推理策略进行推理，得出结论。由于在诊治中有许多不确定性，人工智能技术能够较好地解决这种不精确推理问题，使医疗专家系统更接近医生诊治的思维过程，获得较好的结论。有的专家系统还具有自学功能，能在诊治疾病的过程中再获得知识，不断提高自身的诊治水平。

这类系统较好的实例如美国斯坦福大学的 MYCIN 系统，它能识别出引起疾病的细菌种类，提出适合的抗菌药物。在中国类似的系统有"中医专家系统"，或称"中医专家咨询系统"。

3. 医院信息系统（HIS）

医院信息系统用以收集、处理、分析、储存和传递医疗信息、医院管理信息。一个完整的医院信息系统可以完成如下任务：病人登记、预约、病历管理、病房管理、临床监护、膳食管理、医院行政管理、健康检查登记、药房和药库管理、病人结账和出院、医疗辅助诊断决策、医学图书资料检索、教育和训练、会诊和转院、统计分析、实验室自动化和接口。这些系统中较著名的如美国复员军人医院的 DHCP；马萨诸塞综合医院用 MUMPS 语言开发的 COSTAR 等。中国从 1970 年起，就开发了一些医院信息系统，并统一规划开发了医院统计、病案、人事、器材、药品、财务管理软件包。

4. 生物—医学统计及流行学调查软件包

在临床研究、实验研究及流行学调查研究中，需要处理大量信息。应用计算机可以准确快速地对这些数据进行运算和处理。为了这方面的需要，科技人员用各种计算机语言开发了不少软件包，较著名的有 SAS、SPSS、SYSTAT 及 RDAS 等。

5. 卫生行政管理信息系统

卫生行政管理信息系统 （MIS）利用计算机开发的"卫生行政管理信息系统"，又称"卫生管理信息/决策系统"，能根据大量的统计资料给卫生行政决策部门提供信息和决策咨询。一个完整的卫生行政管理信息系统包括三部分：①数据自动处理系统（ADP），主要功能是收集与整理数据、汇总成各类统计报表与图表。②信息库，是指能使单位与其外部机构之间，以及单位内部各种职能之间相互共享信息资源的一种模式。信息来源有法定的和非法定的（一次性调查），还有来自计算机日常收集到的各种活动所产生的信息流。设立信息库的主要目的是沟通各项活动和修正工作人员的行动。③决策咨询模型，又称信息决策模型，可根据必要信息用它做出可行或优化方案，预测事业的发展。传统的方法（即非信息/决策系统）主要依赖过去的资料，考虑当前决策，或估计今后的发展，它不能产生比较有效而且迅速的应变措施，信息/决策的数学模型，若建立的数学模型比较合理，便可以及时由当前活动中，指出即将发生的偏差，预见未来，以支持管理决策反应不断改变。

6. 医学情报检索系统

利用计算机的数据库技术和通信网络技术对医学图书、期刊、各种医学资料进行管理。通过关键词等即可迅速查找出所需文献资料。

计算机情报检索工作可分为三个部分：①情报的标引处理；②情报的存储与检索；③提供多种情报服务，可向用户提供实时检索，进行定期专题服务，以及自动编制书本式索引。

美国国立医学图书馆编制的"医学文献分析与检索系统"（MEDLARS）是国际上较著名的软件系统，这是一个比较完善的实时联机检索的网络检索系统。通过该馆的 IBM3081 计算机系统能提供联机检索和定题检索服务，通过通信网络、卫星通信或数据库磁带的方法，在 16 个国家和地区中形成世界性计算机检索网络。其他著名的系统还有 IBM4361，MEDLARS 等。中国开发了一些专题的医学情报资料检索系统，如中医药文献、典籍的检索系统。

7. 药物代谢动力学软件包

药物代谢动力学运用数学模型和数学方法定量地研究药物的吸收、分布、转化和排泄等动态变化的规律性。人体组织中的药物浓度不可能也不容易直接测定，因此常用血、尿等样品进行测量，通过适当的数学模型来描述和推断药物在体内各部分的浓度和运动特点。在药代动力学的研究中，最常用的数学方法有房室模型、生理模型、线性系统分析、统计矩和随机模型等。这些新技术新方法的发展与应用，都与计算机技术的应用分不开。已开发了不少的药代动力学专用软件包，其中较著名的有 NONLIN 程序（一种非线性最小二乘法程序）。

8. 疾病预测预报系统

疾病在人群中流行的规律，与环境、社会、人群免疫等多方面因素有关，计算机可根据存储的有关因素的信息并根据它建立的数学模型进行计算，做出人群中疾病流行情况的预测预报，供决策部门参考。荷兰、挪威等国还建立了职业病事故信息库，因此能有效地控制和预测职业危害的影响。中国上海、辽宁等地卫生防疫部门，对气象因素与气管炎、某些地方病、流行病（如乙型脑炎、流行性脑膜炎等）的关系做了大量分析，并建立了数学模型，用这些模型在微型机上可成功地做出这些疾病的预测预报。

9. 计算机辅助教学（CAI）

计算机辅助教学可以帮助学生学习、掌握医学科学知识和提高解决问题的能力以及更好地利用医学知识库和检索医学文献；教员可以利用它编写教材，并可通过电子邮件与同事和学生保持联系，讨论问题，改进学习和考察学习成绩；医务人员可根据业务的需要进行学习，补充新医学专业知识。目前，在一些医学研究和教学单位里已建立了可由远程终端通过电话网络访问的各种 CAI 医学课程。利用计算机进行医学教育的另一种重要途径是采用计算机模拟的方法，即用计算机模拟人体或实验动物，为学生提供有效的实验环境和手段，使学生能更方便地观察人体或实验动物，在条件参数改变下的各种状态，其中有些状态在一般动物实验条件下往往是难于观察到的。由于光盘技术、语言识别、触摸式屏幕显示等新技术的发展，教学用的计算机模拟病例光盘等已研制成功，并作为商品在市场上供应，利用这种光盘可方便地显示手术室等现场实际情况，或将有关教科书内容和文献资料刻录在光盘上供学生学习。

10. 最佳放射治疗计划软件

计算机在放疗中的应用，主要是计算剂量分布和制订放疗计划。以往用手工计算，由于计算过程复杂，所以要花费许多时间。因而，在手工计算的情况下，通常只能选择几个代表点来计算剂量值。利用计算机，则只要花很短时间，而且误差不超过 5%，这样，对同一个病人在不同的条件下进行几次计算，从中选择一个最佳的放射治疗计划就成为可能。所谓最佳放射治疗计划就是对病人制订治疗计划，包括确定照射源、放射野面积、放射源与体表的距离、入射角以及射野中心位置等，然后再由计算机根据治疗机性能和各种计算公式，算出相应的剂量分布，在彩色监视器上形象地显示出来。对同一个病人，经过反复改变照射条件，进行计算、分析和比较，就可以得出最理想的剂量分布，使放射线照射方向上伤害正常组织细胞最少，放疗疗效最佳，这就是最佳放射治疗计划。同时，可将此剂量分布图用绘图仪记录下来，存入病历，以供治疗时使用或长期保存。

11. 计算机医学图像处理与图像识别

医学研究与临床诊断中许多重要信息都是以图像形式出现，医学对图像信息的依赖是十分紧密的。医学图像一般分为两类：一类是信息随时间变化的一维图像，多数医学信号均属此一类，如心电图、脑电图等；另一类是信息在空间分布的多维图像，如 X 射线照片、组织切片、细胞立体图像等。在医学领域中有大量的图像需要处理和识别，以往都是采用人工方式，其优点是可以由有经验的医生对临床医学图像进行综合分析，但分析速度慢，正确率随医生而异。计算机所具有的高速度、高精度、大容量的特点，可弥补人工的不足。特别是有一些医学图像，如脑电图的分析，凭人工观察，只能提取少量信息，大量有用信息白白浪费。而利用计算机可作复杂的计算，能提取其中许多有价值的信息。另外进行肿瘤普查时，往往要在显微镜下观看数以万计的组织切片；日常化验或研究工作中常需要作某种细胞的计数。这些工作既费力又费时，若使用计算机，就将节省大量人力并缩短时间。利用计算机处理、识别医学图像，在有的情况下，可以做人工做不到的工作，如心血管造影。当用手工测量容积，导出血压容积曲线时，只能分析出心脏收缩和舒张的特点。若利用计算机计算，每张片子只需一秒钟，并可以得到瞬时速度、加速度、面积和容积等有用的参数。此外，不管上述哪一类工作中，计算机还能完成人工不能完成的另一类工作，即图像的增强和复原。20 世纪 70 年代，医学图像处理在计算机断层摄影成像术（CT）方面的突出成就，核磁共振成像仪、数字减影心血管造影仪等新装置的相继出现，以及超声等其他医学成像仪器的进一步完善，使人们对放射和核医学图像的处理及模式识别研究的兴趣更为浓厚。显微图像在医学诊断和医学研究中一直起着重要作用。计算机图像处理与分析方法已用于检测显微图像中的重要特征，人们已能用图像处理技术和体视学方法半定量与定量地研究细胞学图像以至组织学图像。计算机三维动态图像技术已使心脏动态功能的定量分析成为可能。

12. 生物化学指标、生理信息的自动分析和医疗设备智能化

医疗设备智能化是指现代医疗仪器与计算机技术及其各种软件结合的应用，使这些设备具有自动采样、自动分析、自动数据处理等功能，并可进行实时控制，这是医疗仪器发展的一个方向。

13. 计算机在护理工作中的应用

计算机在护理工作中的应用，主要分为三个方面：①护理，包括护理记录、护理检查、病人监护、药物管理等；②护士教育，包括护理 CAI 教育、护士教学计划与学习成绩记录管理；③护士管理，包括护士服务计划调度、人力资源管理、护士工作质量的检查或评比等。

8.2 医院信息系统简介

8.2.1 医院信息系统概述

一般认为，医院信息系统（hospital information system，HIS）是指利用计算机软硬件

技术、网络通信技术等现代化手段，对医院及其所属各部门的人流、物流、财流进行综合管理，对在医疗活动各阶段产生的数据进行采集、储存、处理、提取、传输、汇总、加工生成各种信息，从而为医院的整体运行提供全面的、自动化的管理及各种服务的信息系统。

医院信息系统（HIS）是覆盖医院所有业务和业务全过程的信息管理系统。按照学术界公认的 MorrisF.Collen 所给的定义，应该是：利用电子计算机和通信设备，为医院所属各部门提供病人诊疗信息（patient care information）和行政管理信息（administration information）的收集（collect）、存储（store）、处理（process）、提取（retrieve）和数据交换（communicate）的能力并满足所有用户（authorized users）的功能需求的平台。

8.2.2　医院信息系统的作用

在我国，医院信息系统对国家医学发展具有重大意义，其主要作用体现在以下几个方面。

1. 电子病历管理

病历记录作为一项基础性的数据，在临床诊断中非常重要。它能及时地将来自各方面分散的病人的资料，综合整理成数据形式的资料。同时还能增加图形和照片等临床诊断信息，协助医师做出诊断，在诊断后计算机还可以提出一系列问题，提出诊断依据，拟定治疗方案，进行质量检查等日常文书工作。并且可通过联网直接进行院内外信息交流。电子病历系统是综合了检查信息、医疗影像、医疗指令的新型病历，比纸张型病历的信息管理更迅速有用，临床诊断更方便，医师更容易收到反馈信息，能保证医疗质量，杜绝不完整不合格病历，且节省了时间等（将在 8.3 中详细介绍）。

2. 建立我国住院病人基本信息集

收集、整理和分析住院病人的信息，不仅能了解医院的运行状况，更重要的是能够对医院的医疗水平、医疗服务效率等方面进行科学的评价。国外的做法已证明了这一点。住院病人基本信息包括病人的人口统计学特征（年龄、性别等）、入院日期及状态、视病和手术编码、住院费用等。研究我国住院病人的特点，找到适合我国国情的病人分类方法，探索新的医疗服务质量评估体系，从而在整体上提高我国医院管理学的研究水平，使医院管理与医院的发展相适应。

3. 建设医院计算机网络

目前，我国绝大多数医院计算机是分散管理的，仍处于单机单站的工作状态，存在着各种数据不能共享、重复劳动等弊病，不利于提高医院的工作效益。要实现医院现代化管理，只有科学地设计和应用计算机网络技术，才可以加强医院管理和科室间的联系。因此，计算机是否联网，已经成为衡量一个单位信息管理技术水平的标准和医院管理科学化的象征。

4. 建立医疗卫生信息高速公路

信息高速公路可以使人们不受时间、空间限制，同时进行声音、图像和数据交流，是以光纤电缆为"路"，将电话、电视、计算机等现有信息传播工具的功能融为一体，成为多媒体的传播工具。信息高速公路可以最大限度地利用医疗卫生资源，使专家们的知识成为全人类共有的宝贵财富，如网上教学、社区医疗服务、卫生系统联网、远程医疗会诊咨询服务、医疗保险等。它的建成，将极大地推动医疗卫生事业的发展，大大提高医疗质量和服务水平，将彻底改变医疗卫生事业的现状和医院管理模式，医疗工作将不再局限于一所医院、一个地区，而是扩大到全国乃至全球。

8.2.3　医院信息系统的总体结构

医院信息系统的总体结构包括以下几部分：

1）临床诊疗部分：医生工作站，护士工作站，临床检验系统，医学影像系统，输血及血库管理系统，手术麻醉管理系统。

2）药品管理部分：数据准备及药品字典，药品库房管理功能，门急诊药房管理功能，住院药房管理功能，药品核算功能，药品价格管理，制剂管理子系统，合理用药咨询功能。

3）经济管理部分：门急诊挂号系统，门急诊划价收费系统，住院病人入、出、转管理系统，病人住院收费系统，物资管理系统，设备管理子系统，财务管理与经济核算管理系统。

4）综合管理与统计分析部分：病案管理系统，医疗统计系统，院长查询与分析系统，病人咨询服务系统。

5）外部接口部分：医疗保险接口，社区卫生服务接口，远程医疗咨询系统接口。

8.2.4　医疗信息系统

医疗信息系统是指与医疗活动直接有关的信息系统，包括医疗专家系统，辅助诊断系统，辅助教学系统，危重病人监护系统，药物咨询监测系统，以及一些特殊诊疗系统，如CT（计算机 X 射线层析摄影）、B 超、心电图自动分析、血细胞及生化自动分析等。这些系统相对独立，形成专用系统或由专用电子计算机控制，主要完成数据采集和初步分析工作，其结果可通过联机网络汇集成诊疗文件和医疗数据库，供医生查询和调用。

8.2.5　医院管理信息系统

医院管理信息系统是指与医院管理活动直接有关的信息系统。医院管理信息系统是以辅助决策为主要目标，目的是为了提高医院管理和医疗工作的效率和水平。它包括以下四类系统：

1）行政管理系统。包括人事管理系统，财务管理系统，后勤管理系统，药库管理系统，医疗设备管理系统，门诊、手术及住院预约系统，病人住院管理系统等。

2）医疗管理系统。包括门诊、急诊管理系统，病案管理系统，医疗统计系统，血库管理系统等。

3）决策支持系统。包括医疗质量评价系统、医疗质量控制系统等。

4）各种辅助系统。如医疗情报检索系统、医疗数据库系统等。

8.2.6 医疗质量评价和控制

医院信息系统的前沿领域是应用控制论和系统工程的方法借助于各种计算机应用系统建立医疗质量评价系统和医疗质量控制系统。

医疗质量评价系统，它的主要内容包括：

1）医疗质量评价。用病例类型、医疗转归、医疗差错事故率、诊断符合率、平均住院日数、平均医疗费用等参数作为评价依据，计算医疗质量综合评价指数，对医疗质量进行评价。

2）护理工作质量评价。以基础护理、操作技术、心理护理、病房管理、填写护理表格、实施规章制度等为评价条件并规定权重，建立数学模型，由计算机处理，做出评价。

3）医院工作效率评价。以平均床位工作日、实际床位使用率、平均床位周转次数和出院者平均住院日数作为参数，规定权重，建立综合评价指数，来评定工作效率。

4）医务人员工作质量评价。用模糊综合评判法建立数学模型，以模糊矩阵算出每人工作评价相对分值。

8.2.7 医疗质量控制系统

医疗质量控制系统主要是应用控制论和人工智能对医疗质量进行科学管理，具有检索、计算、监测、预报和判断等功能，目前主要用于以下三个方面：

1）医疗质量控制。主要手段是计算机辅助监测和医疗专家系统，辅助医生进行分析、推理，提出指导性建议。计算机辅助医疗监测的项目有：人体老化度监测系统、心脑血管疾病预报系统、生命指数转归预报系统、无创伤性颅内压监测系统、人体酸碱平衡监测系统、心脑血管疾病血液流变学 JB 值测量系统、慢性肾功能衰竭预后判断系统等。

2）医药质量控制。计算机辅助药物监测项目有：药物互相作用检测系统、药物代谢动力学监测系统、药物微检监测系统、处方点评监察系统等。

3）临床检验质量控制。目前，计算机辅助检验主要用于血常规检验质量控制和生化检验质量控制。

8.2.8 医院信息系统的应用领域

1. 支持联机事务处理

通常，信息流是伴随着各式各样窗口业务处理过程发生的，这些窗口业务处理可能是医院人、财、物的行政管理业务，也可能是有关门、急诊病人、住院病人的医疗事务。例如，人事处要办理医院职工工资的调整与变化；总务处要负责全院各部门的物资、材料、办公用品、低值易耗品的供应、采购与发放；病房的医生要不断地为住院病人开出医嘱；护士要不断地整理医嘱或各种摆药单、领药单、注射单、治疗单、化验检查单，并执行和记录这些执行的过程；而门诊的药房药剂师要为处方划价，要为病人配药和发药；门诊收费处则要完成划价收费业务，在各种处方、化验、检查单上加盖已收费标记和付给病人账单（报销单）。在所有这些繁杂、琐碎的业务活动过程中，大量的信息产生了。

借助计算机系统，使他们凌乱的工作变得有条理，解脱他们需要记忆大量信息（药品的规格、价钱，疾病的名称与编码等）的困难。保证他们遵守某些规范，减轻他们汇总、统计、报告、传递这些信息的负担。因此，尽量符合这些事务处理级工作人员的工作秩序与工作习惯、功能完整、操作简单、响应迅速、界面友善、易学易用成为这类软件必须满足的功能要求。应该让使用者感到该系统是专门为帮助他们完成窗口业务而设计的。

对于整个医院信息系统来说，窗口事务处理的计算机系统同时又是完整的 HIS 数据收集端口。它们是 HIS 伸向信息发源地的触角、感受器。例如：办理病人入出转（ADT）业务的系统必然向住院处实时提供病人入出转的信息，同时也是住院病人动态统计的主要信息来源。门诊收费系统在完成病人交费过程的同时，也收集到了相应的为门诊提供医疗服务的各门诊科室及辅助科室的门诊收入与工作量信息。所有这些数据都是上一层直至最高一层信息系统用以进行统计、分析等数据加工的原料。从数据采集的角度，HIS 要求窗口业务系统收集的信息完整、准确、及时和安全。

2. 支持科室级信息的汇总与分析

医院的中层科室担负着繁重的管理任务。例如，医务处负责全院医疗工作的计划、组织与实施，医疗动态的监督控制，医疗质量的检查管理；人事处负责全院机构设置与调整，考勤考核，各级各类专业技术职务的评审；护理部负责全院护理工作的组织实施，全院护理质量的管理，护理人员的管理……随着这些管理级工作的日趋科学化，中层科室会越来越多地依赖于它们从基层收集来的基本数据进行汇总、统计与分析，用来评价他们所管理的基层部门与个人的工作情况，据以做出计划，督促执行，产生报告和做出决定。

计算机化的信息系统要支持中层科室的数据收集，综合、汇总、分析报告与存储的工作。科室级的信息系统要能够定期自动地从基层科室收集数据，按照需要，对数据进行各种加工处理，产生出能够支持中层科室管理工作的分类统计报表和报告。例如，统计室应该能收集来自住院处的病人 ADT 数据、来自收费处的病人收费数据、来自病案室的有关住院病人的诊断、手术等临床数据，定期地产生住院病人的动态报告、床位使用情况报告和单病种分析报告。医务处则应该从住院处、统计室、病房、手术室等不同部门收集到有关信息，产生有关医疗动态、医疗质量控制的各种报表。

3. 支持医院最高领导层对管理信息的需求

医院的最高领导层要实现对全院的科学化管理，必须得到计算机信息系统的全面支持。经过中层科室加工分析的数据不仅要产出上交高层领导的报表和报告，用以直接辅助医院最高领导层的决策，而且要通过计算机的信息系统把加工后的数据直接传递给最高领导层。HIS 的最高一层模块：医疗和财务信息的综合查询与辅助决策模块接收并重新组织这些数据，把全院各职能部门，包括临床的、行政的、医疗的、财务的各方面，各部门的信息沿二条主线——医疗、财务组合起来，提供一些非常方便、灵活的检索与查询的手段，满足医院最高领导层不断变化着的对信息的各种需求。

8.3　电子病历系统的应用简介

电子病历系统（electronic medical record，EMR）是医学专用软件。医院通过电子病历以电子化方式记录患者就诊的信息，包括：首页、病程记录、检查检验结果、医嘱、手术记录、护理记录等，其中既有结构化信息，也有非结构化的自由文本，还有图形图像信息。涉及病人信息的采集、存储、传输、质量控制、统计和利用。在医疗中作为主要的信息源，提供超越纸张病历的服务，满足医疗、法律和管理需求。

本节我们将以易迅 EMR 电子病历系统医生工作站为例，简单介绍电子病历系统的应用，其他电子病历系统都具有类似的一些功能。通过该系统的学习，读者可以初步理解计算机技术在医学中的作用体现。

8.3.1　电子病历系统的安装、登录与退出

用户可以通过购买正版的电子病历系统进行安装。一般在安装文件夹内会有安装的程序，如应用程序 yixundianzibl.exe，打开即可安装，用户按照安装提示进行操作即可，默认安装在系统盘，用户可以更改该软件的安装位置，如图 8-1 所示。注意在安装过程中要同意协议，安装完成后会提示"安装完成"，单击"完成"即可完成整个系统的安装。

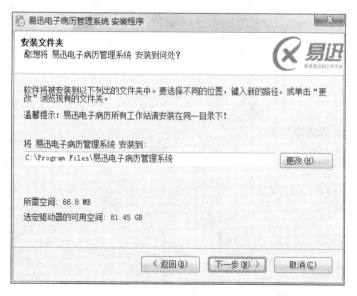

图 8-1　电子病历系统的安装

安装完成后，以系统管理员身份登录可对该系统进行管理，如图 8-2 所示。系统管理员身份一般为固定的管理人员身份，在该身份成功登录的情况下，可对其他非管理员用户进行管理。

图 8-2　系统登录界面

登录成功后，可以打开管理界面，如图 8-3 所示。在管理界面中，管理员或用户可对病人、病例、系统等进行管理，如添加病人、编辑病人、病人转科等。注意：只有完整注册且购买正版许可的系统才可以使用管理功能。

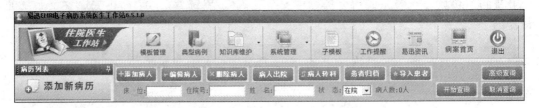

图 8-3　管理界面

8.3.2　电子病历系统的使用

在日常工作中，电子病历系统主要是由医生或护士进行操作，这里仅介绍医生或护士作为一般用户的操作使用，对于管理员的操作使用，请读者参阅该系统的说明书或通过网络搜索即可。

1. 医生常用操作

在系统管理界面中，用户可以看到"添加病人"菜单，单击打开，出现"病人登记"对话框，用户可以输入新增患者信息，如图 8-4 所示。其中红色部分表示该信息必须输入，否则无效，其他部分用户可以根据情况而定，为使得信息完整最好输入尽量多的信息。在"入院诊断"输入框内，用户可以单击"查询"通过标准的诊断结果来表示，打开后会出现诊断的一些结果的标准类型，如图 8-5 所示。在对话框的左侧是诊断结果目录，用户可以根据诊断的类型找出具体的结果。为使用方便该系统，还可以对诊断结果类型进行查询输入，在对话框的上方，可以根据编码、名称、拼音等三个角度查询，只需输入一个即可查询出相应的结果。例如，在"名称"中输入"胃炎"会出现所有带有"胃炎"字样的诊断结果。选择结果后，单击"确定"，自动返回到"新增患者信息"界面。

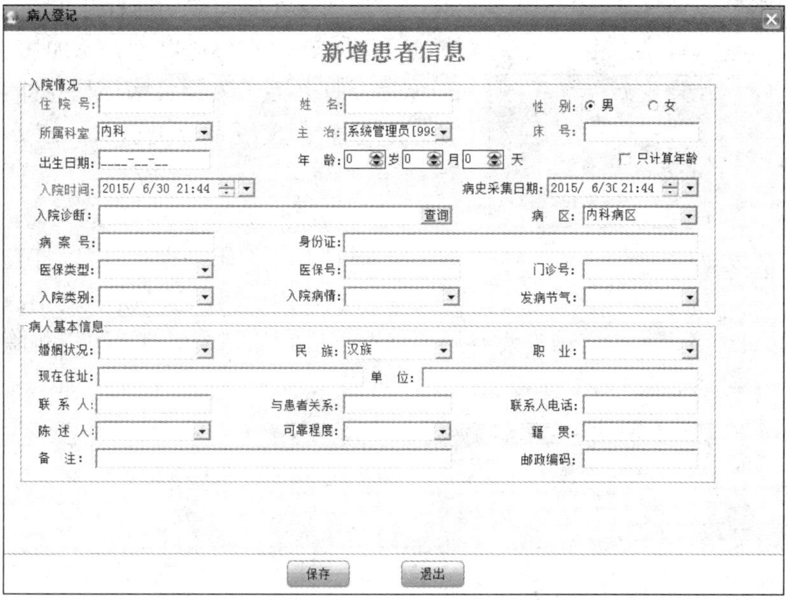

图 8-4　"病人登记"对话框

图 8-5　诊断结果查询

图 8-6　添加新病历

输入新增患者的信息后单击"保存",在系统界面中会出现该患者的简单图标,如图 8-6 所示。双击患者图标在界面左侧会打开患者的简单信息,单击"添加新病历",可以打开添加病历的对话框,选定模板打开后输入相关病历信息即可,如图 8-7 所示。注意:模板是分类型的,应该根据具体情况而定。

对于增加的患者,还可以进行编辑,单击患者图标,再打开"编辑病人",可以打开编辑的对话框,和添加病人一样,对不完整的信息进行添加或修改均可。如果患者已经出院或者没有必要保存该患者的相关信息,可以删除病人,不过"删除"病人需要管理员的权限才可以操作。

图 8-7　新病历模板

如果患者需要转入到其他科室治疗,单击患者图标,再打开"病人转科"菜单,出现"病人转科"对话框,选择需要转入的科室和医生,以便管理,如图 8-8 所示。

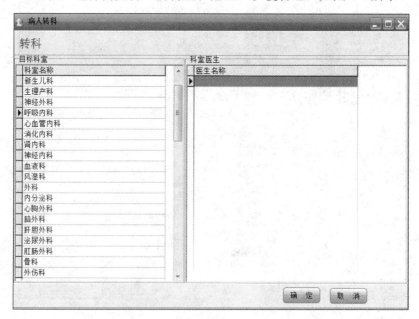

图 8-8　"病人转科"对话框

　　当患者出院或转院，结束在本医院的治疗时，需要对病人的病历等信息进行归档，以便以后查询，选中患者，单击"患者归档"菜单即可对病人归档封存。如果患者出院，一般需要进行归档，之后，单击"病人出院"，输入时间信息，该患者将从该系统的界面中删除，但是在归档信息中还可以查询到该患者的信息。

　　如需查询某一患者的信息可以在初始界面的"床位""住院号""姓名"等中输入相关信息，单击"开始查询"即可，如图 8-9 所示。还可以进行高级查询以便查询更多精确信息，单击"高级查询"即可，如图 8-10 所示。查询时可以选择范围。

图 8-9　简单查询

图 8-10　高级查询

2. 管理员常用操作

　　在"电子病历"系统的界面上，单击"模板管理"，管理员可以对模板进行修改和添加等操作，以便适应于本医院的管理要求，如图 8-11 所示。

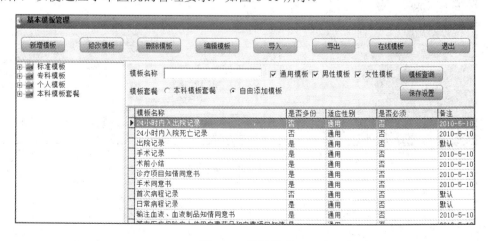

图 8-11　模板管理

在"知识库"维护中，管理员可以对药品、疾病编码和诊疗规划等系统已经设定的信息进行更新维护，如图 8-12 所示。例如，出现了新的药品可以添加到知识库中。所添加的信息必须是符合国家规定的正确的信息。

在"系统管理"中，管理员可以对系统的一些关键信息进行设置，这一部分设置的信息一般用户是无权限更改的，如图 8-13 所示。

图 8-12　知识库维护

图 8-13　系统管理

在病人出院或者转院后可能需要打印相关信息给患者，管理员可以单击"病案首页"的"打印"按钮，打印患者在本医院的诊断结果、医生护士、费用和使用药品等信息，这些信息是在整个治疗过程最后的综合信息，是由前期在各个阶段医生输入该系统的信息集成表，这一病历表对患者和医院都是非常重要的纸质归档依据，如图 8-14 所示。

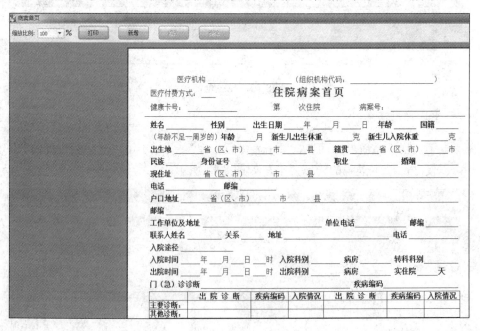

图 8-14　病案首页

习题参考答案

习题 1

一、填空题

1. 1946　美国　ENIAC　　　　　　2. 524 288
3. 字长、内存容量、主频、外设配置、软件配置
4. 外部设备　　　　　　　　　　5. 1.44M
6. 字形　　　　　　　　　　　　7. UNIX　Linux　MS-DOS　Windows
8. 作业管理　存储管理　信息管理　设备管理　处理机管理
9. 关系模型　层次模型　网状模型
10. 语言处理程序　装配连接
11. 分时操作系统　　　　　　　　12. 机器语言程序　二进制
13. 1000100　　101011011　　111001. 1010101111
14. 45　　　　55　　　2D
　　242　　　362　　　F2
　　20.11　　24.13　　14.B

二、选择题

1. B　2. D　3. A　4. D　5. A　6. C　7. C　8. A　9. C
10. A　11. B　12. D　13. ①B ②A ③A　14. B　15. D

三、简答题

1. 答：计算机系统由硬件系统和软件系统两部分组成。
2. 答：计算机硬件指的是计算机系统中由电子、机械和光电元件组成的各种计算机部件和设备，其基本功能是接受计算机程序的控制以实现数据输入、运算、数据输出等一系列操作。计算机软件指的是为了告诉计算机做些什么和按什么方法、步骤去做，以计算机可以识别和执行的操作表示的处理步骤和有关文档。
3. 答：计算机的一条指令是计算机硬件可以执行的一步操作。计算机可以执行的指令的全体称为该机的指令系统。任何程序，必须转换成该计算机硬件能够执行的一系列指令。在计算机术语中，计算机可以识别和执行的操作表示的处理步骤称为程序。
4. 略

5．答：内存就是通常说的"内存"，速度比 CPU 内的 Cache 慢，比外存快，容量比 Cache 大，比外存小。外存就是硬盘、软盘、光盘、U 盘之类的存储设备。

6．答：为了告诉计算机应当做什么和如何做，必须把处理问题的方法、步骤以计算机可以识别和执行的操作表示出来，也就是说要编制程序。这种用于书写计算机程序所使用的语言称为程序设计语言。

习题 2

一、选择题

1．A　2．A　3．B　4．C　　5．A　　6．AB　7．B　　8．B　9．C
10．D　11．A　12．AD　13．DBA　14．AC　15．A　16．BD　17．B　18．A
19．C　20．D　21．AC　22．B　　23．D　　24．B

二、操作题

略

习题 3

一、填空题

1．新建　Ctrl+N
2．.docx
3．插入或改写　Insert
4．鼠标　键盘
5．Shift
6．剪贴板
7．视图　显示
8．符号
9．分栏　分割线
10．图片
11．横排　竖排
12．白
13．文本
14．Ctrl+P
15．样式集
16．.dot
17．模板

18．加载项

19．拼音

20．left

二、选择题

1．C　　2．C　　3．A　　4．B　　5．B　　6．A　　7．D　　8．A　　9．A

10．A　　11．D　　12．B　　13．B　　14．A　　15．D　　16．C　　17．B　　18．B

三、操作题

略

习题 4

一、填空题

1．单元格

2．225

3．左　右

4．Alt+Enter

5．0

6．Ctrl+　Ctrl+Shift+

7．Ctrl+ PageDown　　Ctrl+PageUp

8．=

9．算术

10．相对引用

11．追踪引用单元格

12．Average

13．边框

14．Ctrl+C　Ctrl+V

15．数值　单元格颜色

16．升序　降序

17．Ctrl+Shift+L

18．数据透视表

19．排序　属性

20．锁定

二、选择题

1．D　　2．B　　3．B　　4．B　　5．A　　6．C　　7．C　　8．A　　9．B

10. A　11. D　12. B　13. A　14. C　15. D　16. B　17. A　18. C

19. A　20. D　21. C　22. B

三、操作题

略

习题 5

一、填空题

1. .pptx

2.. Shift

3. 幻灯片浏览

4. F5　Esc

5. 幻灯片　大纲

6. 普通

7. 占位符

8. Ctrl+N　Enter

9. 备注

10. 幻灯片放映

11. F5

12. PPTVIEW.EXE

13. 录制　下一项

14. 从当前幻灯片开始

二、选择题

1. B　2. A　3. A　4. A　5 B　6. D　7. D　8. D　9. C

三、操作题

略

习题 6

一、选择题

1. A　2. A　3. B　4. D　5. A　6. B　7. B　8. AB　9. A　10. C

二、操作题

略

三、简答题

1．答：所谓计算机网络，就是利用通信设备和线路将不同地理位置、功能独立的多个计算机系统互联起来，以功能完善的网络软件（即网络通信协议、信息交换方式和网络操作系统等）实现网络中资源共享和信息传递的系统。

2．答：实现联网计算机系统的资源共享。

3．答：从网络的作用范围进行分类，计算机网络化可分为局域网（local area network，LAN）、城域网（metropolitan area network，MAN）、广域网（wide area network，WAN）、互联网（Internet）四种网络。

4．答：（1）局域网（LAN）。通常我们常见的"LAN"就是指局域网，这是我们最常见、应用最广的一种网络。所谓局域网，那就是在局部地区范围内的网络，它所覆盖的地区范围较小。局域网在计算机数量配置上没有太多的限制，少的可以只有两台，多的可达几百台。在网络所涉及的地理距离上一般来说可以是几米至 10 公里以内。局域网一般位于一个建筑物或一个单位内，不存在寻径问题，不包括网络层的应用。

（2）城域网（metropolitan area network，MAN）。城域网的覆盖范围通常是几公里到几百公里，规模就像是一个城市，其运行方式类似于局域网，它采用的是 IEEE802.6 标准，传播速率一般在 45～150Mb/s。与 LAN 相比，MAN 扩展的距离更长，连接的计算机数量更多，在地理范围上可以说是 LAN 网络的延伸。

（3）广域网（wide area network，WAN）。又称远程网，所覆盖的范围比城域网（MAN）更广，其覆盖范围一般是几十公里到几千公里，它一般是在不同城市之间的 LAN 或者 MAN 网络互联，地理范围可从几百公里到几千公里。其通信子网主要使用分组交换技术，它常借助公用分组交换网、卫星通信网和无线分组交换网，传播速率较低，一般为 1200b/s～45Mb/s，有主要依靠传统的公用传输，所以错误率较高。

5．答：星型、总线型、树型及环型。

星型结构是指各工作站以星型方式联接成网。总线型结构是以一根同轴光缆或双绞线作为通信总线，两端接有终端匹配电阻，以防止信号的反射。树型结构是集中式网络的变形，分级时按其经过的节点数，可分为一级和多级集中式网络。环型结构由网络中若干节点通过点到点的链路首尾相连形成一个闭合的环，这种结构使公共传输电缆组成环型连接，数据在环路中沿着一个方向在各个节点间传输，信息从一个节点传到另一个节点。

6．答：IEEE802 是一个局域网标准系列；

IEEE802.1A——局域网体系结构；

IEEE802.1B——寻址、网络互联与网络管理；

IEEE802.2——逻辑链路控制（LLC）；

IEEE802.3——CSMA/CD 访问控制方法与物理层规范；

IEEE802.3i——10Base-T 访问控制方法与物理层规范；

IEEE802.3u——100Base-T 访问控制方法与物理层规范；

IEEE802.3ab——1000Base-T 访问控制方法与物理层规范；

IEEE802.3z——1000Base-SX 和 1000Base-LX 访问控制方法与物理层规范；

IEEE802.4——Token-Bus 访问控制方法与物理层规范；

IEEE802.5——Token-Ring 访问控制方法；

IEEE802.6——城域网访问控制方法与物理层规范；

IEEE802.7——宽带局域网访问控制方法与物理层规范；

IEEE802.8——FDDI 访问控制方法与物理层规范；

IEEE802.9——综合数据话音网络；

IEEE802.10——网络安全与保密；

IEEE802.11——无线局域网访问控制方法与物理层规范；

IEEE802.12——100VG-AnyLAN 访问控制方法与物理层规范。

7. 答：双绞线、同轴电缆、光纤、无线与卫星通信信道。

8. 答：Telnet 远程登录协议，使本地用户能连接到远程主机，使用远程主机资源；

FTP 文件传送协议，主机间传送文件；

Email 电子邮件，用户间交换电子邮件；

Archie 快速寻找；

Gopher 分布式信息查询系统，允许用户使用菜单浏览其资源；

UseNet 网络新闻，为网络用户提供讨论问题、交流经验的场所；

WAIS 分布式信息检索系统，搜索索引数据库；

WWW 基于超文本的信息查询系统。

9．略

10．略

11．略

习题 7

一、选择题

1. B　2.A　3.B　4.D　5.C　6.B　7.C　8.D　9.A　10.A

二、简答题

略

参 考 文 献

白金牛，苗玥，刘晖，2014. 新编医学计算机应用基础[M]. 北京：科学出版社.

崔来中，傅向华，2015. 计算机网络与下一代互联网[M]. 北京：清华大学出版社.

冯博琴，2005. 大学计算机[M]. 北京：中国水利水电出版社.

高巍，姜楠，2013. 大学计算机基础[M]. 北京：科学出版社.

耿蕊，2013. 大学计算机基础教程[M]. 北京：中国铁道出版社.

李环，2010. 计算机网络[M]. 北京：中国铁道出版社.

聂建萍，徐力惟，2012. 大学计算机基础（Windows 7·Office 2007）[M]. 北京：清华大学出版社.

孟强，2013. 中文版 Office 2010 实用教程[M]. 北京：清华大学出版社.

辛宇，2012. Windows 7 操作系统完全学习手册[M]. 北京：科学出版社.

赵丕锡，刘明才，2011. 大学计算机基础[M]. 北京：科学出版社.

Brookshear J.G，2009. 计算机科学概论[M]. 10 版. 刘艺，肖成海，马小会，译. 北京：人民邮电出版社.

June Jamrich Parsons Dan Oja，2011. 计算机文化[M]. 13 版. 北京：机械工业出版社.